陕西出版资金资助项目

三秦家风

黄 娜 ◆ 编著

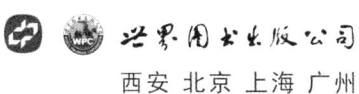

西安 北京 上海 广州

图书在版编目(CIP)数据

三秦家风/黄娜编著.—西安：世界图书出版西安有限公司，2019.6
 ISBN 978-7-5192-5938-9

Ⅰ.①三… Ⅱ.黄… Ⅲ.①家庭道德—陕西 Ⅳ.①B823.1

中国版本图书馆CIP数据核字（2019）第104262号

书　　名	三秦家风 SANQIN JIAFENG
编　　著	黄　娜
策划编辑	冀彩霞
责任编辑	王　娟
校　　对	郑世骏　李晓静
视觉设计	诗风文化
出版发行	世界图书出版西安有限公司
地　　址	西安市锦业路1号都市之门C座301室
邮　　编	710065
电　　话	029－87214941　029－87233647（市场营销部） 029－87234767（总编室）
网　　址	http://www.wpcxa.com
邮　　箱	xast@wpcxa.com
经　　销	新华书店
印　　刷	西安牵井印务有限公司
开　　本	787mm×1092mm　1/16
印　　张	15
字　　数	305千字
版次印次	2019年6月第1版　2019年10月第1次印刷
国际书号	ISBN 978-7-5192-5938-9
定　　价	46.00元

版权所有　翻印必究

（如有印装错误，请与出版社联系）

序言

秦韵最醇是家风

家庭是人生的第一个课堂。家风是一个家庭或家族世代相传的风尚，是给家中后人树立的价值准则。习近平同志就十分重视家风的继承和传承。进入新时代，他多次强调形成良好家风的重要性。他说："家风是一个家庭的精神内核，也是一个社会的价值缩影。"家风影响并塑造着一个人的精神风貌，对人的影响是终生的。黄娜编著的这本书无疑是契合了这个时代的精神要求。

在历史厚重、星光璀璨的三秦大地上，文化传承方面向来具有良好的自觉性。家风的传承就是这一自觉性的真实体现。在关中、陕南、陕北，随意进入一户农家庭院，只要有心，都能发现一些极具文化图腾和文明寄托色彩的印记。"耕读传家""知书好礼""勤俭持家"，这些耳熟能详、流淌在我们血脉中的家训，经常被悬挂在出入门庭上最为显眼的位置，还有忠义关公、岳飞的挂画，也随处可见。与此有关的故事，更是数不胜数，常被老人们拿来激励后辈。可以说，我们从小就是在良好家风的熏陶和滋养下长大的，它帮我们明白事理，助我们走向成熟。

《三秦家风》通过纵贯两千多年或生于三秦大地，或与三秦大地结缘，活跃在历史长河中的人物的故事为我们讲读家风，促使我们更加深刻地理解形成良好家风的重大意义。黄娜无疑是用心之人。《三秦家风》讲述了从春秋到近代二十个以名人、家族或村寨为主要叙事单元的家风传承故事：尊师重教无出其右的燕伋，一家两代三人合力续写《汉书》的班氏家族，不惜身死卫正道的李固，成就"四世三公"的四知先生，传承《颜氏家训》的军政全才颜真卿，心怀兼济天下之志的白居易，正气写"人"字的柳公权，言传身教的范仲淹，泽被后世的张载，清正立身的王恕，教育"三好"学生的御史秀才冯从吾，言道一身的帝师王杰，尸谏殉国的王鼎，苟利国家生死以的林则徐，崇俭广惠的左宗棠，影响深远的《吕氏乡约》，代代相传的《沈氏家训》，风正行远的《黄氏家规》，公议定家规的岚皋杜氏，韩城党家村的家训传延……这些看似自成章节的家风故事却互有照应，彼此勾连，这既由中华文化传承性决定，又可见作者在选材上的匠心。

我一口气读完了《三秦家风》的书稿，从傍晚到黎明，酣畅淋漓，毫无困意。透过窗外，看着一家一户的灯渐次亮了，我想一个家庭乃至一个家族的家风养成，绝不是偶然的。

家风是自觉的修为。无论是一生三次赴鲁、两次随师研学的燕伋，还是"少好学，常步行寻师，不远千里"的官二代李固，抑或暮夜却金的杨震，抑或不以贫贱为愧、能守道的颜真卿，抑或以清白自醒的范仲淹……他们或生于名门望族，或长于贫寒之家，或欣逢盛世，或生于乱世，或位列三公，或在乡施教，他们的境遇或相似，或天差地别。但是，他们都操守坚正，能自觉修为。他们身上无不体现着中华优秀文化中"修身、齐家、治国、平天下"的人生价值追求。他们以身垂范，化育传心于后人，自渡渡人，自觉觉他。

家风是人进取的力量，家风是滋养人的活水。良好的家风影响子侄，影响乡里，塑造时代风尚。《三秦家风》的可贵之处，在于呈现出了"师风传承、家风传承、乡风传承"的自觉。这样的自觉汇流成我们恒贵弥新的中华民族优秀文化。

中华民族是唯一一个没有中断历史文化的民族。我想，其中最为重要的一个因素，就是我们对家风传承的自觉从来没有中断过。《三秦家风》呈现了由人及家、由家及国的风尚传承，引发了我们对家风影响社会及民族风尚的思考。毕竟，每个人都不是孤立的，家庭也不是孤立的。

家风影响着我们。我们也影响着家风。这或许是我们对这个时代文明风气养成最直接、最有价值的贡献吧！我相信"三秦家风"，因为有我们，因为有无数的后来人，这些都是续写这一文化传奇的力量和源泉。

张 涛

（作者系陕西省政协委员、陕西省统一战线智库专家、陕西省城市经济文化研究会常务副会长兼秘书长）

目录

燕伋

尊师路上无出其右

- 靠"11路"穿越西东 / 2
- 开办私学之西秦第一人 / 6
- 清奇脑回路下的望鲁台 / 8

班固

咬定青山不放松

- 家学渊源下的文武传承 / 11
- 父死子继留遗憾 / 13
- 临危受命的巾帼才女 / 16
- 文武双全两兄弟 / 18

李固

正大耿直的"北斗喉舌"

- 高洁家风孕育儒士清流 / 22
- 以一己之身怼多方势力 / 24
- 以民为本的为官之道 / 26
- 不惜身死卫正道 / 28
- 一门三杰的迭代升级 / 32

杨震

"四知先生"的遗产

- 从弘农杨氏走出的"关西孔子" / 35
- 由"暮夜却金"而生"四知先生" / 36
- 清白底色映剑芒 / 37
- 家族遗产成就"四世三公" / 40

军政全才的典正一生

《颜氏家训》的精神传承 / 44

"颜盟主"送儿子做人质 / 48

浩然刚正遭人嫉 / 50

人如其书堂堂正正 / 53

晒工资达人的清白底色

幼承家训 / 58

以诗谏政报家国 / 61

肯做实事的"父母官" / 63

领导干部写诗"晒工资" / 66

清简送子孙 / 68

正心正笔正世间

厚积薄发的华原柳氏 / 72

笔谏之心正则笔正 / 75

医谏之身先为范 / 79

柳母和丸教子 / 82

秉公办事不谋私利 / 84

柳氏风正骨长存 / 86

家族兴盛近千年之谜

堪称"免死金牌"的姓氏 / 89

范氏家风的缘来缘往 / 91

范仲淹与朱说:一段刻苦自励的岁月 / 92

言传身教,四子皆有所成 / 94

先忧后乐,以天下为己任 / 95

家族兴盛近千年之秘密所在 / 97

"四六十"的家族密码

范仲淹与张载的"师生"情谊 / 101

家国天下的家风传承 / 103

我的老师是"关学"开山祖师 / 106

张载与《吕氏乡约》/ 108

"国朝"第一正人

刚正清严的王天官 / 110

明朝"魏徵"受封诰命 / 116

"组织部长"选人用人的独到眼光 / 117

创办三原学派,教化学风民风 / 119

宏道书院的父子传承 / 121

御史秀才培育"三好"学生

疾恶如仇的真御史 / 125
关中书院的"三好"学生教育 / 126
一双铁腕整纲纪 / 130

叫板和珅的"陕西牛人"

草根逆袭之清朝首位陕籍状元 / 134
剑指巨贪和珅 / 138
逆风直身的"陕西愣娃" / 142

抗英名相的百年家书

靠自身能力上位 / 147
清操绝俗的实干家 / 148
修筑河堤，体恤民苦 / 149
铁肩担道义之尸谏醒君 / 151
六尺巷背后的家训 / 153

民族英雄的传家宝

清俭家风养成察民疾苦作风 / 156
父亲的言传身教 / 159
亲赴一线救灾的"林青天" / 162
主政陕西对决刀客 / 163
苟利国家生死以 / 164
人生十无益的教子格言 / 166

化私为公的"散财童子"

三试不中,依然心忧天下 / 169
刚直不阿的"左骡子" / 173
世代累积,沉淀家风 / 174
亲爹开启花钱如流水模式 / 178
相隔两地书信教子 / 180

移风易俗的弭地"学霸家族"

龙虎斗京华之"牛人出没" / 184
诗礼故土养育吕氏四贤 / 186
《吕氏乡约》与保甲法的"爱恨纠葛" / 190
《白鹿原》里飘出《乡约》的背读声 / 191

四星齐辉的"两高"家族

"两高""三沈"与故宫 / 195
开国少将的军旅生涯 / 199
出仕不可不清的沈家人 / 200
代代相传的精神宝库 / 202

 白河黄氏

学仰从心的黄庭坚后裔

白河《黄氏家规》的前世今生 / 205

义学堂：青春奋斗的加油站 / 208

清白之色铸就人生信条 / 209

侠之大者，为国为民 / 210

 岚皋杜氏

巴山岚水中的家庭志书

岚河之畔的杜甫遗风 / 214

"智者见于未萌"的家族管理智慧 /216

大脚才女育才子 / 218

立在心头的"禁赌碑" / 219

化育传心教导后辈成才 / 221

 韩城党家村

西河学派与青砖家训之渊源

政治考量催生西河学派 / 224

耳濡目染中的家风传承 / 225

文脉风流之地的家训传延 / 226

主要参考文献 / 229

后记 / 230

燕伋

尊师路上无出其右

春秋战国的阳光穿越时空,照射在望鲁台上。恍惚间,我们好似看到一人凭台远眺,清风吹过,沙沙的树响回荡在耳边,四周涌起阵阵吟颂:

> 千川自古多俊才,
> 数辈儒风继往来。
> 燕子归来携六艺,
> 中华尊师第一台。

这里的"燕子",便是被誉为"中华尊师第一人"的燕伋。

燕伋(前541—前476),字思,"孔门七十二贤"之一,渔阳(今陕西千阳)人。

渔阳,自古以来就有"三贤①故里"的美誉。而其中被尊为先贤的燕伋,一生只做了一件事,最为难得的是,他将这一件事做到了极致,这件事便是尊师重教。他的老师也不是一般人,乃是被后世誉为"万世师表"的孔子。

燕伋遵父遗命,奔赴千里,拜孔子为师,一生三次赴鲁,两次随师研学,并亲筑望鲁台。他的脑回路比较清奇,突破了一般人的想象空间,遂采用了一种空前绝后的方式,阐释了何谓顶级配置版的"尊师重教"。

---

① 三贤:这里指孔门七十二贤中的燕伋、汉丞相同直郭钦、唐忠烈将军段秀实。

颜回	闵损	冉耕	冉雍	冉求	仲由	宰予
端木赐	言偃	卜商	颛孙师	曾参	澹台灭明	宓不齐
原宪	公冶长	南宫括	公皙哀	曾蒧	颜无繇	商瞿
高柴	漆雕开	公伯寮	司马耕	樊须	有若	公西赤
巫马施	梁鳣	颜幸	冉孺	颜恤	伯虔	公孙龙
冉季	公祖句兹	秦祖	漆雕哆	颜高	漆雕徒父	壤驷赤
商泽	石作蜀	任不齐	公良孺	颜后	公夏首	奚容蒧
公坚定	颜祖	句井疆	罕父黑	秦商	申党	颜之仆
荣旂	县成	左人郢	燕伋	秦非	施之常	颜哙
步叔乘	原亢籍	乐欬	廉絜	叔仲会	狄黑	孔忠
公西舆如	公西蒧					

靠"11路"穿越西东

相传燕姓出自姬姓。周武王姬发打败商纣得天下后，分封各路诸侯。其中，有一位叫姬奭（shì）的贵族，他辅佐周武王灭商后，受封于蓟（今北京），并建立了臣属西周的诸侯国燕国。但他却不去封地，而是派长子姬克管理燕国，自己仍留在镐京（今陕西西安）任职。因采邑于召（今陕西岐山西南），故称召公奭。后至战国末年，燕国为秦国所灭，姬奭的后代就以国名作为姓氏，称为燕氏。而燕伋，则可能是其后裔。

燕伋出生于一个三代同堂、五世公族的大家族。在那个古老的年代，出生在这样的家族里，是一件非常幸运的事情。这种家庭可以给子孙提供较好的成长、学习环境，一般家庭是难以企及的。但是，燕家却不满足于现状，怀有"野心"，想送子弟去当时的名家大儒门下当弟子。

相传，从燕伋幼年开始，他见多识广的祖父就成了他的启蒙老师。

在燕伋四岁那一年，卓有远见的祖父临终前嘱咐燕伋的父亲：

"要用心抚养这个聪慧过人的孩子，若是哪里有学问大、学问深的高人，就一定要送他去拜师学艺，让孩子明大理，识大义，成大器。"

燕伋的祖父绝不会想到，他寄予厚望的这个孙子，日后的成就和影响力远远地超出了他的期望值。

司马迁在《史记·李将军列传》中写道：

> 谚曰："桃李不言，下自成蹊。"此言虽小，可以谕大也。

桃树、李树的花朵芬芳，果实吃起来很甜美，虽然树木不会说话，但它们依然

能把人们都吸引过去。

当时，孔子在曲阜讲学，声名远扬。燕伋的父亲很有远见，一直牢记着燕伋祖父的嘱托，遂萌生了让儿子去鲁国拜孔子为师的想法。然而，因为燕伋年龄太小，而渔阳又地处西陲，距离东边的鲁国路途遥远，所以未能成行。但是，这件事情却让年幼的燕伋对未来留下了一份期许。

一个人会有怎样的成就，除了内在因素，外在因素也非常重要，尤其是来自外界的最关键的因素——教育，教育又会对内在因素产生影响而引发内在因素的变化。所以，向道德水准、知识修养比自己强的先贤和前辈学习，是非常必要的。

在燕伋不满二十岁时，父母相继去世。守孝三年结束后，燕伋开始思考，他将何去何从？

那时的西北大地，自西周东迁之后，在游牧民族的不断侵扰下，已处于中原文化的边缘。渴望学习，渴盼成为名家大儒的弟子，这促使燕伋做出了一生中最重要的一个决定。这个决定不仅改变了他的一生，也为他在中国历史名人榜单中提前预定了一个位置。这个决定便是，横穿西东，去鲁国拜师求学。

在"公元前"的那个年代，既没有飞机、火车，也没有轮船、汽车，出门远行，大部分是靠"11路"——两条腿走，也有坐牲口拉的车，却是要掏钱的，这可不是人人都能享受的。

燕伋为了完成父亲的遗愿，为了提升自己，靠着自己的两条腿，凭着一股求知的心劲儿，经雍城（今陕西凤翔）、西岐（今陕西岐山）、咸阳，出函谷关，跋山涉水，晓行夜宿，行程达两千多里，终于到达山东曲阜。

长时间的远行，让燕伋疲惫不堪，然而他心潮澎湃，只是稍事休整，便去拜师求学，终于如愿成了孔子的一名弟子，后位居孔子三千弟子中的"七十二贤人"之列。

孔子曰：

> 吾十有五而志于学，三十而立，四十而不惑，五十而知天命，六十而耳顺，七十而从心所欲，不逾矩。

相传，孔子杏坛教学，收三千弟子，传六艺之学。周悼王元年（前520），正是孔子三十而立之时，他开始创办私人教育产业，招收学生。孔子虽然不是私学的首创者[①]，没能成为第一个吃螃蟹的人，但其创办的私学规模最大，影响最深，历时二千余年，在中国教育史上有着举足轻重的地位。

[①] 私学的首创者是谁，史学界存有争议：一种认为，孔子是私学的创始人；另外一种认为，私学首创者，另有其人。

相传在学校开幕的这一天，院子里十分热闹，孔子带着他招收的学生一起动手垒土筑坛，还在坛边种了一棵小银杏树。孔子看着这棵小小的银杏树，对学生们说："银杏树结的果子多，象征着师傅我弟子满天下。树干挺直而立，象征着正直的品格。银杏果既是食材，可以入馔，又是药材，可以治病救人。你们学成后，要像这棵银杏树一样，做一个有利于社稷民生的人。这所学校就叫作杏坛吧。"此后，孔子每日在杏坛开讲之时，便可见四方弟子聚集此处。这些弟子中，就有一个燕伋。

古人向来不主张死读书，而是提倡"读万卷书，行万里路"。燕伋拜孔子为师后，除了学习知识以外，还跟随孔子及同学南宫敬叔、仲由等人周游列国，"问礼""学礼"，传播儒家学说和齐鲁文化。

传说，燕伋父亲早早就给他做了一根扁担，以供燕伋赴鲁求学挑行李所用。燕伋就是用这根扁担挑着行李，穿梭于千山万水之间，以致磨穿了鞋子，磨破了双脚。看着肩上的扁担，想着父亲的遗愿和心中的梦想，燕伋全身又充满了力量。有时遇上豺狼或是劫匪，便用扁担驱赶，在这件护身武器的保护中，燕伋历尽艰险，终于平安到达鲁国。燕伋在鲁十余年，他又用这根扁担为孔子挑行李，担书籍，跟随恩师周游列国。返回家乡前，孔子在扁担上题字"铁扁担"，作为对燕伋的褒奖。

大约在周敬王三十年（前490），古希腊诞生了一位数学家、哲学家——芝诺，他有一个很有名的知识圆圈说："人的知识就好比一个圆圈，圆圈里面的是已知的，圆圈外面是未知的。你知道的越多，圆圈也就越大，你不知道的也就越多。"

《礼记·学记》中记载着这样一段话：

> 虽有嘉肴，弗食，不知其旨也；虽有至道，弗学，不知其善也。是故学然后知不足，教然后知困。知不足，然后能自反也；知困，然后能自强也。

六艺

中国古代，儒家要求学生掌握的六种基本技能：礼（礼节，即今德育）、乐（音乐）、射（射箭）、御（骑马）、书（书法）、数（算数）。语出《周礼·地官·保氏》："养国子以道，乃教之六艺：一曰五礼，二曰六乐，三曰五射，四曰五驭，五曰六书，六曰九数。"

有时候，也用来代指儒家"六经"，即《诗经》《尚书》《礼记》《乐经》《易经》《春秋》。

由此可见，不论是西方，还是东方，大家都有相同的感受：越是学习，越发觉得自己学得还不够。燕伋同样如此，面对此事，他是怎么做的呢？

二十七岁那年，燕伋回到渔阳，在家自学，就这样过了八年。学海无涯，掌握得越多，越觉得自己学得还不够，懂得还不多；思考得越多，就会有更多的疑问亟待解决，就越渴望能获得更多的知识。

三十五岁那年，燕伋再次踏上了东去的路途，又一次穿行数千里，以求再度深造。第二次赴鲁求学五年，他遍访了曲阜周边的人文古迹，瞻仰了齐桓公庙，学业得以精进。

相传有一次，燕伋请孔子到秦国讲学。途中，子路故意把一锭银子丢在路上，并在旁边竖起一块牌子，上写"天赐燕伋一锭银"，意在考验燕伋的德行。燕伋看到后，在牌子上写下"横财不发有德之人"。孔子得知此事之后，对燕伋大加赞赏，说："秦有汝足矣，无需老朽。"

后燕伋在渔阳办学，直到鲁哀公十一年（前484），孔子的儿子孔鲤去世，五十七岁的燕伋不顾年迈体弱，第三次东去鲁国，不只是赶往曲阜吊唁，更为重要的是，慰藉恩师白发人送黑发人的锥心之痛。

杜甫在《曲江》其二中写道：

> 朝回日日典春衣，每日江头尽醉归。
> 酒债寻常行处有，人生七十古来稀。
> 穿花蛱蝶深深见，点水蜻蜓款款飞。
> 传语风光共流转，暂时相赏莫相违。

当时的燕伋，已是年近六旬之人。我们无法想象，在那个诸侯林立、战乱频仍的时代，他需要多大的勇气，才能三次穿越中华大地。尤其是这最后一次，是什么支撑着他以年迈之身再度横跨东西呢？

到了鲁国，他留在老师身边继续学习了四年。在他打算回归故乡，叶落归根时，恰逢孔子过世。一生尊重恩师的燕伋，怎么可能在这个时候离开呢？他留在了鲁国，与一众学子一起为恩师置办丧事，含泪为恩师守孝三年，直至期满，方才离开鲁国回家。而此时，他已经六十四岁了。

在那个时代，孔子师徒面临着礼崩乐坏的时代困局。他们以天下为己任，周游列国，心心念念的是，实现克己复礼的愿望。他们身体力行，希望用自己的行动带动更多的人。

然而，理想很丰满，现实很骨感。由于社会环境和人们的观念发生了巨大的变化,当时的人已经对孔子所坚持的"三年之丧"的礼制提出了质疑。甚至连孔子的弟子中也有人对其持怀疑的态度。其中,宰予就公然主张废除"三年之丧"。

孔子毫不客气地说:"你生下来三年,然后才能离开父母的怀抱,三年之丧是普天下都要遵守的,你怎么就不愿意用三年之丧来回报父母的恩情呢?"

在孔子看来,这不仅仅是一个孝敬父母的问题,更是一个能否坚持道德原则的大问题。在这个问题上绝不能妥协退让。

而作为孔子的忠实信徒,燕伋对三年之丧的礼制是信服的。在孔子去世后,燕伋为其服丧三年。这一举动,不仅表达了对孔子本人的悼念,而且践行了孔子生前竭力倡导的克己复礼和天下归周的政治理想。

开办私学之西秦第一人

二十二岁,师从孔子。

二十七岁,回乡耕读八年。

三十五岁,自觉学浅,穿行西东,跟随孔子学习仁政思想。

四十岁,学成返乡开办私学,教学十八载,教化乡里,德育后人。

燕伋的一生,除了跟随孔子学习,余下的时光全部用来办学讲课。

鲁定公九年(前501),燕伋第二次从鲁国游学归来。此时,他已步入了不惑之年,毅然放弃了入仕当官的念头,回到家乡,开始在渔阳开办私学,教书授课,传播儒家学说。

燕伋生活在春秋战国时期。这一时期,可以说,是一个破旧立新的时代,旧的秩序、旧的制度被破坏,新的秩序、新的制度、新的阶层开始形成。周王的势力减弱,各诸侯国纷争不断,齐桓公、晋文公、宋襄公、秦穆公、楚庄王相继称霸,周天子逐渐失去了天下共主的权威和地位。

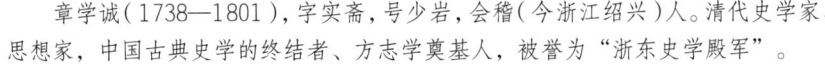

章学诚(1738—1801),字实斋,号少岩,会稽(今浙江绍兴)人。清代史学家、思想家,中国古典史学的终结者、方志学奠基人,被誉为"浙东史学殿军"。

清人章学诚编撰的《校雠通义》一书中就有这样的说法：

> 理大物博，不可殚也，圣人为之立官分守，而文字亦从而纪焉。有官斯有法，故法具于官。有法斯有书，故官守其书。有书斯有学，故师传其学。有学斯有业，故弟子习其业。官守学业皆出于一，而天下以同文为治，故私门无著述文字。

"学在官府"，是西周教育的显著特征。当时，不仅学术和教育为官府所把持，而且就连文字记录的法规、典籍，以及祭祀典礼的礼器，也几乎全部都掌握在官府手中。

这种官师合一、政教合一的教育形式，具体说来，就是学校是设在官府中的，教育机构与行政机构是同一个机构。学校既是教学场所，又是进行政治活动的场所。学校的教师由师氏、保氏、大司乐、乐师、大胥、小胥等政府官吏担任。而且因为礼器掌握在官府手中，民间没有条件举办学术活动，民间也没有学校，所以，想要学习就只能到官府。

随着世事的变化，到了春秋时期，奴隶主贵族学校已不能满足新兴地主阶级的需求。随着新兴地主阶级在各诸侯国所掌握的政治权力越来越大，所拥有的政治资源越来越多，并伴随着"士"这一阶层的出现和发展壮大，受贵族垄断的"学在官府"的教育逐渐走向没落，私学开始产生并兴起，至春秋末期，私学日益兴盛。

战国时期，齐国、楚国、燕国、韩国、赵国、魏国、秦国七雄争霸，为尽可能地壮大自身的政治力量，上层权贵争相礼贤下士，不拘一格网罗人才，以便天下之才为己所用，遂形成了"士无常君，国无定臣"的局面。受此时

私学

我国古代私人创办的学校，产生于春秋时期，与官学相对。其中，以孔子私学为典型代表，在中国教育史上占有重要地位。私学的产生，改变了"学在官府"的教育局面，形成了"学在四夷"的新格局，扩大了教育范围，拓宽了教育对象，创新了教学内容和教学方式，把教育从官府中独立出来，回归了教育的本质。

局影响，养士的风气日趋旺盛，从师之风越刮越烈，私学也如雨后春笋般遍地而生，私学的繁盛发展很大程度上促使了"百家争鸣"的出现。

孔子创办的私学秉持"有教无类"的原则，使平民百姓接受教育的机会大大增加。正是受到恩师孔子的影响，燕伋学成回乡之后，开始创办西秦的第一所私人学校，开启民智，教化民风，为家乡的教育事业奠基。

在这教书育人的十八年时光里，他潜心办学，秉承恩师有教无类、因材施教等教育思想，对儒家文化在西部地区的传播起到了重要作用，开启了三秦大地私人文化教育的先河。

他的身上，集中体现了中华民族尚德重礼、尊师重教的优秀文化传统。而其追随孔子过程中表现出的执着刚毅，在历史的积淀中灿然生辉。

清奇脑回路下的望鲁台

《荀子》有云："国将兴，必贵师而重傅。"尊师重教是中华民族的传统美德。

燕伋一生尊崇恩师。在渔阳教书期间，他一日都不能忘记恩师孔子的教诲，但由于教学繁忙，又相距甚远，想见恩师一面实在难以实现。想得实在没办法了，燕伋只好每天站在学校的崖顶遥望鲁国，可惜他既没有一双千里眼，又没有望远镜，怎么可能看见泰山和恩师孔子呢？燕伋不死心，依然每天坚持登高远眺，可是，看来看去，也只能看到连绵起伏的高山横亘在眼前罢了。

为了站得更高，望得更远，更为了实现梦想，寄托思念之情，燕伋在自己清奇脑回路的指引中想到了一个办法。他每日上裴家塬时，先在河边挖土，然后用衣襟包土，将其垫在脚下。如此，日复一日，脚下的土包竟然由小堆变大堆，形成了高约十米、底径三十五米的锥形土台，这个锥形土台便是千百年来为世人所称颂的"燕伋望鲁台"。燕伋筑台尊师，其心之诚，无人可出其右。民国十八年（1929）所立"燕伋望鲁台"碑至今仍存。

那个迎风而立，站在望鲁台上引颈远眺的男子，似乎抛开了所有的羁绊，彼时的他，只是一名学生，一名仰慕恩师而不得相见的学生。

燕伋以自己的方式为世人诠释了尊师重教的内涵。望鲁台成为他继承孔子的思想文化精髓、弘扬民族文化、传承儒家学说的一个象征。在燕伋影响下，燕氏后代一直传承着耕读传家、知书好礼的家风良俗。在燕伋尊师精神的感召下，千阳重教风气日浓。至今，千阳众多的民间古迹的堂屋和大门之上，仍然保留着"耕

读传家""知书好礼""勤俭持家"等匾额。

燕伋第三次从鲁国回乡,一年后,因病去世。

我们不禁会问:是什么支撑着他三次横跨西东,穿越中华大地,奔赴鲁国,往返跋涉数千里?

是对知识的渴望与执着。正是因为这种渴望与执着太深切,其间经历的艰难与波折才显得不值一提。

燕伋筑台望鲁,可以说,是空前绝后了。因为在没有官方帮助,也没有亲朋好友帮忙的情况下,仅仅靠他一个人,筑一座高台,在那个时代,简直太不可思议了。不论是不辞辛苦的跋涉,还是捧土筑台的执着,这般毅力、这般品行,都值得我们为之骄傲和学习。正因为如此,这座高台才成为尊师重教、尊崇儒家文化的重要象征和文化符号,或许也是它得到"中华尊师第一台"这一至高荣誉的重要原因吧。

进入望鲁台景区,其大门两侧的楹联上写着:

经纶满腹,尊师重教,业冠秦域称儒范;
仁义立身,筑台望鲁,道传华夏属超贤。

这副楹联道尽了燕伋的一生。燕伋用自己的一生诠释了一个信念——追求知识,尊师重教。在践行信念的过程中,他自己也成了人们眼中可堪效法的先贤。

他为天下的学子树立了一座丰碑。

而后继者,亦当如是。

哲人鉴语

孔子 / *秦有汝足矣,无需老朽。*

班 固

咬定青山不放松

漫步书店,在书架上取下一册《汉书》,目光所及之处,作者一栏写的是"班固"。一个念头瞬间跳上心头:这样的鸿篇巨制,真的是一个人能完成的吗?

班固(32—92),字孟坚,扶风安陵(今陕西咸阳东北)人。一生著述颇丰,作为史学家,其《汉书》位列"前四史"①之一;作为辞赋家,有开创京都赋之范例的《两都赋》,荣登"汉赋四大家"②之一;作为经学理论家,他编撰的《白虎通义》集当时经学之大成,使谶纬神学理论化、法典化。

文德如此出众,武功亦不逊色。他曾以年迈之身,上战场建功立业,从最初的私修国史到奉命修史,再到保卫边防,一步一步走来,是什么力量支撑着他,能够坚持心中的梦想而不放弃的呢?

班固出生于崇尚儒学的"书香门第",深受家学家风影响。正如郑板桥在《题竹石》一诗中所描绘的:

咬定青山不放松,立根原在破岩中。

千磨万击还坚韧,任尔东西南北风。

---

① 前四史:指"二十四史"中的前四部史书,包括西汉司马迁的《史记》、东汉班固的《汉书》、南朝范晔的《后汉书》及西晋陈寿的《三国志》。

② 汉赋四大家:司马相如、扬雄、班固、张衡。

正是因为继承了这种前赴后继、专一持久、一往无前的"咬定青山不放松"的精神,他才能跨越文德、武功这两条道路上丛生的荆棘,不论际遇起伏,还是世事变幻,始终能够不忘初心,以自身的实际行动实践着儒家"修身、齐家、治国、平天下"的理想。

家学渊源下的文武传承

秦朝末年,天下大乱,班氏的七世祖班壹为躲避战乱,迁居楼烦(今山西宁武)。他在此地白手起家,开始搞畜牧业,后养牛、马、羊数千群,挣了很多钱,其家族也借机迅速升级为地方新兴豪强。

他非常看重排场,《汉书·叙传》中说:(班壹)"出入弋猎,旌旗鼓吹……"俨然一派帝王景象。班壹的儿子班孺出身于富豪之家,不用担心钱不够花,对于物质上没有什么追求,遂形成了急公好义的品格,他任侠闻名,为"州郡歌之"。

在班壹创造的雄厚的经济硬实力和班孺塑造的家族好名声的软实力的双层辅助中,班长步入仕途,成为一名官员,官至上谷郡守。至此,班家终于完成了至关重要的一步——由平民百姓跨入官宦之家。但从班孺身上延续下来的任侠闻名之风却并未消散,转而成了班氏家风的一个遗传因子,在后代子孙中时有显现。

到了班孺的曾孙班况这一代,起点就更高了,他由举孝廉进入官场,政绩卓著,在汉武帝时为越骑校尉。班况不光自己能干,而且很注重教育子女,三子一女都十分出色,为班氏家族的后续发展升级贡献很大。

大儿子班伯,是一位精通《诗经》《尚书》《论语》的学者,曾数次出使匈奴,成帝河平(前28—前25)中,单于来朝,皇帝派遣他持节迎于塞下,后官至水衡都尉;二儿子班斿(yóu),以博学有俊才,深受皇帝器重,官至右曹中郎将;小儿子班稚,也就是班固、班超、班昭三兄妹的祖父,官至广平相,方直自守,因被王莽排挤而为延陵园郎。

班况的女儿就是著名才女班婕妤,也是班固、班超和班昭的祖姑。她自幼聪明伶俐,工于诗赋,文才出众。汉建始元年(前32),汉成帝刘骜即位,班氏女被选入宫,封为少使①,不久汉成帝为班婕妤的美貌及文才所吸引,赐封其为"婕妤"。有一次,皇帝专门让人制造了一辆很宽大的辇车,就是为了可以和班婕妤同游,却被其以礼制不合而婉辞。王太后听到这件事后,非常欣慰,说:"古

---

① 少使:秦汉时皇帝后宫侍妾称号。职位相当于文官七品。属于后宫的低阶。

有樊姬①，今有班婕妤。"后成帝移情于赵飞燕，将其冷落于长信宫。她作《团扇诗》自伤感怀，文辞哀楚凄丽，千百年来被传诵不绝。

自班况的三子一女始，班氏一门开始以文德这一面展现在世人的面前，从世代为官的世家大族走向满门通经的士家大族。

因家财丰厚，家中藏书很多，班固的父亲班彪从小在阅读书籍方面就走在了同龄人的前面。他学博才高，造诣颇深，年少时和哥哥班嗣又一同游学，见闻颇广。

班彪二十多岁时，正值西汉末年，群雄并起，隗嚣（wěi áo）在天水拥兵割据，班彪因避难跟从隗嚣。班彪是打算振兴汉朝的，然而，隗嚣却想的是开辟一个新朝代，于是，班彪给隗嚣写了一篇《王命论》，期望以此劝谏，可是，事情的发展并没有班彪想象的那么简单，更何况还牵扯到皇帝的宝座。就是因为两人政见不同，班彪便转而去往河西，为窦融出谋划策。班彪是一个实干家，在任上，他结合自身的经验和阅历，对时政有很多独到的见解，写了《复护羌校尉疏》《上言选置东宫及诸王国官属》《奏议答北匈奴》等奏言。

随着年龄的增长，身体越来越不好，班彪后来生了一场病，便不再当官，专心修史。汉武帝时，司马迁著《史记》，从传说中的黄帝写到当时的汉武帝，从太初年间以后，缺了一部分内容。后来，有很多有学问的人都进行了补写，但多文笔鄙俗，和《史记》不搭。班彪遂采集前朝历史遗事，还从旁贯穿一些异闻，写下"后传"数十篇，参照前面的历史而评论得失，用来补充《史记》太初以后的空缺。他的史学观点多被班固继承，对于《汉书》的编撰影响颇深。

班固出身于儒学世家，父亲班彪、伯父班嗣，皆为当

隗嚣

隗嚣（？—33），字季孟，天水成纪（今甘肃秦安）人。出身陇右大族，青年时在州郡为官，因知书通经闻名陇上。刘玄更始政权建立后，隗嚣占领平襄，割据一方。更始二年(24)，隗嚣归顺，被封为右将军。建武九年(33)病故。

① 樊姬：楚庄王的王后。樊姬为劝阻楚庄王不要因打猎而玩物丧志，就不吃禽兽肉，以此打动楚庄王。

时的著名学者。在父辈的熏陶下,班固九岁即能属文,诵诗赋,十六岁入太学,博览群书,对于儒家经典及历史,无不精通。

因为班彪当时已是远近闻名的学者,经常有人来家里拜访并与其探讨学问,受父亲的这些朋友的影响,班固开阔了眼界,学业上大有长进。尤其是父亲晚年潜心续写《史记》之事,对他影响很大。

随着年龄的增长,也为了进一步在学业上有所精进,班固在十六岁时进入洛阳太学。在这里,他用功苦学,不论儒家或是其他百家学说,都深入钻研。同时,注重增广见识,并不拘守一师之说,不停留在字音字义、枝节末梢之上,力求贯通经籍大义。这为他日后成长为一代史学大家,奠定了极为重要的文史基础。

> 班固十六岁时到洛阳太学求学,傅毅是他的同学。多年后,两人又同殿为臣。汉明帝要求百官作《神爵颂》,班固、傅毅献赋,都得到了汉明帝的称赞。在关于迁都长安这一问题上,班固作《两都赋》,傅毅作《洛都赋》《反都赋》。汉和帝时,窦宪升大将军,以傅毅为司马,班固为中护军,二人均作《北征颂》歌颂窦宪北伐的功绩。后来,傅毅去世,班固也因窦宪谋反案受株连,死在狱中。
>
> 傅毅作为东汉的文史学家,为世人交口称誉,与班固不相上下。三国时期,曹丕在《典论》中也说:"傅毅之于班固,伯仲之间耳。"

在太学,班固结识了崔骃①、傅毅②等一批同学。这三个人可都是太学里的"学霸",后来都成了一代名人。班固性情随和,谦虚好学,得到了同学和老师的交口称赞。班固二十三岁时,父亲班彪去世。此时,班固已经具备很高的文化修养和著述能力,完全可以接过父亲的班,拿起父亲的笔,继续编著史书了。

父死子继留遗憾

班彪过世后,家里生计艰难,班固只好从京城洛阳回到扶风安陵老家居住。

从京城官宦之家一下子沦为乡里之民,这对任何人来说,都不啻一个沉重打击。

---

① 崔骃(?—92):字亭伯,东汉涿郡安平(今河北安平)人。自幼聪明过人,十三岁便精通《诗》《易》《春秋》,尽通训诂百家之言,著有《四巡颂》《三言诗》等。

② 傅毅(?—90):字武仲,东汉扶风茂陵(今陕西兴平)人,辞赋家。章帝时,为兰台令史,拜郎中,与班固、贾逵共典校书。著诗、赋、诔、颂、祝文、《七激》等近三十篇,文名显于朝廷。

但班固没有被现实打垮,立志继承父亲的未竟之业。他觉得,父亲已经写好的"史记后传"的内容还不够详备,布局也尚待改进,没有完成的部分,还要补写。于是,在父亲成稿的基础上,他利用家藏的丰富图书资源,正式开始了写书修史的生涯。同时,也不忘积极寻求出仕的机会。

永平元年(58),汉明帝任命东平王刘苍①为骠骑将军,让他选四十个人担任辅助官员。班固认为,这是一个出仕的好机会,于是,写了一篇名为《奏记东平王苍》的文章送给刘苍。班固本来想的是,既可以用这篇文章举荐人才,又可以显示自己的见识和才能,借以进入官场。很遗憾的是,班固猜中了开头,却没有猜中结尾。富有戏剧化的是,他推荐的人大部分都被征用了,而他自己却没有自荐成功。自此,他便一心修书,不问外事。

永平五年(62),有人向朝廷告发班固"私修国史",汉明帝下诏扶风郡逮捕班固,书稿也被官府查抄呈送皇帝。被查抄的书稿就躺在明帝的御案上,明帝先是随手翻看书稿,结果却变成仔细阅览,心中惊异于班固的才华。

"私修国史"的罪名很大,也很严重。在古代,不是你想写史书就能写的。皇帝都希望能把自己好的一面留在历史中;至于不好的,自然是希望能藏得严严实实的。因此,皇帝对于史书的撰写都把控得很严。班固既不是史官,又没有奉皇帝的命令,所以,被人告发被捕入狱后,很快就会被处死。

班家所有人都十分紧张,害怕班固会因此送命。班固的弟弟班超为救兄长,骑上快马穿华阴,过潼关,疾驰京城洛阳,上书汉明帝替班固鸣冤。至于班超是如何把这封申冤信送到皇帝面前的,我们不知道。结果是,明帝得知班超上京后,特地下旨召见了他。

这应该是班超人生中第一次直面龙颜,他孤零零的一个人,跪在冰冷的大殿上,将父兄两代人几十年修史的辛劳,以及宣扬"汉德"的最终目的倾吐而出。明帝听后,深受感动,又加之很欣赏班固,便下令将其释放,并召班固进皇家校书部,封为兰台令史②。正是有心栽花花不开,无心插柳柳成荫。班固当年给刘苍投书,就是为了出仕,可是没有成功。当他一心写史的时候,却因缘际会,被皇帝钦点为一名正式

---

① 刘苍(?—83):东汉光武帝刘秀与光烈皇后阴丽华之子。建武十五年(39)被封为东平公,建武十七年(41)晋封为东平王。汉明帝即位,被封为骠骑将军。

② 兰台令史:东汉始置,隶御史中丞,掌书奏及印工文书,兼校定宫廷藏书文字。

官员。

后来,他接到命令,与前睢阳县令陈宗、长陵县令尹敏、司隶从事孟异等人,一起编撰东汉光武帝的事迹。这伙人充分发挥团队协作的能力,终于完成了《世祖本纪》的修撰。因班固在撰写光武一朝君臣事迹期间,显露出卓越的才华,在汉明帝心里的地位是噌噌地上升。后班固被晋升为"郎",负责整理校雠皇家图书。这个工作岗位和工作职能,对于班固来说,那就是打瞌睡送枕头——正是时候。从此,班固就能随意阅览皇家丰富的藏书了。遨游在知识海洋里的班固,就像一块干瘪的海绵,不断地吸收,不断地学习,不断地提升,不断地成长,为他日后完成《汉书》夯实了基础。

班固到京师后,他的家人也一起来到了洛阳。因为家境贫寒,班超靠替官府抄写文书维持生计。班固被汉明帝任命为郎官之后,官阶虽低,但与明帝见面的机会增多了,在更加深入的了解之后,汉明帝对班固更是宠爱非常。

有一次聊天的时候,明帝问班固:"你弟弟现在干啥呢?"

班固据实以告:"在替官府抄写文书,用挣来的钱奉养母亲。"

在班超为救班固面见明帝时,班超的勇气和胆识就给明帝留下了非常深刻的印象。听了班固的话,明帝觉得班超还是一个非常孝顺的人。这样的人没有被朝廷任用,无论是对班超而言,还是对朝廷来说,都十分可惜,便任班超为"兰台令史",掌管奏章和文书。

汉明帝经过慎重考虑,鉴于班固具有独力修撰汉史的愿望,而且他们父子两代已经做了很多工作,写了部分内容,于是,便下旨让他继续完成《汉书》的编撰工作。

从私撰《汉书》到受诏修史,对于班固来说,是一个重大的转折;对于《汉书》的完成,也是一个有力的推动。从此,班固不仅有了比较稳定的生活,有皇家图书资源可以使用,而且有了明帝的这一旨意,他就再无后顾之忧,可以专心修史了。

汉章帝建初七年(82),班固基本上完成了《汉书》的编写工作。全书从汉高祖开始,到新朝王莽时期,记述了二百多年间的事迹。等后来《汉书》颁出后,受到当朝重视,学者争相诵读。

自永平元年(58)开始,前后历时二十多年,终于初步实现了父子两代人的心愿。

然而,班固写《汉书》也是留有遗憾的。"八表"和《天文志》还没有写完,他就去世了。

临危受命的巾帼才女

在班固死后,汉和帝直接下旨,点名让班固的妹妹班昭,到东观藏书阁把《汉书》继续写下去。

班昭,一位充满传奇色彩的女性。她出生于"家有藏书,内足于财"的显贵人家,祖姑是大名鼎鼎的才女班婕妤,父亲是大文豪班彪,长兄是著名的历史学家、文学家班固,次兄是立功西域的一代名将班超(32—102)。这一大家子都是如此"彪悍",让人心生敬畏。在家庭的熏陶和父兄的影响下,加上自身的努力,班昭成了一位学问广博的学者。

汉和帝永元十二年(100),班超因思念故土,上书皇帝请求还乡任职。可是,朝廷迟迟没有答复,因为西域这块地方对于朝廷来说非常重要,离了班超还不行。班昭得知此事后,便上书和帝,饱含深情地述说了哥哥班超一生为国坚守西域的辛劳,言辞恳切地陈述了班超的功绩,一针见血地告诉皇帝,西域如此复杂的形势,必须要有得力的人前去处理,而班超却已年老体衰,扛不起这么重大的责任,应该派年轻力壮的人前往坐镇。和帝看了这封奏书,有感于班超一生对国家的奉献,并经过政治上的考量,同意班超回乡。

中国古代四大才女

班昭(约49—约120),又名姬,字惠班,扶风安陵(今陕西咸阳东北)人。东汉史学家、文学家。因嫁曹世叔为妻,后世亦称"曹大家"。奉旨续写《汉书》,作品存世七篇,《东征赋》《女诫》等对后世有很大影响。

蔡文姬(约177—239),名琰,字文姬,又字昭姬。东汉陈留圉(今河南杞县)人。蔡邕之女。擅长文学、音乐、书法,传世作品除了《胡笳十八拍》外,还有《悲愤诗》,其被称为我国诗史上文人创作的第一首自传体五言长篇叙事诗。

上官婉儿(664—710),又称上官昭容,陕州陕县(今河南陕县)人。唐代女官、诗人、皇妃。《全唐诗》收其遗诗32首。

李清照(1084—约1155),号易安居士,齐州章丘(今山东章丘)人。宋代女词人,婉约词派代表,有"千古第一才女"之称。有《易安居士集》,已佚。

《汉书》，又称为《前汉书》，是中国第一部纪传体断代史，位列"二十四史"之一。这部史书由班彪起头，班固撰写，班昭续写，合一家两代三人之力接续完成，是班氏家族的心血结晶而成。

汉和帝永元元年（89），窦宪因擅权被杀，班固被牵连，死于狱中。《汉书》没有完成，已经写好的稿子也被弄乱了，分不清哪个先哪个后。班昭继承父兄遗志，在藏书阁阅读了大量的史籍，整理、核校父兄遗留下来的散乱篇章。同时，在原稿的基础上进行续写。虽然，我们不能得知当年班昭续写《汉书》的过程和细节，但作为续写《汉书》的第三棒，她责任重大，作为班家的子女，她责无旁贷。一个女子在兄长去世的悲痛中，被皇帝亲自指定续写《汉书》，她没有多余的时间去伤心，去难过，只能将失去亲人的痛苦化为写书的动力。因为她知道，自己肩上的担子有多重，她不能让父亲和兄长的心血付之东流，她不能让《汉书》在她的手中蒙尘。

《汉书》终于能够走下书案面世了。但是，因辞意深奥，又涉及很多古代的典章制度，一般人很难读懂。同郡（扶风郡）的马融便在楼阁下边拜班昭为师，让班昭教他诵读《汉书》。于此，班昭成为历史上第一位女史学家。

这位女史学家可不是只有满肚子墨水的一般才女，她不仅情商满满，而且具有极高的政治智慧。不仅和帝对她十分欣赏，多次下诏，令她进宫，让皇后和贵人们以师礼待之，而且就连邓太后也把她视为好友，十分信任。和帝去世，安帝即位，但是朝政大权都掌握在邓太后手中。

永初年间（107—113），太后的哥哥大将军邓骘以母丧为由，上书朝廷要求致仕。太后不想批准，于是便问班昭。班昭是这样说的："急流勇退不失为明智之举，大将军正好可以借此机会功成身退，如果不退，万一出了什么问题，就不能让将军的美名流传下去了。"于是，邓太后便听从了班昭的建议，同意邓骘的请求，让其辞官还乡。

班昭熟读史书，对历代的兴衰成败、为政得失都了然于胸，有着丰富的政治智慧和独到的政治眼光。在邓太后执政期间，班昭频繁出入宫廷，成为太后背后的高参，为其出谋划策，也为东汉的平稳发展做出了一定的贡献。在她去世时，邓太后身穿素服以示哀悼。

班氏一门，三星璀璨，不论是班彪的离世，还是班固的冤死狱中，或是班昭的临危受命，他们都能以其卓越的文学才华，不为外物所扰，精心创作，成就了《汉书》这部两代三人的心血之作，为后世留下了宝贵的史料。

文武双全两兄弟

　　班家人的血脉里，不仅流淌着文德的因子，还充斥着武功的基因。这在后代子孙中，时有显现。而到了班彪的子女这一代，尤为突出。

　　世人皆知班超以武功立业，以武功留名青史。其实，在班家这样一步步由普通百姓家庭积累升级为官宦之家的家庭中长大的孩子，学业上又怎么可能是弱项呢？班超从小就有大志，为人不拘小节，孝顺恭谨，不以居家操持为耻，口才也是非常好，在他营救班固面陈皇帝时，就可见一斑。因家中藏书丰厚，他的阅读范围广，时常可见他手拿《公羊春秋》阅读的身影。

　　虽然，他也爱看书，文史功底也不差，步入官场的第一个职位也是文官，但是，在他心底，更想做的是，投笔从戎，参军立功。这个机会很快就来了。

　　永平十六年（73），窦固等人出兵攻打北匈奴，班超随从北征，在军中任代理司马。他终于找到了自己的道路。从此，可以一展所长了。

　　班超一到军中，就显示出了出众的才能。他率兵进攻伊吾（今新疆哈密西四堡），在蒲类海（今新疆巴里坤湖）与北匈奴交战，战绩非常可观。因为这一战，他获得了窦固的赏识，得以立足军中。

　　窦固派他和从事郭恂一起出使西域。经过准备之后，班超和郭恂率领士兵向西域进发，先到达了鄯善国。鄯善王开始对班超等人礼敬备至，后来有一天突然转变了态度，变得冷淡疏离。

　　班超想，其中一定有什么他们不知道的原因，于是对部下说："你们没觉察鄯善王的态度前后差别太大吗？我想，一定是北匈奴有使者来了，才使他犹豫不决。既然他不知道怎样选择，咱们就帮帮他吧。"

　　于是，班超把接待他们的鄯善侍者找来，单刀直入地说："我知道，北匈奴的使者来了好多天了，他们现在住在哪里？"班超出乎意料地来了这么一下子，侍者仓促间难以回答，只好实话实说。

　　班超让人把侍者关押起来，以防泄露消息。

　　然后，他把手下的士兵共三十六人全部叫来一起喝酒。等喝醉的时候，班超用了一招激将法，大声说："你们与我都身处边地异域，都想通过立功得到富贵荣华。但现在北匈奴的使者来了才几天，鄯善王对我们就这样了。如果一旦鄯善王决定选择北匈奴，那咱们就是他用来给北匈奴投诚的礼物，到那时候，咱们就要成为豺狼

口中的食物了。大家看，现在应该怎么办？"

大家齐声说："咱们现在处于如此危险的境地，是生是死，全凭司马决定。"

班超说："不入虎穴，焉得虎子？办法就是趁着夜色掩护，出其不意，用火攻。北匈奴使者不知道我们究竟有多少人，一定会害怕，仓促之间必定会慌乱，我们正好可以趁机杀了他们。只要他们一死，鄯善王就会被吓破胆，只能选择听咱们的。咱们就大功告成了。"

其中，有一个士兵说："这件事是不是应该和郭从事商量一下。"

班超大怒："是吉是凶，在此一战。郭从事是肩不能扛、手不能提的文官。他听到这事会害怕，万一暴露了计划，咱们就会白白送死，你也就别想荣华富贵了。"

大家听后都同意这样干。就这样，火攻计划在这次酒会上便定好了。

天渐渐黑了，夜幕低垂。班超就率领士兵直奔北匈奴使者驻地。天遂人愿，那天晚上正好刮大风。班超命一部分人拿着鼓，藏在北匈奴使者驻地的后方，约好一见火起，就猛敲战鼓，大声呐喊。又命其他人拿着刀枪弓弩埋伏在门的两边。安排好后，班超顺着风势放火，一时间只听得前后鼓声大响，声势喧天。北匈奴使者乱作一团，逃遁无门。班超一举杀了三个匈奴人，其他人也杀死了三十多人，其余的匈奴人全部葬身火海。

第二天，班超才将此事告诉了郭恂，郭恂先是吃惊，接着脸色就变得不好看了。班超一看他变脸，就知其原因，用手拍着他的肩膀，说："虽然你没有与我们一起行动，但咱们是一起出来的，我又怎么忍心独占这份功劳呢？"郭恂随即面露喜色。随后，班超请来了鄯善王，把匈奴使者的首级拿给他看。鄯善王大惊失色，惶恐不安。经过班超的好言抚慰，鄯善王表示愿意归附汉朝，并同意送自己

投笔从戎

班超在为官府抄写文书时，每天伏案写字，常扔下笔叹息："我身为大丈夫，尽管没有什么突出的计谋才略，总应该学学建功立业的傅介子和张骞，怎么能够老是干这笔墨营生！"旁人嘲笑他，班超却说："凡夫俗子又怎会理解志士仁人的抱负。"

的儿子当人质。

班超凭着这次功绩，给明帝留下了深刻的印象。明帝很欣赏班超的胆识和谋略，便任命班超担任军司马，再次出使西域。窦固想给班超再增加一些人手，班超却只带领了原来跟随他的三十多人。

班超带着原班人马再次踏上了出使西域的征途，一路向西。

最终，班超凭借自身的智勇，杀了匈奴派驻鄯善的人员，废了亲附匈奴的疏勒王，巩固了汉朝在西域的统治。后陆续平定了莎车、龟兹、焉耆等地贵族的叛乱，击退了月氏的入侵，保护了西域各族的安全及丝绸之路的畅通。

班超一路凭借着军功，从军司马到将兵长史，再到西域都护，到永元七年（95），朝廷为了表彰班超的功勋，下诏封其为定远侯，食邑千户，后人称其为"班定远"。

叶落归根，是中国人融入骨血里的执念。班超年老以后，时常思念故土，遂于永元十二年（100）上书朝廷请求调回。后在班昭的帮助下，永元十四年（102）的八月，班超终于回到了阔别多年的洛阳，被任命为射声校尉。同年九月逝世，享年七十一岁。班超将自己三十余年的大好时光都奉献给了西域。

打虎亲兄弟，上阵父子兵。与班超上阵击杀匈奴、出使西域建功立业相比，哥哥班固虽然是一介文弱书生，但是，同样有着过人的胆识，在年近六旬之际，仍亲赴战场追击匈奴，也是毫不逊色。

章和二年（88），汉和帝即位，年仅十岁，窦太后临朝，启用国舅窦宪为侍中，掌控大权。窦宪专横跋扈，无视朝廷律法。后因刺杀齐殇王的儿子刘畅，事发被捕入狱，窦宪请求率军北征匈奴以赎死罪。

当时，匈奴分南北两部，南匈奴亲汉，北匈奴反汉。

正好南匈奴请求汉朝出兵讨伐北匈奴。朝廷便任命窦宪为车骑将军，"以执金吾耿秉为副，发北军五校、黎阳、雍营、缘边十二郡骑士，及羌胡兵出塞"。这次战争，是东汉历史上第一次大规模征讨匈奴的战争。

永元元年（89），班固此时已五十八岁，因为母亲去世而辞官守孝在家。班氏家族向来有与边疆事务打交道的经验，班家人血液里的尚武因子也是跃跃欲试。于是，班固也打算边境立功，以施展才能，报效国家。

在班固得知窦宪被任命为将军，率大军攻伐匈奴的消息后，果断决定投奔窦宪，随大军北攻匈奴。在军中被窦宪任中护军，行中郎将，参议军机大事。

双方首先在稽落山（今蒙古国额布根山）一带展开激战。稽落山战役后，汉军乘胜追击，猛追北匈奴单于到了燕然山。大败北匈奴后，随军出征的班固写下了《封燕然山铭》一文，并刻石纪功，颂扬汉军出塞，千里奔袭北匈奴，破军斩将的赫赫战绩。这种刻石纪功的方式被后世继承下来，从而形成边塞纪功碑的传统，一直延续到清朝。

　　班固从窦宪北征匈奴以后，进入窦宪幕府。此时的窦宪，因为平定匈奴有功，威名大盛，心腹众多，官员升迁贬斥都由他一人决定。尚书仆射郑寿、乐恢因招致他的不满，被迫相继自杀。永元四年（92），窦宪密谋叛乱，事发后被革职，回到封地后自杀。因为班固与窦宪关系密切，所以也受到了株连，后被免职。洛阳令对班固积有宿怨，在窦宪案发后，便借此机会罗织罪名，成功陷害了班固。后班固被捕，死于狱中，年仅六十一岁。

　　一门三杰，两代三人接力，耗尽一生，写就千古第一部断代史《汉书》，成为中国史书中的不朽之作。而班超则选择了与家人不同的道路，投笔从戎，建功西域。不论是《汉书》的著成史，还是班超的投笔从戎立军功，都可以说是班氏一门家学家风的具体表现。我们从中可以真切地感受到，他们那一颗颗滚烫的爱国心。他们就是凭着这股咬定青山不放松的精神，以自身的实际行动践行着家风，完美地实现了人生价值和社会价值的和谐统一，在前行的道路上勇往直前，方得始终。

哲人鉴语

黄庭坚　　每相聚，辄读数页《前汉书》，甚佳。人胸中久不用古今浇灌之，则俗尘生其间，照镜则觉面目可憎，对人亦语言无味也。

王维桢　　古今文章擅奇响者六家，孟坚之文以整而奇。

曾国藩　　古人称立德、立功、立言为三不朽。立德最难，自周汉以后，罕见德传者。立功如萧、曹、房、杜、郭、李、韩、岳，立言如马、班、韩、欧、李、杜、苏、黄，古今曾有几人？

李 固

正大耿直的"北斗喉舌"

陕西城固，地处汉中盆地腹地，北靠秦岭，南依巴山，素有"小江南"的美誉。这里不仅是西汉著名外交家、探险家、"丝绸之路"开拓者张骞的故里，也是被誉为"北斗喉舌"的东汉名臣李固的家乡。

李固（94—147），字子坚，汉中南郑（今陕西城固）人。历任汉顺帝刘保、冲帝刘炳、质帝刘缵三朝太尉。是东汉时知名的忠正耿直之臣。

他长眠于城固县柳林镇小营村北的一个高坡上，墓前立有两通石碑，一通上书"汉忠臣太尉李公神道碑"，另一通上书"汉太尉李公固墓"。

李固在朝为官期间，正是外戚与宦官交替把持朝政、争权夺利最激烈的时候。为了国家社稷和黎民百姓，他不惜献出了自己和两个儿子的生命，世间只余一滴血脉。后来，他的小儿子也像父亲那样，有一副李家特有的铮铮铁骨，不畏权贵，直言敢谏，正直清廉。

正可谓："三朝太尉斗权奸，一门三杰传忠骨。"

高洁家风孕育儒士清流

城固这片土地上，生活着许多大家族，他们世代秉承着修身齐家、困知勉行的家风。秦汉之初，汉中李氏先祖在迁徙途中，被城固县内的青山碧水所吸引，于是逐水而居，渐渐地形成了当时的李氏村落。

迁徙而来的李氏族人，融入汉中民风，在教子育孙中传

承家风，使后人能够知荣辱、明是非，在两汉时期涌现出了许多贤达明慧之士。

李固就是其中的一个。他出生于东汉时的一个官宦家庭，父亲李郃（hé）官至司徒。作为一个官二代，他没有沾染恶习，一生廉政刚直，甚至为此不惜献出了宝贵的生命。

李固的祖父李颉（jié），自有一股读书人的清高。他精通经学，做过博士。李郃先随父亲李颉学习，后又进入太学学习经籍，通晓"五经"，擅长《河图》《洛书》和风星之术。因为李郃为人质朴，不善于展示自己的才学，所以，当时其才能不为众人所知。

永元四年（92），大将军窦宪成婚，天下郡国都派人送贺礼，汉中太守也打算送礼。李郃劝道："窦将军是皇后的兄长，不修礼德，专权骄恣，很快就会有危亡之祸。你要是对朝廷忠心，就不要与他结交。"

可是，太守根本就不听李郃的话，仍然一意孤行。李郃一看他阻止不了这件事情，便毛遂自荐担任贺使。他故意在途中停留，拖延时间，静观其变。当走到扶风郡（郡治在今陕西兴平）时，果然如他所料，传来窦宪自杀的消息。后来，窦宪所有的党羽全部被杀，与窦宪有来往的官员全部被免职，只有汉中太守没有被牵连。因为此事，李郃被举荐为孝廉，后官至司徒。

李郃是一个能够坚守底线的人。永初四年（110），李郃代袁敞为司空，屡次上书陈述朝政得失，忠臣气节已隐然可见。永宁元年（120），在一次直谏朝政弊端时被免职。安帝死后，北乡侯刘懿继任皇帝，李郃被任命为司徒，可是，他却没有接受朝廷的任命。这件事情在李固的心中留下了非常深刻的印象。他在父亲的身上读懂了什么是风骨。

李固从小深受家学家风的影响，是一个非常有志气的孩子，懂得什么是"低调做人，高调做事"。李固没有因为自己是官二代，就不思进取，打着父辈的旗号招摇过市。他的生活十分简朴，每次到太学上学时，穿衣打扮一如普通人，以至于和他一起上学的人都不知道他是李郃的儿子。从太学回家看望父母，也是穿着和普通人一样的衣服，悄悄地从后门进去。

《后汉书》中是这样描述李固的："少好学，常步行寻师，不远千里。遂究览坟籍①，结交英贤。四方有志之士，多慕其风而来学。"李固从小勤奋好学，眼观天下，胸怀大志，经常外出寻访名师，在游学期间，常常使用假名，以贫家子弟的身份去求学交友。他之所以这样做，只是不想让人因为父亲李郃的原因而对他另眼相看。终有一天，他会凭借自身的能力大鹏展翅，青云直上。

从祖父李颉到父亲李郃身上传承下来的高洁清正，仿若是流淌在骨血中的基因密码，影响了他的一生。

---

① 坟籍：古代典籍。

三坟五典

指中国传说中的最古老的书籍。三坟五典一词最早见于《左传·昭公十二年》："是能读三坟、五典、八索、九丘。"

《尚书序》称："伏羲、神农、黄帝之书谓之三坟，言大道也；少昊、颛顼、高辛、唐、虞之书，谓之五典，言常道也。"八索与九丘，是指"八卦"与"九州之志"。

以一己之身怼^①多方势力

永建三年（128），洛阳发生地震，汉阳地陷裂。永建五年（130），洛阳发生旱灾和蝗灾，其他多个地方也发生了蝗灾。此后，风、涝、水、旱等自然灾害时有发生。

东汉中叶，社会矛盾日益尖锐，外戚宦官轮流坐庄。尤其是顺帝亲政以后，内忧外患不断，政局不稳，加上频发的天灾，人心越发惶惑不安。面对如此情势，朝廷多次征聘名士到朝廷任职。可是，很多有识之士宁愿隐于山野，也不愿出仕为官。

永建二年（127），公卿共同荐举黄琼。李固非常仰慕黄琼，于是提前写信给他，希望他能出山，重振朝纲，为国尽忠。他在信中提及"常闻语曰：'峣峣者易缺，皦皦者易污。'阳春之曲，和者必寡，盛名之下，其实难副"的至理名言，激起了好友"虽世道污浊，我辈仍需逆流而上的决心"。

汉顺帝下诏派公车前往征召黄琼与会稽人贺纯、广汉人杨厚前往京师为官。然而，黄琼却称病不前。有人检举他对皇帝大不敬，汉顺帝知道后，就给县里下了诏书，让县里以礼安慰派送，于是，黄琼应召前往。

北宋庆历六年（1046），范仲淹写下了千古名篇《岳阳楼记》，以抒发济世情怀。其中写道："居庙堂之高则忧其民；处江湖之远则忧其君。是进亦忧，退亦忧。然则何时而乐耶？其必曰'先天下之忧而忧，后天下之乐而乐'乎。"

李固亦如此，他年纪轻轻就已成为时人公认的大儒，引得朝臣和地方刺史多次邀请他出仕，却均被拒绝。虽说李固隐于山野，远离庙堂，然而，他身处江湖，却心怀天下，时刻关注朝堂风云，对于外戚宦官专权，忧心如焚。

汉顺帝阳嘉二年（133），首都洛阳宣德亭突然发生地裂，裂缝长达八十五丈。

---

①怼：入选 2017 十大网络用语，表示心里抵触、对抗。《新华字典》中的释义为怨恨。现在网络上常用，多用于表示用言语回应或行动反击等含义。有观点认为，表示这一义项且读音为"duǐ"的字，应为"㨃"。

在古代，国家发生天灾，人们会将这看作是上天对皇帝的惩罚。这时，皇帝要检讨自己的疏漏，有的还要下罪己诏。

发生地震后，顺帝心里很着急，想着这是不是老天给予的警告。于是，赶紧召集三公九卿议事，让他们荐举有真才实学的人。然后，在宫中组织这些人召开专题会议，让其发言指陈弊病，拿出对策。

李固亦是被举荐的人才之一。在这场会议中，李固用一篇对策，成功地获得了顺帝和众臣的称赞，高调进入政坛，成为东汉政坛中冉冉升起的一颗启明星，光华璀璨，用生命之光照亮了东汉晦暗的天空。

这篇对策，发常人不敢发之声，指常人不敢指之弊政，只身手撕当红的权贵宠臣。

李固主要说了四个意思，开篇先批评顺帝在其位不谋其政，用现在的话说，就是懒政，不作为。李固说："你即位后，朝廷、天下、百姓的状况，和以前相比不但没有好转，反而更趋衰败，你要奋发进取，有所作为，承担起一个皇帝应该承担的责任。"

批完皇帝，就开始怼顺帝的乳母宋娥。他对顺帝说，要让乳母出宫居住。后来的历史证明，李固真是有远见。明熹宗即位之初，封乳母客氏为奉圣夫人，一路优待。东林党人担心客氏干政，建议明熹宗迁客氏出宫居住。因此，客氏对东林党人暗恨于心。当魏忠贤与客氏结为对食，狼狈为奸，集结而成一个巨大的罗网时，不仅对付东林党人，还扰乱朝纲，把持朝政，架空皇帝。

第三个被李固选中的靶子就是梁冀。梁氏一门煊赫非常，有七人封侯，出了三位皇后、六位贵人和两位大将军，拥有食邑称君的女性就有七人，娶公主的男性有三人，其余担任卿、将、尹、校的有五十余人。

梁冀就出身梁氏一门，是大将军梁商之子，他的妹妹梁妠是顺帝的皇后，而且颇为受宠。此时，梁冀任步兵校尉，可以想见，日后定会飞黄腾达。其人鸢肩豺目，生性凶残暴虐。但是，因为其家世门楣而炙手可热。李固就建议顺帝，依然让梁冀官居原职，不要给予进封，使其远

罪己诏

中国古代帝王在朝廷出现问题、国家遭受天灾、政权处于险境中时，自省或检讨自己过失、过错的一种口谕或文书。通常在三种情况下出现：一是君臣错位，二是天灾造成灾难，三是政权危难之时。

李固／正大耿直的「北斗喉舌」

离权力中枢。

前面怼的还是个人，到后面就是"一竿子打翻一船人"的节奏，直接怼的就是一个阶层——宦官。李固建议顺帝裁减宦官，只让他们提供服务，不让他们手中拥有权力。

虽然李固第一个怼的就是顺帝，但也正因如此，顺帝真切地感受到了李固的赤子之心，看到了李固忠直的人品操守。因此，钦点李固为第一，任其为议郎。

顺帝随即命乳母搬出了皇宫，回到她自己的家里居住。而宦官们也都向皇帝叩头，请求饶他们一命，朝廷一片肃然。

但是，这些只不过是表面文章，实际上，梁氏一门权势荣耀不减反增，梁商不久升为大将军，梁冀升为河南尹。

李固凭着这篇对策步入宦海，也因为这篇对策，得罪了宋娥，得罪了梁氏一门，得罪了已形成气候的阉党。后来，他们联手伪造了一封匿名信，罗织罪名，诬陷李固。顺帝看后下令查办，大司农黄尚打算找人一起为李固脱罪。位居执金吾的梁商是外戚，他的女儿是皇后，妹妹是贵人，本人又十分得顺帝的看重，是当仁不让的人选，黄尚便请求梁商设法营救李固。时任尚书仆射的黄琼也为李固洗脱冤屈努力着。

最终在群臣的努力下，真相大白于天下。可是，过了很长时间，李固才被释放，后来被贬为洛阳县令，他感慨万千："不能在朝廷中枢整顿朝纲，去做地方官，又能起什么作用呢？！"李固走到白水关时，终于拿定主意，解下印绶，回到家乡，隐居不仕。

《警世贤文》之勤奋篇，有云：

宝剑锋从磨砺出，
梅花香自苦寒来。

满腹才学、忠正耿直的李固刚刚进入官场，便因遭到奸佞小人联合挖坑而含冤下狱。这样的经历，并没有使他变得世故圆滑，反而成了一方磨刀石，将李固这柄无惧斧钺、忠正刚直、竭诚报国的宝剑，磨砺出更为锐利的刀锋。他终于直刺靶心，舍身成仁，用鲜血铸成一代名臣之典范。

以民为本的为官之道

阳嘉三年（134），顺帝想任命梁商为大将军，然而，梁商认为，自己还不够格，便假称有病不去上朝。到了阳嘉四年（135）四月的一天，顺帝派太常桓焉捧着策书到梁商的家里来授官，梁商才不得不接受任命。

梁商认为，自己是靠着外戚的身份才位居大将军之职，所以，常常谦恭温和，虚心荐贤。他前后举荐了汉阳人巨览、上党人陈龟为掾属，李固、周举为从事中郎。大家都称赞梁商是一位贤良的宰辅，顺帝对他也更为看重，把国家重要事务都交给他处理。每遇灾荒之年，梁商就拿出自家的稻谷赈济灾民。他对外说，这是国家开展的救助。

梁商虽谦逊荐贤，颇有名声，但他为人过于谨慎甚至怯懦，缺乏决断力，没有能力整顿法纪。李固想让梁商先整治朝廷纲纪，于是向梁商上书说："几年以来，灾害现象不断发生。孔子说：'聪明的人见到灾变，考虑它形成的原因；愚蠢的人见到怪异，却假装没有看见。'天道不论亲疏，所以可敬可畏。如果能够整顿朝廷纲纪，推行正道，选立忠良，您就能继伯成之后，建立崇高的功业，获得不朽的荣誉，那些沉湎于荣华富贵，追求高位的外戚，还怎么能和你比。"可是，梁商并没有听从李固的建议。

东汉后期，外戚、宦官交替把持朝政，官僚机构腐朽，灾害频繁。在安帝以后，风调雨顺似乎遗忘了这个时代，水旱、蝗灾频频光顾。生活在这种情况之下的百姓，生存对于他们来说，已经成为一件奢侈的事情。然而，朝廷好似看不到，根本不管他的子民正在死亡线上挣扎，仍然步步加紧搜刮压榨，官吏更加贪得无厌，浑水摸鱼、借机揩油、大发横财者，比比皆是。

永和年间，荆州盗贼之势再度疯涨，长年得不到平定。永和六年（141），朝廷任命李固为荆州刺史，任务是消除匪患。

李固就职后，派官员深入一线，进乡入村，安抚百姓，稳定民心。随后，再详细了解当地盗匪实情。

当时，全国各地盗贼猖獗，势头强劲。朝廷为解决这一问题，专门选派了一批官员疾驰匪患猖獗之地。与李固同批次的就有被派到广陵郡任太守的张纲。很巧合的是，他们不仅面对的问题一样，采取的措施也一样，都用了招安之术。张纲对盗贼首领说："过去历任广陵郡太守，多为贪暴之人，才激起民愤，导致你们成为盗匪，罪在这些太守，不在你们。"

同样的，荆州这些盗匪也不是一出生就是盗匪，他们中的绝大多数人都是普通百姓，只是因为世道黑暗，生存不下去了，才聚众为盗。其实，如果可以安居乐业，又有谁愿意提头过着刀口舔血，有今日没明日的日子呢？

在实地调查后，李固有针对性地提出了解决方案。想方设法与盗贼接触，告知他们："对他们以前做的那些不法之事既往不咎，犯下的那些罪名全部赦免。"

也就是说，以前的一切一笔勾销，他们可以从头开始，重新做人。

这个政策一出台，就圈粉了一众盗匪，打了盗贼头目一个措手不及，一下子就收编了匪贼头目夏密的匪徒六百多人。

面对自首的六百多名匪徒,李固又是怎么做的呢?他没有出尔反尔,一杀了之,而是遵守诺言,将这六百多人全部释放。这样一来,那些旁观的盗贼们才真正相信了他。李固只用了短短的半年时间,境内所有盗贼就全部自首,州内从此太平无事。他担任荆州刺史期间,正风气,裁冗员,立法度,一举廓清了地方吏治。

李固到任后,能够如此快速有效地掌控局面,进而扭转局势,其根本原因就是沿袭了他一贯的工作准则:以民为本。

在高效地解决了荆州盗贼这一难题后,皇帝觉得李固确实是个人才。然后又丢了一块难啃的硬骨头,调李固去泰山任郡守。

当时,泰山郡也像荆州一样,盗匪横出,屯聚历年。前几任郡守都有召集千名郡兵剿匪,可是依然不能将其剿灭。而且还出现了一个奇怪的现象,就是匪越剿越多,当地官府已经没有办法了。

李固到任后,当地的匪徒都时刻准备着,等待着大队人马来围剿。但是,李固却并没有像前任那样去做,而是在郡兵中挑选了百余人留下,其余的郡兵全部让他们回家去种地。他的这一做法,让手下官员、当地百姓,甚至匪徒都陷入了迷惑。

其实,李固只是将其以民为本的为官之道一以贯之罢了。李固不需要出动郡兵以武力剿匪,他的武器就是宽中牧民,用恩信和威德招降盗贼。不到一年时间,乱民归田,盗贼全部散去。一直无法根绝的盗贼匪患,从此消散。

正是因为李固了解到了这些为盗之人的真实情况,才能审时度势,提出解决问题的根本办法。而这正是其以民为本的为官之道的鲜活例证。

不惜身死卫正道

汉安元年(142),朝廷挑选颇有威望的人,担任八使考察风俗。选派了侍中周举、"侍中杜乔、守光禄大夫周栩、前青州刺史冯羡、尚书栾巴、侍御史张纲、兖州刺史郭遵、太尉长史刘班并守光禄大夫,分行天下",到各州郡进行视察,表扬有德行、忠于职守的地方官员,惩治贪赃枉法的官员。对于刺史、郡太守等二千石以上的官吏,将他们的罪行用驿马迅速上奏朝廷。对于县令及以下的官吏,可以就地处决。

其中,杜乔以侍中之职代理光禄大夫,受命巡察兖州。有一天,杜乔一行人来到李固的地盘,看到当地百姓生活安定,社会秩序肃然,遂表奏李固政绩为优等,李固得以升任将作大匠。

李固上任后的第一件事就是上疏皇帝,称赞黄琼、周举等人,又推荐陈留人杨伦、河南人尹存、东平人王恽、陈国人何临、清河人房植等贤明之人为官。

顺帝下诏召用杨伦、杨厚等人，又调升黄琼、周举，任命李固为大司农。

之前，八使在巡察天下时，弹劾了许多不法官吏，其中多半是宦官的宾客亲属。宦官常常替他们求情，朝廷对这些不法官吏也就不追究了。而旧时的"三府选令史，光禄试尚书郎"，一直都是靠关系特别选派，而不再选试。

李固就看不惯这种不良风气，便与廷尉吴雄一起上疏，认为八使所检举的人，应该尽快给予惩处，重新选人用官。顺帝听从了他们的建议，罢免了八使所检举的刺史等涉案官员，又从此减少特派，并责成三公明加考察，朝廷对此大加称赞。

后李固又与光禄勋刘宣上奏："近来选举牧守，多数不称职，甚至横行无道，侵害百姓的利益。而陛下应该停止享乐游玩，专心朝政。"顺帝也采纳了他们的意见，下诏各州劾奏太守、县令以下官吏，为政有错，作风不正，对百姓无益的，都免去官职，对于那些犯有重罪的官员，全部关进监狱进行审查。

李固不单单是指陈朝政弊端，而且敢于站出来，直面当朝一霸。直接与梁冀对上，其原因不为个人私怨，只是为了捍卫心中正义，维护天下正道。李固的这一面，完完整整地遗传到了他儿子的身上，这就是家风的力量。

本初年间（146），大将军梁冀专权跋扈，早已与坚守正义的李固积怨甚深。从李固对策出口的那一刻，就在两人之间埋下了解不开的结。

建康元年（144）顺帝驾崩，年仅一岁的太子刘炳即位，为汉冲帝。太后梁妠（nà）临朝听政，任命李固为太尉，与太傅赵峻、大将军梁冀一起辅政。

扬州、徐州盗贼猖獗，顺帝驾崩后，梁妠害怕消息传出会发生动乱，便诏李固等人一起商量，打算推迟给顺帝发丧。然而，李固不同意这样做，他说："皇帝虽然年龄小，但他依然是天下之主。今日崩亡，人神感动，岂有臣子将这件事遮掩藏匿的。古代的秦始皇死在沙丘，胡亥、赵高秘不发丧，最后害死了扶苏，终致亡国。近来，北乡侯刘懿薨逝，阎皇后兄弟和江京等人也秘不发丧，便有孙程杀人之事。此乃大忌，一定不能这样做。"梁妠听从了李固的话，当晚就发丧。

汉冲帝刘炳也是一个短命的君主，一岁登基，两岁就死了。然后，立谁当下一任皇帝，就成为亟须解决的问题。

然而，关乎皇帝宝座，天下至尊之位，涉及多少利益集团，可谓牵一发而动全身。为了这个位置，为了以后的利益有所保障乃至于最大化，这些朝臣们开始仔细挑选皇位候选人。

李固毫无私心，又一心为公，认为清河王刘蒜年长有德，应该立他为帝。便对梁冀说："朝廷现在这种状况，应该选择一个年高有德、能够亲政的人为帝。希望大将军能够从长远考虑，像周勃立文帝、霍光立宣帝一样，不要像邓太后、阎太后那样，利用君主年幼而方便自己掌权。"

李固所言，就像一根刺一样，狠狠地扎进了梁冀的嗓子眼儿。一旦刘蒜为帝，梁冀"摄政"的美梦肯定就破碎了，到手的权力肯定会被削弱，梁氏一门和依附梁氏的官员都会面临巨大的打击，甚至于土崩瓦解。于是，梁冀和姐姐梁太后商议，决定立渤海孝王刘鸿八岁的儿子刘缵为皇帝。未免夜长梦多，刘缵当天便登基，为汉质帝。

质帝虽年幼，却聪慧非常。本初元年（146），太后梁妠准备把自己的妹妹嫁给蠡吾侯刘志，遂下旨让其到洛阳城北的夏门亭迎娶。

在婚礼举行前的一次早朝中，质帝看着梁冀说："这是一个跋扈将军！"这句话被梁冀听到了，他从此对质帝深恶痛绝。心中暗想："现在皇帝还小，也没有亲政，就如此讨厌我，如果让他长大成年，等他大权在握时，还有我的活路吗？"

于是，一不做二不休，梁冀打算将其除之而后快，不给他收拾自己的机会。

有一天，梁冀让质帝身边的侍从悄悄把毒药放在皇帝的饭食里面。质帝不知有毒，结果饭后不久毒药发作。质帝难受非常，派人急召李固进宫。梁冀听闻后也进宫了。李固到质帝床前询问缘由，质帝勉强答道："朕吃过汤饼，觉得腹中堵闷，给朕水喝，朕还能活。"这时，站在旁边的梁冀急忙阻止："恐怕呕吐，不能喝水。"话还没说完，质帝就死了。李固伏到质帝的尸体上号啕大哭，质问服侍质帝的人。梁冀担心会泄露下毒的真相，越发地痛恨李固。

因为质帝被害身亡。东汉朝廷又一次面临重立新帝的局面。如此频繁的皇位更替，对于一个国家来说，并不是一件好事。何况，当时还有外戚专权。无论选谁当皇帝，都绕不开梁冀这个实权派人物。李固代表大司徒、大司空给梁冀写信："此事至忧至重，可不熟虑！悠悠万事，唯此为大；国之兴衰，在此一举。"

当权的外戚或宦官希望新立一个年幼无知的小皇帝，以便继续掌控朝政。刘志当时十五岁，刚好符合要求。因此，梁冀提出要立刘志为帝。然而，太尉李固、司徒胡广、司空赵戒为了削弱梁氏这个利益集团的势力，主张迎立年长的清河王刘蒜。于是，梁冀便将三公、中二千石①、列侯召集在一起开会讨论。结果，李固、胡广、赵戒及大鸿胪杜乔都一致认为，清河王有名有德，且是质帝的兄长，血缘与质帝最近，应该立为皇帝。梁冀抓耳挠腮，找不到理由反对，但这个人选是梁冀无论如何不能接受的，会议便不了了之。

当天夜晚，中常侍曹腾悄悄来到梁冀家，对梁冀说："不如立蠡吾侯刘志为帝，您便可保长久富贵。"此言正中梁冀下怀。

第二天，继续开会讨论。梁冀撕下了虚伪的面具，严厉逼迫朝臣立刘志为帝，

---

① 中二千石：汉代官吏秩禄等级，就是实得二千石。太常、光禄勋、卫尉、太仆、廷尉、大鸿胪宗正、大司农、少府、执金吾等到中央机构的主管长官，皆为中二千石。

在梁冀的恐吓利诱下，朝臣只好屈从，表态说："只要大将军发令就是。"只有李固和杜乔依然坚持己见，对此，权势滔天的梁冀只说了两个字："散会。"

因为怕李固坏了他们的好事，梁冀就让太后下诏罢免李固。两天后，李固被免职，十五岁的刘志当日便登基，历史上昏庸无能的汉桓帝就这样荒唐而可悲地产生了。

梁太后临朝听政，外戚梁冀把持朝政。东汉又多了一个傀儡皇帝。宦官唐衡等人对桓帝说："陛下，您在即位前，李固和杜乔都反对立您为帝。"因此，汉桓帝对李固和杜乔心生怨恨。

建和元年（147）的初冬时节，甘陵人刘文与魏郡人刘鲔合谋立清河王刘蒜做天子。这件事，正好与李固要拥立刘蒜为帝一致，恰好给了梁冀陷害李固的借口。梁冀便诬蔑李固与刘文、刘鲔等人是一伙的，将他们关进牢狱。一时之间民情哗然，李固的"门生勃海王调贯械①上书"，证明李固是被冤枉的。河内赵承等数十人也"要铁锧②"上朝，各地奏表如冬日飞雪涌入朝堂。梁太后怕事情闹大了，不得不将李固放出来。等到李固出狱之时，洛阳的大街小巷中传出阵阵欢呼之声。梁冀听闻后，心下大为惊骇，对于李固的声望十分惊恐，担心现在不把他拿下，以后只怕自己会栽在他手里，遂更加坚定了除去李固的决心。梁冀重新部署后，又向朝廷弹劾李固和刘文、刘鲔相勾结的旧案，李固最终含冤死在狱中，时年五十四岁。

李固临终时，命子孙用三寸素棺，以帛巾束首，将其入殓，葬于汉中的瘠薄之地，不许葬在父亲墓地周围。临死前还给胡广、赵戒写了一封信："我受了国家大恩，因此竭尽股肱之力，不顾个人生死，志在扶持朝廷达到文帝、宣帝时那般景象。哪想到因为梁氏一门势大，你们便屈从了，生生把好事变成坏事。汉朝衰亡就从此时开始。你们受了朝廷的厚禄，眼看着朝廷有颠覆之危而不扶持，后代的良史，又岂会包容你们的私心？我身虽死，却尽到了大义，夫复何言！"

胡广、赵戒看了信后悲痛惭愧，长叹流涕。

他深陷三尺囹圄，愤然绝笔，写就了这封诀别书。让所有的人深切地感受到了他的忠心赤胆，相较于奸佞小人的卑鄙无耻，同僚的懦弱势利，李固的高风亮节和视死如归就如一束光，投射在东汉黑暗的天空，给后世留下了抹不去的印记。

李固死后，梁冀把他的尸首摆在洛阳城北十字路口示众，并下令："凡是有来哭泣吊丧的，都要给予惩治。"李固的学生汝南人郭亮，还不满二十岁的一个年轻小伙子，左手拿着奏章和斧头，右手抱着铁砧，在宫门口上书，乞求为李固收尸，一直没有得到答复。郭亮又和南阳人董班一同去吊丧，守在遗体旁不走。

---

① 贯械：戴上刑具。

② 要铁锧：要通腰；铁锧，古代斩人的刑具，这里借指腰斩之罪。

夏门亭长呵斥："你们公然冒犯圣旨,是想尝尝官府的厉害吗?"郭亮回答："我们为李固的大义所感动,又怎会顾及自己的身家性命。"梁妠听后,将二人全都赦免,让董班用布包裹李固遗体归葬故乡。

李固出身于清流名儒辈出的家庭,深谙"铁肩担道义"和"威武不能屈"的名士真谛。在立帝这一关系社稷根本的问题上,他毫不畏惧,以燃烧生命为代价,捍卫正道。《论语·卫灵公》有云:

志士仁人,无求生以害仁,有杀身以成仁。

这句话,便是李固最好的写照。

一门三杰的迭代升级

东汉永兴年间,李氏族人李郃承继父业,成为辅助汉和帝开创永元之隆①的肱骨重臣之一。

李郃不仅自己品行高洁,而且还非常重视对子弟的教育。儿子李固在他的教育和影响下,以忠义正直闻名于世。他以民为本,施政革弊,历三朝太尉,被魏文帝列为汉二十四贤之一。

建和元年(147),李固被梁冀陷害,他知道,自己这一次肯定是难逃一死,于是,让三个儿子李基、李兹和李燮离开京师,回老家汉中。

当时,李燮年仅十三岁,姐姐李文姬是司隶赵伯英的妻子,贤惠聪敏,看到兄弟们都回来了,便详细询问了缘由。之后,她哀伤地说:"我们李家将要面临灭门之祸,自太公以来,我们行善积德,为何还会落到如此境地?"随即,李文姬与两位兄长商议,将李燮藏匿起来,对外就说李燮返回了京师。大家都相信了,兄妹三人希望以此能为李家留下最后一滴血脉。

于是,李文姬找到李固的门生王成,恳求他:"您曾与我父亲有恩义,又有古人节操。如今我将李燮托付于您,我李氏一族是存是灭,全在您一念之间。"王成二话没说,便带着李燮顺江而下进入徐州。

从此,李燮改名换姓,在徐州一家饭店里当店小二,而王成则在市集中以卖卦为生。表面上,两人谁都不认识谁,只是在暗中来往。

等朝廷下达抓捕李固儿子的诏书后,汉中郡太守知道李固是被冤枉的,本人又十分钦佩李固的人品和风骨,便让李基、李兹服药假死,躲在棺材中,希望两人以

---

① 永元之隆:汉和帝刘肇在诛灭窦氏戚族后励精图治,对内整顿吏治,招贤纳士,减免赋税,关心民苦,对外击溃北匈奴使其西迁,并任命班超为西域都护,彻底平定西域诸国,东汉国力趋于极盛,呈现出国泰民安、四夷宾服的局面,时人称为"永元之隆"。

此逃生。然而，郡功曹害怕事发牵连自己，就派人去开棺验尸，将李基、李兹两人杀死。

延熹二年（159）八月，梁冀被诛杀。次年正月，大赦天下。李燮得知朝廷在寻找李固的后人，便返回家乡，回归家门。多年未见的姐弟两人抱头痛哭，周围的乡亲们无不感慨落泪。背井离乡、隐姓埋名、忍辱偷生的李燮在重归故里后，勤学苦读，以求重振门楣。

李固是东汉正大人物之一，他的正大人格与家庭教育的锻造有着必然的联系。从他的祖父李颌到父亲李郃，李氏家族始终将家庭教育贯穿于每一个教育环节。而李固的这种正大人格，也深深地影响着他的儿子。尤其是他的舍身赴死，给儿子李燮上了永生难忘的一课。

汉灵帝在位期间，党锢及宦官政治盛行。他又设置西园，巧立名目搜刮钱财，甚至卖官鬻爵，只为自己享乐，致使汉廷腐朽，民不聊生。

光和七年（184），张角发动黄巾起义，天下八州太平道教徒揭竿而起，州郡失守，朝廷震动。冀州安平王刘续被张角俘虏，之后，朝廷花费巨资将刘续赎回，并任命李燮担任安平相。

宫内享乐

汉灵帝不干正事，整天挖空心思，变着法儿地玩乐。内宫无驴，一个善于逢迎媚上的小黄门精心挑选了四头驴送进宫。灵帝如获至宝，每天驾个小车在宫内游玩。起初，还找人驾车，后来就自己驾车。这一消息传到宫外，京城许多官员竞相模仿，成为时尚，一时间驴价猛涨。正所谓："上有所好，下必甚焉。"

没过多久，灵帝就对驴车失去兴趣。又有一个宦官想出一招，给狗戴进贤冠，穿朝服，佩绶带，让其摇摇摆摆上了朝。灵帝看了半天，发现是一只狗，拍掌大笑："好一个狗官。"满朝文武深感奇耻大辱，却敢怒不敢言。

他又在后宫仿造街市、市场、各种商店、摊贩，让一部分宫女嫔妃扮成商人叫卖物品，一部分扮成买东西的客人，还有的扮成卖唱的、耍猴的。他自己则扮成卖货物的商人，在这条仿造的民间集市上走来走去，或在酒店中饮酒作乐，或与店主、顾客相互吵嘴，打架，玩得不亦乐乎。

在朝廷讨论是否让刘续复国这一议题时，李燮上奏说："刘续在安平国没有政绩，又被黄巾军俘虏，守国不称职，有损朝廷名声，因此，不应该复国。"可是，朝廷最后讨论的结果是同意复国，刘续便回安平国去了。然后，李燮便因"毁谤宗室"的罪名被弹劾，被罚进入左校做苦工。

事情的发展总是具有戏剧化。到了九月，刘续因人弹劾"不道"而被诛杀，李燮因此又被封为议郎。于是，京师便流传着一句话："父不肯立帝，子不肯立王。"

李燮对贤达之士一直怀有赤诚之心，从不嫉贤妒能。在面对谄媚小人之时，绝不姑息。在李燮担任议郎时，做了一件大快人心之事。

当时，甄邵升迁为太守，恰巧他母亲逝世，按照朝廷旧例，官员碰到父母丧事必须弃官服丧。而甄邵竟然为了谋取官位，将母亲的尸体埋到马厩中不发丧，准备先去洛阳领取太守印绶之后，再回去办丧事。这件事情被李燮知道了。在途中遇见甄邵，李燮便派人将甄邵的官车推翻到水沟之中，用皮鞭、木棍猛抽乱打。然后在帛上写了"谄贵卖友，贪官埋母"八个大字，挂在甄邵的背上。李燮后将此事的经过上奏朝廷，奏请皇帝革除甄邵的官职，永不录用。

过后不久，李燮被提拔为河南尹，在担任河南尹两年左右时逝世。在李燮的身上，我们看到了他父亲李固刚正不阿、直言敢谏的影子。在民间，有一首民谣口耳相传：

> 我府君，道教举。
> 恩如春，威如虎。
> 刚不吐，柔不茹。
> 爱如母，训如父。

时人称赞李氏满门忠烈。李固墓已悠悠千载，但祭祀香火从未断绝。

《大学》有云：

> 古之欲明明德于天下者，先治其国；欲治其国者，先齐其家；欲齐其家者，先修其身；欲修其身者，先正其心；欲正其心者，先诚其意；欲诚其意者，先致其知，致知在格物。物格而后知至，知至而后意诚，意诚而后心正，心正而后身修，身修而后家齐，家齐而后国治，国治而后天下平。

李郃、李固、李燮，一门三杰，为李氏后人树立了榜样，为城固文教事业的发展注入了强劲的力量，潜移默化地滋润着这方水土的社风民风。

哲人鉴语

秦 观 / 梁冀擅命，固与杜乔以死抗之，而天下靡然，以杀身成仁为俗矣。

归有光 / 人主为之改容，奸萌为之弭息，四夷闻之而不敢窥伺，此正直之臣也。

杨 震

"四知先生"的遗产

陕西潼关,历史悠久,闻名遐迩,位于秦、晋、豫三省交界之地。在这里,黄河、渭河、洛河三河交汇;在这里(今陕西省潼关县高桥乡亭东村西北),埋葬着一位清白传家、刚正不阿的大儒,石碑上书"关西夫子杨公墓"七个大字。他就是——杨震。

杨震(?—124),出身弘农杨氏,字伯起,华阴(今陕西华阴东)人。东汉著名政治家、教育家。他做教育,兢兢业业,诲人不倦;他入仕为官,刚直清廉,恪尽职守。

最为可贵的是,他在抓好自身建设的同时,非常注重家风的养成和对子孙的教育。他用自己的一言一行,默默地影响着子孙,在人生的最后一刻,他选择以死明志,用鲜红的血液映衬出清白家风的底色。这就是他留给子孙最好的遗产,没有之一。

从弘农杨氏走出的"关西孔子"

西汉元鼎四年(前113),汉武帝设弘农郡,郡治①设在函谷关,其辖区以西汉时最大,包括今天河南省西部的三门峡市、南阳市西部,以及陕西省东南部的商洛市。其地处长安、洛阳之间的黄河南岸,是历代军事政治要地。

这里,是弘农华阴杨氏的发源地。此后,弘农杨氏一直与汉阴相依相属。

---

① 郡治:郡守府署所在的首县,郡守的治所。

弘农杨氏，关西第一名门望族，中国历史上的一大传奇家族。有史记载的弘农杨氏第一位名人，就是司马迁的女婿、西汉丞相杨敞。他与霍光不仅是亲密同僚，两人还联合起来做了一件大事——将皇帝昌邑王刘贺废除，另立新帝刘询。

杨敞的玄孙杨震更是厉害，不仅学问极好，而且要名望有名望，要地位有地位，人品操守也是极佳，只身将弘农杨氏家族一举推向了顶级豪门。

杨震从小在儒家经学的氛围中成长。他的父亲杨宝，乃是当世名儒，隐于民间，教书育人。杨震自幼深受父亲影响，聪敏好学，遍览群书。少年时，拜太常桓郁为师，刻苦研习《欧阳尚书》①。杨震二十岁以后，有地方州郡长官让他当官，他像他父亲一样，不为所动，专心开馆授徒，开始了他长达三十年的教学生涯。

衔环报恩

> 相传，杨宝九岁时，在华阴山北（华山之北）看见一只受伤的黄雀被一堆蚂蚁围攻，生起恻隐之心救了受伤的黄雀，用黄花喂养，直至伤好才将黄雀放走。事后，杨宝梦见黄雀变成一个黄衣童子回来报恩："我是西王母使者，君仁爱救拯，实感成济。"以白环四枚赠给杨宝，言称："令君子孙洁白，位登三公，当如此环矣。"黄衣童子讲完这些话就消失了。此后，杨宝的儿子杨震、孙子杨秉、曾孙杨赐、玄孙杨彪全都官至三公，德业相继。

当时，杨震住在华山脚下的牛心峪口，利用父亲的学馆授徒传业，坚持有教无类的准则。因此，从四面八方来求学的人络绎不绝，学生多达两千余人。因为他教学方法好，效果好，所以名气很大，学生也越来越多，教学规模也进一步扩大。

他还在华阴双泉学馆、客居于湖（今河南灵宝市豫灵镇董社源）讲学十多年，学生一千多人。加上牛心峪的两千多人，学生人数超过了三千人，而且教的学生中也是英才辈出，像虞放、陈翼等人，后来都成了朝廷的栋梁。时人赞他为"关西孔子杨伯起"。

由"暮夜却金"而生"四知先生"

因为杨震的名气越来越大，很多官员慕名前来请他出山做幕僚。

相传，有一天，杨震正在上课，一只冠雀嘴里叼着三条鳝鱼，停在了讲堂前。

① 《欧阳尚书》：汉欧阳生所传的今文《尚书》。

学舍的都讲①拿着鱼对杨震说:"蛇鳝,是卿大夫衣饰的象征。三是三台的意思,这是说,先生从此就要高升了。这是天命。天命不可违,先生要顺从天意啊!"

年近五旬的杨震终于不再教书,转而去大将军邓骘的幕府里上班,不久便被保举为茂才②。到了元初四年(117),杨震进入朝廷任太仆,负责舆马及牧畜工作。杨震虽然进入了封建官场这个大染缸,却未曾忘却初心,始终保有着清白正直的品格。

后历经升迁,做了荆州刺史、东莱太守。在前去就职的途中,他要经过昌邑,而当时担任昌邑县令的人,正好是他以前推举的荆州茂才王密。

在那个漆黑的夜晚,王密带着十斤金子去看望杨震,他打算把这些金子都赠予杨震,以报答杨震对他的知遇之恩。好久不见的两个人相谈甚欢,夜色越来越浓,当一片乌云遮盖了头顶的那点星光时,王密从怀里掏出了金子,放在桌上,推向杨震。

那个漆黑如墨的夜晚,屋内一灯如豆。在王密掏出金子的那一瞬间,金子的光芒照亮了房间,照亮了两人的面庞,也照亮了杨震的心。

杨震深深地叹了一口气,对王密说:"咱们是老熟人了,我很了解你,你怎么就不了解我呢?"王密却说:"现在是深夜,没有人会知道我给你送金子。"

于是,杨震就说了那句震人肺腑、名扬千古的话。他说:"天知,神知,我知,你知,怎么能说没有人知道呢?"面对这样一个一身清正之气、慎独慎微之人,王密感到很羞愧,满脸通红地带着金子离开了。

清正廉洁,是杨震一生践行的人生理念。而无论是暮夜却金,还是四知拒金,这件事从来都不只是一个故事,而是他真实人生中的一个掠影。这件历史事件在古今中外都产生了非常大的影响。于是,后人就称杨震为"四知先生",这样的尊称正是他为官清廉、洁身自好的最好例证。

在浩如烟海的历史典故中,"四知先生"的美誉,历经时间的流逝,却并未被封存,反而被历朝历代广为推崇。而"四知"中蕴含的清白廉洁的家风,就似那出淤泥而不染的青莲,散发着阵阵清香,浸润着后世子孙。

清白底色映剑芒

永宁元年(120),杨震升官了,担任司徒一职,成为东汉皇朝的"总理"。

---
① 都讲:古代学舍中协助博士讲经的儒生,一般选择学问高的人充任。
② 茂才:东汉时为了避光武帝刘秀名讳,将秀才改为茂才。后有时也称秀才为茂才。

第二年,邓太后去世,安帝开始变得骄横。安帝的乳母依仗"圣恩"无法无天,乳母的女儿伯荣出入宫中,贪赃枉法。于是,杨震就给安帝上奏章,他说:"君主自古以来施政,主要是任用德才兼备的贤能人士,让他们来治理国家。您的乳母只是因为得到了一个哺育皇帝这样千载难逢的机会,才有了些微的功劳。但是,陛下对她的封赏已经足够了,远远地超过了她的功劳。可是,她却贪得无厌,交结大臣,接受贿赂请托,扰乱朝纲吏治,败坏了朝廷的名声。您现在应该迅速送乳母出宫,还要隔断她女儿同宫内的往来。这样,就可以使恩情和德行都继续地保持下来,对您和您乳母来说都是好事。希望您能够为了大局,舍去个人私情,为了国家,舍去优柔之心。"然而,安帝不但没有听从杨震的劝告,还把这个奏折拿给乳母和她女儿看。结果,她们对杨震怀恨在心。

后来,乳母的女儿伯荣与已故的朝阳侯刘护的远房堂兄刘奎结为夫妻。爱屋及乌,皇帝就让刘奎承袭了刘护的爵位,并官至侍中。

对于皇帝的这个做法,杨震持反对意见,他再次上书皇帝,表明:"爵位的继承自古以来都是父死子继、兄终弟及。刘奎只是刘护的远房堂兄,而刘护的同胞弟弟刘威如今还健在,为什么不让他的胞弟刘威承袭爵位。刘奎又没有任何的功劳和德行,仅仅只是因为它是您乳母的女婿,就官至侍中还封侯,这不合老祖宗定下的规矩,也不合乎道义。您这样做,会让满朝文武议论纷纷,让百姓们迷惑不解。请陛下以历史为镜,遵循规则办事。"皇帝依然没有采纳杨震的建议。

杨震,就是这样一个敢于站在皇帝面前"唱反调"的人。他不仅看到不公的事情敢于直言进谏,而且发现腐败现象也敢于亮剑。

到了延光二年(123),杨震接替刘凯,升任太尉,担任东汉的"国防部长"。皇帝的舅舅耿宝推荐中常侍李闰的哥哥给杨震,让杨震给安排个合适的位子,杨震没有答应。耿宝就找到杨震,亲自对他说:"李闰是皇上身边的亲信之人,让推荐他哥哥是皇帝的意思,我只不过是替皇帝传个话而已。"杨震依然没有答应,他回答说:"如果朝廷要用李闰的哥哥,按照程序,应该有尚书的命令。"因此事,耿宝恨透了杨震。皇后的兄长也向杨震推荐了他的亲友,杨震还是不答应。

司空刘授听说了这些事情后,立马举荐了这两个人。十天之内,这俩人都得到了提拔。因此,杨震更加遭到这些人的忌恨。

因杨震身居高位,又声名在外,这些人不好下手。他们便一直蛰伏着,等待时机报复杨震。杨震也知道自己得罪了很多人,但他依然遵循本心行事。

有一次,安帝下诏,为他的乳母建造房屋,中常侍樊丰等人大肆鼓动,扰乱朝廷。

杨震再次上书谏阻。皇帝依然没有听从他的建议。因为杨震多次上书，言辞激烈地指责皇帝，安帝已经非常不高兴了，对杨震也有了很大的看法。

延光三年（124），安帝去泰山巡游。樊丰等人又伺机大肆修建房屋，杨震就派人稽查，掌握了他们伪造诏书的证据，打算等安帝回来就上奏此事。樊丰等人知道后就很担心。正当此时，天上星变倒行。太史官说，这种星象预示着有人将犯上逆行。于是，樊丰等人就将此次星变的罪名扣到杨震的头上，诬陷杨震对安帝怀恨在心，因此犯上逆行。安帝回来后，听信了小人谗言，当夜就派人收缴了杨震的太尉官印。就这样，樊丰等人依然觉得不够，又请大将军耿宝上奏说，杨震对皇帝收缴官印心怀怨气。于是，安帝下旨，遣送杨震回归故乡。

杨震接旨后立即动身，行经洛阳城西的几阳亭时，对他的儿子和门生说："死是一个人不可避免的事情。我蒙圣恩身居庙堂，虽痛恨奸臣狡猾却不能将其诛杀，虽厌恶嬖女倾乱却不能禁止，有何面目见天下人！我死之后，只用杂木为棺，布单为被，只需盖住身体，不归葬所，不设祭祠。"

面对蒙冤罢官，他饮毒酒而亡，以死明志，时年七十余岁。

入土为安，不仅仅是让亡者安息，更是让生者安心。然而，杨震的对手却不想这般轻易放过他。杨震虽然已死，但那些奸佞小人依然不放过他和他的儿子们。

弘农太守移良按照樊丰等人的意思，派官员在陕县拦截杨震的灵柩，不让运回原籍，把灵车放在路边任其日晒雨淋。又命杨震的儿子们去驿站当邮差，往返送信，奔波不停。看到这般场景，百姓无不为之垂泪。

在杨震短短二十载的政治生涯中，他为官正直，不阿附权贵，屡次上书直言时政之弊，因而遭到了中常侍樊丰等奸佞小人的忌恨，终为所害。

杨震当官，从来都不是为了谋取高官厚禄，也不是为了荣华富贵，而是为了激浊扬清，刷新朝政。

《华严经》中有句经文，写的是"不忘初心，方得始终"。杨震的初心就是实现他的人生追求。他的人生追求，一如于谦①在《石灰吟》中所写的那样：

　　千锤万凿出深山，②烈火焚烧若等闲。
　　粉骨碎身浑不怕，③要留清白在人间。

---

① 一般认为《石灰吟》的作者是明代的于谦，但是还存在争议，有人认为是姚广孝或袁崇焕，确切信息，有待进一步考证。
② 一作"千锤万击出深山"。
③ 一作"粉骨碎身全不惜"或"粉身碎骨浑不怕""粉骨碎身全不怕"。

即使粉身碎骨又有何惧,只为把清白长留人间。"清白"的本色,便是他一生的追求,他甚至为之付出了生命的代价。

二十余载仕宦生涯,他留下了很多很多的故事。这些故事对于他的后世子孙、对于后来人而言,绝不仅仅是一个个的故事,而是弘农杨氏清白家风的底色,时刻期待着后来人为它添上新的一笔。

那由一个个故事串成的清白家风,早已融入了血脉,刻进了骨髓,化为了基因,随着家族的繁衍,一代又一代地传承。

家族遗产成就"四世三公"

林则徐曾说过:"子孙若如我,留钱有何用?贤而多财,则损其志;子孙不如我,留钱有何用?愚而多财,则增其过。"这句话多么的透彻,又多么的超脱。

既然如此,那么,应该给子孙后代留下什么样的遗产,才能对其有所助益?这个问题引发了无数人的思考,杨震也不例外。而他,又会留下什么样的遗产呢?

杨震步入仕途之后,以清白为立身之本,对自己、对家人都严格要求,从来不私下接见人,也不许家人询问他工作上的任何事情。在担任涿郡(今河北涿州)太守时,从来不接受吃请,从来没有因为私事而去求人、请人、托人。他要求家人要和平民百姓一样,粗茶淡饭,徒步行走。

不论杨震的官职如何升迁,他都没有盖华宅,没有肆意享受,他和家人的生活依然十分的简朴。

有一次,亲戚好友劝他,要为子孙后代置办些家业当作传承。杨震坚决不肯,他说:"让后世的人都称他们为'清白吏'子孙。这样的遗产,才是真正为子孙长久计而留下的丰厚家业。"

"清白吏"的家风,不仅只是杨震的人生追求,也是他一生践行的人生准则,更是他留给后世子孙最珍贵、最长久、最实用的遗产。

他的后世子孙也终究不负杨震的一片苦心,不仅将清白家风传承了下来,而且还将其发扬光大。

据《后汉书·杨震列传》记载:"自震至彪,四世太尉,德业相继。"

在杨震的言传身教中,他的五个儿子都以"清白吏"而著称于世,杨震、杨秉、杨赐、杨彪祖孙四代皆为宰相,杨家达到了"四世三公"的辉煌顶峰。

弘农杨氏也因此成了顶级豪门,杨震被尊为弘农杨氏的开基始祖,杨震的清白

> **立石鸟像**
>
> 顺帝即位后,感念杨震忠心,遂用三公之礼仪,正式将杨震安葬在华阴潼亭。据说,在重新下葬前,有两只高达一丈有余的鸟,飞到杨震灵堂前,悲鸣不已,泪水流了一地。等下葬完毕,两只大鸟才离去。事后,郡守将此情景报告给皇帝,恰巧当时接连出现灾异现象,顺帝觉得,杨震是被冤枉的,遂下诏为杨震平反。时人便在杨震墓前立石鸟像。

家风也成了弘农杨氏恪守和传承的家规祖训,一代代地被传承下去,影响着一代又一代的杨氏子弟。

杨震的二儿子杨秉,深受"清白"家风影响,律己极严,为人正直而清廉,特别是以"三不惑",即"不饮酒、不贪财、不近色"而闻名于世,人们赞其为"淳白"。

杨秉年轻时,设馆授徒,教书育人,到了不惑之年,才开始步入官场。即使后来杨秉做到了州刺史一级的高位,依然是从履职之日开始,仔细计算自己的任职日期,按照任职天数领受俸禄,多出的俸禄从来不拿回家。有一次,杨秉的一位老同事拿了百万的银钱送给他,杨秉连门都不开,直接拒绝相见。

杨秉不仅继承了父亲"清白"的家风,而且也像父亲那样敢于直谏。元嘉元年(151)四月的一天,草长莺飞,是一个外出踏青的好日子。在这入目皆美景的时节,连桓帝也动心了,打算偷偷出游。很巧的是,当天大风突起,大树被连根拔起,白天瞬时变为黑夜。于是,杨秉上书说:"身为君主,就不应该私自外出游玩,如果发生变故,出现了任章那样的谋反事件,后果就会非常严重,会危及国家社稷,请陛下三思而行。"桓帝并没有听从杨秉的劝告,后杨秉被调任右扶风。

时间总是在不知不觉中一晃而过。到了延熹五年(162)的冬天,在大雪纷飞中,杨秉也像他的父亲一样,当上了"国防部长"。

当时,宦官势力非常强大,经常收受贿赂,保举他人的子弟和自己的亲朋故友当官,这样的腐败风气弥漫官场。鉴于此,杨秉就与司空周景协商,共同上奏桓帝,请求惩治奸猾贪污之人。桓帝同意后,杨秉列了一个贪污腐败分子的名单,将其上报桓帝以供惩处。其中,涉及匈奴中郎将燕瑷、青州刺史羊亮、辽东太守孙谊等牧守以下五十多名贪官。这些人有的被判处死刑,有的被免职,一时天下肃然。后杨秉又改革吏制,裁减冗员,使当时吏治为之一清。

正是因为在杨震"清白"家风的熏陶下,杨氏子孙才能以德润身,洁身自好,从而成就一番功业，名留青史。

杨赐，是继祖父杨震、父亲杨秉之后，杨家第三位担任"国防部长"职位的杨氏子弟。在他年轻时便传承家学，长大后也像父辈那样去教书育人。成为高官后，一日也没有忘却家规祖训，一生秉持清白忠正的家风。

光和元年（178）的一个白天，嘉德殿出现了两道彩虹，一明一暗，而灵帝非常厌恶这种天象。于是，让杨赐、蔡邕等人到崇德署商议。

杨赐便借此异象上书弹劾受宠的乐松等人逢迎帝意，不务正业，并请求灵帝斥退佞臣。奏章呈上后，被曹节看到，杨赐的做法与曹节想法不合。后来，蔡邕因直言而被流放朔方，杨赐因帝师身份才得以免咎。

纵观杨赐的人生轨迹和人生追求，都和其祖父杨震极为相似。他们同样是少承家学，从政前教书育人，从政后清正直谏。他们同样具有慷慨激昂、刚直无畏的气概和清白忠烈、忤旨切谏的风骨。

到了杨赐之子杨彪这一代，依然不堕家风。杨彪以博学多闻步入官场，依然像他的父辈那样官至太尉，一生历官三公。

在光和二年，也就是179年的一天，杨彪得到了黄门令王甫以前唆使宾客，勒索敲诈郡国财物共计七千余万两的证据，并将此事告知司隶校尉阳球。阳球迅速将此事上奏皇帝，逮捕并诛杀了王甫及其党羽。这件事情让大家拍手称快。后杨彪被征为侍中。

在这件事发生的十年之后，杨彪升为司空。初平元年（190），关东义军起兵，董卓打算迁都长安，因董卓势大，百官都不敢反对，只有杨彪挺身而出，据理力争，董卓脸色大变。随后，杨彪被董卓上奏免官。

杨震家族中，从杨震开始数，连续四代人都担任了"三公"的职务，每一代都能谨守"清白吏"的家风。

天下杨氏出弘农。杨震被公认为是杨氏家族的发脉始祖，其"清白吏"的家规，不仅影响着杨震的后人，也对整个杨氏家族产生了深远的影响。杨姓后裔活跃在中华民族的舞台上，因文韬武略、清正廉洁而载入史册的，亦有很多。

汉末著名谋士、文学家杨修是杨彪之子，他的事迹在《三国演义》中有详尽的描述；杨震十四世孙隋文帝杨坚，励精图治，开创了辉煌的"开皇之治"；唐代著名诗人"初唐四杰"之一的杨炯，亦是其族人，为官一任，造福一方；北宋著名思想家、教育家、理学大师杨时，可以说，是一位"名人巨星"，他奉法爱民，清直廉洁，"不枉费公家一钱"，一生之中从未买过一亩地，从未盖过一座好房子；北宋时以杨继业为首的杨家将，更是为国尽忠、抛洒热血的典范，为世人所敬仰；南宋爱国诗人杨万里，亦是一位清正廉洁的好官员，他在退休回家后，家里只有父亲

> **槐市遗风**
>
> 　　杨震当年在牛心峪开馆授徒，当时牛心峪的槐树很多，时人称其为"杨震槐市"。因杨震教书育人以清白正直为要，其严谨的治学精神和高尚的师德情操被人们誉为"槐市遗风"。

留下的一栋老房子，勉强可以遮风避雨，宋宁宗知道后赞他为"当今廉吏"。

　　这些历史名人皆出自于弘农杨氏。他们从小就深受"清白吏"家风的影响，终使其在历史的长河中做出一番功业，留下一段美名。也正是因为他们的美名，更使弘农杨氏扬名于中华民族之林。现今，在国内外的杨氏祠堂中，多以"四知堂""清白堂""清风堂"命名。由此可见，"清白吏"的家风对历代后世影响之深远。

　　杨震"清白吏"的家风，不仅影响了他的后世子孙，也影响着一代又一代人，郭子仪、寇准、王鼎……清白家风已成为他们持家立身、为官做人的精神标尺。这些历史名人在"清白吏"家风的影响中，一步步走出了自己人生的步调，奏出了惊世之音，在历史中留下了浓墨重彩的一笔。

　　一千多年后的今天，杨震留下的"清白吏"家风，依然闪耀着无与伦比的魅力，影响着一代又一代的杨氏族人和中华儿女。

哲人鉴语

孔　融／杨公四世清德，海内所瞻。

周　昙／为国推贤匪惠私，十金为报遽相危。无言暗室何人见，咫尺斯须已四知。

蔡东藩／杨震不受遗金，四知之言，可质天地；并欲清白传子孙，卒能贻泽后人，休光四世。后之为子孙计者，何其熏心富贵，但知贻殃，未知贻德耶？而关西夫子杨伯起，卒以此传矣。

颜真卿

军政全才的典正一生

提起颜真卿,我们的第一反应就是大书法家。其实,他不只精于书法,还是一位文武双全、精于实务的军政全才。

> 文武双全,横扫燕赵建奇功;
> 人如其字,刚正威武有气节。

颜真卿(709—784),字清臣,京兆万年(今陕西西安)人,祖籍琅玡临沂(今山东临沂)。乃秘书监颜师古(581—645)的五世从孙,颜杲卿(692—756)的从弟。

有唐一代,颜真卿出名的不仅是书法,还有刚烈忠直的气节。他一生仕途坎坷,几经沉浮,为官近五十载,秉性正直,清正廉洁。

其人如其书,颜真卿的书法刚毅雄特,体严法备,庄重笃实,将颜氏忠义人格与严谨法度融为一体,在一撇一捺的书写中,展现了他一生矢志不渝的爱国情怀。

《颜氏家训》的精神传承

颜氏家学渊源深厚。他们的先祖,可追溯到春秋时期,孔门七十二贤之首的颜回(前521—前481)。

颜回十四岁拜孔子为师,是孔子最得意的门生,孔子对他称赞最多。

《论语·雍也》记载:

> 子曰:'贤哉回也!一箪食,一瓢饮,在陋巷。人

不堪其忧，回也不改其乐。贤哉回也！'

意思是说，颜回用非常简陋的竹器吃饭，用瓢饮水，住在陋巷，别人受不了这种困苦，颜回却非常乐观，生活态度始终没有发生变化。

《论语·述而》记载：

> 子曰：'饭疏食，饮水，曲肱而枕之，乐亦在其中矣。不义而富且贵，于我如浮云。'

孔子说："吃粗粮，喝白水，弯着胳膊当枕头，乐也在其中。缺少仁义的富贵，对我来说，就像天上的浮云。"

或许，对于孔子、颜回这样的人来说，快乐不在于物质享受，而在于精神追求。后人遂把这种安贫乐道、达观自信的处世态度和人生境界称为"孔颜乐处"。后世儒家学者更是将它奉为至高的人格理想和道德境界。

汉末魏晋以来，中原地区战乱频发，官方兴办的太学逐渐衰落，王朝都城传播儒家文化的核心地位日渐式微，由此，散居于世的世家大族则成为学术文化的主要传承者。

西晋末年，大批缙绅、士大夫"衣冠南渡"，北方士大夫将正统儒家文化带到了南方，南京更多地承担起了儒家文化薪火相传，乃至发扬光大的时代使命。

颜回的第二十六世孙、颜真卿十二世祖颜含，小时候就以孝悌而闻名乡里，举孝廉后，为官勤勉，为人正直，不畏权贵，官至右光禄大夫、光禄勋，受封西平县侯。颜

衣冠南渡

一指西晋末，晋元帝渡江，建都建业（今江苏南京），中原士族相随南逃之事；一指北宋末，宋高宗渡江，建都临安（今浙江杭州），中原士庶南迁之事。

虔诚养侍

晋朝时，有个叫颜含的人。传说他的哥哥颜畿眼见就要病死了，忽然又活转回来，但是几个月都不能说话。颜含就屏蔽了一切人事，亲自照顾哥哥。这样的日子过了十三年，他的第二个嫂嫂樊氏又因生病眼睛瞎了，颜含就请医生给开了一张药方。方子要用到蚺蛇的胆，可是这东西十分难寻。颜含的心里非常忧虑。有一天，他独自一个人坐着发呆，一个穿青衣的童子把一个青袋给了他。他打开一看，正是需要的蚺蛇胆。而那个青衣童子走出门口，变成一只青鸟飞走了。后来，他嫂嫂的眼睛便被治好了。

含一生躬身践行的"孝"和"正",都成为后代子孙学习的榜样。

继颜回、颜含之后,颜真卿祖上最有名的便是颜之推了,他是南北朝时期著名的教育家、文学家,因一部《颜氏家训》而享千秋盛名。

没有人不希望生活在一个和平安稳的时代。颜之推出生在南北朝时期,这是历史上朝代更迭频繁、社会动荡的一个时代。在这样的大环境下,个人的生死荣辱很大程度上已经不由自己说了算。

齐中兴元年(501),萧宝融在江陵即位,是为齐和帝。颜之推的祖父颜见远任南齐治书御史,因高祖受禅,颜见远绝食抗议,没过多久就去世了。

于是,颜之推的父亲颜协①成了孤儿,被舅舅抚养长大。他博览群书,尤其擅长草隶,当他的舅舅去世时,因为感念于舅舅的抚育之恩,便以叔伯之礼为舅舅服丧。颜之推是颜协的第三子,很早就进入了官场。

生于乱世,就注定了颜之推的人生不会平淡安宁。他经历了南梁、西魏、北齐、北周、隋五个王朝,一生两次被俘,品尝了三次亡国的滋味。这样悲惨的遭遇,也是没谁了。

颜之推深知"忠孝""立身""慎言"的重要性,以自己的人生阅历和处世之道写成《颜氏家训》,从此,"德行、书翰、文章、学识"成为颜氏家族历代传承不衰的优良家风和优秀文化传统。

《颜氏家训》主要以儒家思想为主导,涵盖了饮食起居、修身养性、为人处世、求仕致学等方方面面的内容,凝聚了一位饱经沧桑的老人对人生的深切体悟,也体现了一位仁慈睿智的长者对子孙的舐犊之情。

作为南北朝时期的世族子弟,颜之推深感维护门风的重要,在《颜氏家训》的首篇和末篇,都反复叮咛,写"家训"的目的便是"整齐门内",不厌其烦地交代后代要"绍家世之业"。为此,他要求后代不只做"典正"之人,亦要写"典正"之文,绝不能陷于"轻薄"之途,要子孙始终牢记维护颜氏门风并世代传承。

颜氏家训

  颜之推的代表作。是一部记述个人经历、思想、学识并以之告诫子孙的经典家训,也是一部涉及语言学、文学、音韵、训诂②、民俗学等多个领域的学术著作,被奉为我国最早的系统完整的家庭教育专著。

  全书七卷二十篇。卷一包括《序致》《教子》《兄弟》《后娶》《治家》篇,卷二包括《风操》《慕贤》篇,卷三即《勉学》篇,卷四包括《文章》《名实》《涉务》篇,卷五包括《省事》《止足》《诫兵》《养生》《归心》篇,卷六即《书证》篇,卷七包括《音辞》《杂艺》《终制》篇。

---

① 颜协:一作颜勰。

② 训诂:这里指训诂学,即中国传统的主要以研究古代书面语言为内容的专门学科。

《颜氏家训》在中国传统的家庭教育史上影响巨大。

王三聘①说:"古今家训,以此为祖。"袁衷在其家训专著《庭帏杂录》中赞道:"六朝颜之推家法最正,相传最远。"章太炎曾说:"若夫行己有耻,博学于文,则可以无大过,隋唐之间,其惟《颜氏家训》也!"王钺在《读书蕞残》中说:"北齐黄门颜之推家训二十篇,篇篇药石,言言龟鉴,凡为人子弟者,当家置一册,奉为明训,不独颜氏。"

为何《颜氏家训》能够得到如此之多而又如此之高的评价,在中国家训家风史上拥有如此崇高的地位呢?

就是因为在它面世之前,从来没有像颜之推这样写家训的,它开了后世"家训"的先河,是中华民族历史上第一部内容丰富、体系宏大的家训专著。

家庭教育的范畴就是颜之推明确提出来的,而且中国教育史上的早教等概念,均出自《颜氏家训》。我们现在经常说的"父母是孩子的第一任老师","家庭是孩子的第一所学校"这些说法,在《颜氏家训》中都有所表现。

颜之推不仅拓宽了教育的范畴,而且还很重视规范教育,非常讲究教育严与宽的尺度。他重视品德教育、人格教育和避讳、礼仪的方式,以及婚丧嫁娶的习俗等社会风俗方面的知识教育。所以,在品格教育、道德教育、人格教育、规范教育、知识教育上,他都进行了深刻的论述,构建了一个非常丰富的教育体系,对后世影响不可谓不深远。

《颜氏家训》在修身治家、勤勉向学方面,给后人提供了非常之多的有益参照,而它思想的光芒不仅仅照亮了颜氏子孙的人生路,也惠及了更多的人。

颜氏家族一直秉承清正守节的优良门风。颜氏的一世祖颜回的安贫乐道,备受孔子赞赏。到颜氏在南方的始迁祖颜含,他教育子孙最重要的就是三个字:清、正、节。再到颜之推的清正守节。《颜氏家训》的现世不是一蹴而就,而是得益于历代颜氏的家风传承,集中体现了颜氏家族的精神。

在《颜氏家训》的滋养下,颜氏后裔崇德重教,修身慎行。纵观历史,颜氏子孙在操守与才学方面均有优异表现。隋唐以来名臣辈出,精英荟萃,注解《汉书》的颜师古、以书法著称于世的颜真卿、以身殉国的颜杲卿等,皆出自颜氏一族。他们的作为和成就,很好地体现了《颜氏家训》的作用和效果。

颜氏家族本籍琅玡临沂,从颜真卿的五世祖颜之推开始,颜氏家族徙居京兆

---

① 王三聘(1501—1577):字梦莘,号两曲,明兴仁里(今陕西周至辛家寨村一带)人。明嘉靖十四年(1535)进士,任大理评事。后离职回乡,组织人力修理河道,开设义学,购置义田,请示县令修县志。著有《五经集录》《小学集注》《性理字训》《三字经训解》《字学大全》《子史节录》《古今事物考》《周至县志》等。

长安。

颜真卿刚三岁时,父亲去世了,自小便由母亲殷夫人亲自抚育教导。开元九年(721)七月,殷夫人带着颜真卿南下苏州,在外祖父家里生活了一段时间。

在颜真卿的一生中,他不仅继承了颜氏家风,外祖父殷氏家风也对其影响很大。殷氏"累叶皆以德行、名义、儒学、翰墨闻于前朝",与颜氏家风"德行、书翰、文章、学识",以及孔门四科"德行、言语、政事、文学"较为相近,并且都是以"德行"为先。颜真卿的舅舅殷践猷①对颜真卿的影响也是非常之大,其在《殷践猷墓碣铭》中写道:"君悉心训奖,皆究恩意,故能长而有立。"

开元二十二年(734)二月,颜真卿考中进士,任校书郎。从这一天开始,他秉承家风,打算在官场上大干一场,一展抱负。

"颜盟主"送儿子做人质

天宝十二年(753),颜真卿因耿直忠正而得罪杨国忠,被排挤调离京师,出任平原郡太守。

平原郡是安禄山管辖的地盘。当时,安禄山谋反的迹象已显露出来。对安禄山,颜真卿早有防范。

《史记·淮阴侯列传》中有这样一句话:"明修栈道,暗度陈仓。"颜真卿便将这一招用在了对付安禄山上。他以阴雨不断作为理由,暗地里加高城墙,疏通护城河,招募壮丁,储备粮草。表面上却每天都做出一副与宾客驾船饮酒、纵情享乐的样子,以此麻痹安禄山。结果,安禄山便认为颜真卿是一介书生,手不能提,肩不能扛,不足为虑。

天宝十四年(755),安禄山以"忧国之危"、奉诏讨伐杨国忠为借口,在范阳起兵叛乱。

叛军一路势如破竹,河北郡县大多被叛军攻陷,只有平原城因防守严密,一时之间还没有被攻破。颜真卿派司兵参军李平骑快马到长安向玄宗报告。玄宗最早听到安禄山反叛的消息时,叹息道:"河北二十四个郡,难道就没有一个忠臣吗?"

李平到京来报:"河北尽陷,只有颜真卿镇守的平原郡没有损失。"

大反转之下,玄宗喜不自禁,对官员说:"我不了解颜真卿的为人,他做事竟然如此出色。"从此,颜真卿从众多官员中走到了玄宗的眼前,玄宗开始关注他。

---

① 殷践猷(684—721):字伯起,陈郡人氏,唐朝大臣,著名学者、目录学家。陈朝给事中殷不害五世从孙。

原来，当时平原郡配有三千静塞兵，颜真卿又增招了一万名士兵，派录事参军李择交统领，任用刁万岁、和琳、徐浩、马相如、高抗朗等人为将领，并在城西门举行了盛大的仪式犒劳士兵。其间，颜真卿慷慨陈词，以情动人，其演说令全军气势鼓舞，振奋非常。饶阳太守卢全诚、济南太守李随、清河长史王怀忠、邺郡太守王焘等各领军去归附他。

叛军攻下洛阳后，段子光把李憕、卢奕、蒋清的人头送到河北示众。颜真卿担心会打击全军士气，便对将领们说："我和李憕他们认识很久了，这些头都不是他们的。"后杀了段子光，把三颗头藏了起来。过后，用草编做身体，接上首级，装殓后设灵位祭拜他们。而此时，颜真卿的堂兄颜杲卿任常山（今河北正定）太守。当时，安禄山派李钦凑、高邈率军五千镇守土门县（今陕西富平）。颜杲卿用计杀了叛军将领李钦凑、高邈等人，清除了土门的敌人。

后来，十七个郡在同一天自发归顺朝廷，一致推举颜真卿为义军的盟主。颜真卿率领义军共同作战，大败叛军，取得了"安史之乱"后唐军的第一次胜利，极大地鼓舞了官兵的热情与信心，扭转了战局。经此一役，颜氏家族损失惨重，三十多人被杀，颜真卿堂兄颜杲卿一家尤为惨烈。颜杲卿与儿子颜季明一起镇守常山，颜季明被安禄山抓去要挟颜杲卿，可颜杲卿依然不肯屈服，被抓后大骂安禄山，后遭割舌而死，颜季明被凌迟处死，尸骨仅剩一头一足。

平原之战，是颜真卿第一次为国赴难，也是第一次向世人展示了什么是颜氏风骨。面对叛军，颜真卿挺身而出举义讨贼，勇猛杀敌，斩首逾万，生擒一千余名叛军。

贺兰进明在信都作战失败，恰逢平卢将领刘正臣占据渔阳起义。颜真卿不仅派贾载为其送去十多万的军费，而且把自己年仅十岁的儿子颜颇也一并送去做人质，以安其心。

面对国家大义与小家利益的取舍时，颜真卿选择了前者，强忍心中的痛楚和对儿子的愧疚担心，亲手将儿子送去做了人质。当时，他儿子只有十岁，以此稚龄却要担负起家国天下的重担，身为父母，何其忍心，身为臣子，只能忍心。尽忠报国，颜真卿不只是说说而已。

此时，太子李亨已在灵武登基，是为唐肃宗。颜真卿多次派使者带着用蜡封好的密信向李亨汇报军政事务，李亨任命他为工部尚书兼御史大夫，复任河北招讨使。

至德元年（756）十月，颜真卿率众放弃平原郡，渡过黄河，经崎岖小路到凤翔面见肃宗李亨，遂被任命为宪部尚书①，又调任御史大夫。此时，朝廷正处于混乱状态。但是，颜真卿没有钻空子徇私舞弊，或是浑水摸鱼趁机给自己捞好处，坚持

---

① 宪部尚书：官名，即刑部尚书。唐玄宗天宝十一载（752）改，肃宗至德二载（757）复名刑部尚书。中国古代官职，公检法司四长合一的职务。

按律法办事，武部侍郎崔漪、谏议大夫李何忌，都被他弹劾降职。

因立下赫赫战功，五十四岁的颜真卿被召回京城，官拜户部侍郎，次年改任吏部侍郎，后又转为尚书右丞。

广德二年（764），颜真卿被封为鲁郡公，"颜鲁公"之名便是由此而来。

在平原郡任上，颜真卿不止上阵击杀叛军，而且"废苛政，黜奸小，除奸诡，进忠良"，使百姓安居乐业，道途不惊。为此，他的好友高适写下了一首诗：

奉寄平原颜太守（节选）

皇皇平原守，驷马出关东。
银印垂腰下，天书在箧中。
自承到官后，高枕扬清风。
豪富已低首，逋逃还力农。

表达了对颜真卿造福一方百姓的赞赏之情。

浩然刚正遭人嫉

俗话说："不遭人嫉是庸才。"颜真卿在平定"安史之乱"中立下赫赫战功，后屡次升迁，这种开挂仕途终于引起了朝中一些大臣的嫉恨。

大历十四年（779），李豫驾崩，颜真卿任礼仪使。他上奏说："前几朝皇帝追加谥号的礼节繁复，请以初定的礼节为准。"结果，颜真卿的意见和袁傪相左，遭到排斥而无法上报朝廷。时值战乱之后，朝廷的典章法令一度废弛，颜真卿虽然心忧国家，但他的建议多被权臣阻挠，递不到皇帝面前。

颜真卿因刚正不阿得罪了宰相杨炎，被改任为太子少师，但是仍兼任礼仪使。后来，卢杞任宰相，嫉贤妒能，稍有不顺从自己的人，必定要置他于死地。

有一回，郭子仪患病卧床在家，百官前去慰问。其间，他都不叫侍妾退下。当卢杞到来时，郭子仪叫侍妾全部退下，房子里只留他自己。卢杞走后，家人就问为什么？郭子仪说："卢杞相貌丑陋而心地险恶，家里的人见了他必定会笑话。如果卢杞得到大权，就不会给我们家族留下一个活口。"由此可见卢杞的心性人品。

对于像颜真卿这样要才有才、要德有德的人，更是让卢杞厌恶。他出暗招，下黑手，改授颜真卿为太子太师，罢免其礼仪使一职。

> **追名逐利**
>
> 卢杞还没有显达的时候，在路上遇见了穷书生冯盛。卢杞一向瞧不起冯盛，这天又想捉弄他，便假装开玩笑，想翻一翻冯盛的口袋，看看都装的什么东西。结果冯盛口袋里只有一块写字用的墨锭。卢杞笑他穷酸。冯盛严肃地说："且慢，让我也搜搜你的行囊。"卢杞不好拒绝，只能让冯盛搜查，结果光名刺就搜出二三百张。冯盛冷笑道："怎么样，与你这位总揣着三百张名刺的'名利奴'相比，咱们俩究竟谁更高尚些？"

就这样，卢杞还不满意，多次派人探听哪个地方比较合适，准备把颜真卿踢出京城官场。颜真卿听说后，便去找卢杞，对他说："你父亲卢中丞（卢奕）的头颅送到平原郡，脸上全部是血。我不忍心用衣服擦，亲自用舌头将其舔净。你忍心这么对我吗？"卢杞听后，满面惊惶地下拜，但内心却更加对颜真卿恨之入骨。

颜真卿以为，从此以后，便可与卢杞冰释前嫌。然而，这只是他一厢情愿的想法。对于一个奸佞小人来说，怎么可能会因为这些而改变呢？

卢杞随时随地都在想着怎样收拾颜真卿，这个机会很快就来了。

建中四年（783），叛乱的淮西节度使李希烈攻陷汝州。卢杞便想出了一招借刀杀人之计，上奏说："颜真卿被大家所信任，威望高，人品好，派他去劝诫反贼，就可以不动用军队。"这个建议被德宗李适（kuò）批准了。朝臣都大惊失色，大家心里都清楚，这是九死一生甚至是十死无生、有去无回的差事。宰相李勉秘密上奏德宗，"以为失一国老，贻朝廷羞"，坚决要求留下颜真卿。可是，卢杞怎会失去将颜真卿置之死地的绝好机会啊。所以，结果是颜真卿领命前往。

颜真卿到李希烈军中，李希烈让自己的部将和养子一千多人都聚集在厅堂内外。颜真卿刚开始宣读圣旨，那些人就冲上来，手里拿着明晃晃的尖刀，围着他一边谩骂，一边威胁。颜真卿始终镇定如常，面不改色。李希烈这才命众将退下，让颜真卿住进驿馆。

李希烈逼他给朝廷写信，帮助自己洗脱罪名。颜真卿不干，李希烈就借他的名义，派颜真卿的侄子颜岘去朝廷继续请求，德宗李适没有给予答复。

李希烈自己拿颜真卿没办法，又派李元平去劝说。颜真卿斥责李元平："你受国家委任为官，你自己不能报答国家，不忠不义，还要来说服我吗？"

李希烈把他的同党都叫来，举办了一场盛宴，叫来颜真卿，让场中的戏子们借唱戏攻击、侮辱朝廷。颜真卿怒而奋起，指着李希烈说："你是皇帝的臣子，怎么能这样做！"愤然离场而去。

当时，朱滔、王武俊、田悦、李纳等藩镇的使者都在座，对李希烈说："很早就听说太师的名望高，品德好，您想当皇帝，太师来了，选人当宰相，谁能超过太师？"

颜真卿知道后，斥责说："你们听说颜常山没有？那是我的兄长，安禄山反叛时，先起义兵抵抗，后来即使被俘了，也不住口地骂叛贼。我将近八十岁了，官做到太师，我会至死保住我的名节，怎么会屈服于你们的胁迫之下！"

李希烈最终还是将颜真卿逮捕，让士兵看守。又在庭院中挖了一丈见方的坑，放话说要将他活埋。颜真卿听后只说了一句话："死生有命，又何必搞这些鬼把戏。"

荆南节度使张伯仪兵败，李希烈把张伯仪的旌节，以及被俘士兵的左耳送给颜真卿看，他痛哭扑地，哭晕后又苏醒，从此不再说话。后来，李希烈把颜真卿押送到蔡州的龙兴寺。颜真卿感觉到这一次，自己是真的在劫难逃，于是给德宗写了一封遗书，又写好了自己的墓志和祭文。李希烈称帝时，派使者询问登帝的仪式。颜真卿回答："老夫年近八十，曾掌管国家礼仪，只记得诸侯朝见皇帝的礼仪。"

随着唐军日益强大，淮西形势转变。

李希烈派部将辛景臻、安华到颜真卿住所，在寺中堆起干柴，恐吓道："再不归顺，就烧死你！"没想到的是，颜真卿起身跳入火中，辛景臻等人急忙拉住了他。

随后，李希烈派宦官前往蔡州勒死了颜真卿。曹王李皋听到颜真卿死去的消息后，流下了眼泪，三军为之痛哭。

《颜氏家训》中的谆谆教诲，在颜真卿身上得到了集中体现：他秉性正直，笃实纯厚，不阿附权贵，不屈意媚上，刚正有气节，以义烈闻名于世，最终以身殉节。

如果，颜真卿不那么刚正凛然，不那么忠君爱国，变得会来事点儿，能卑躬屈膝，甚至奴颜媚骨，他的结局就不会是这样。

---

① 李皋（733—792）：字子兰，祖籍陇西成纪（今甘肃天水）。唐朝宗室名臣，唐太宗李世民五世孙、曹恭王李明的玄孙。

旌 节

指古代使者所持的节，作为凭信，后借以泛指信符。它包括门旗二面、龙虎旌一面、节一支、麾枪二支、豹尾二支，共八件。节用金铜叶做成，旗用九幅红绸制作，其上装有涂金、形如木盘的铜龙头。

然而，死亡对于颜真卿来说，并没有什么可怕的，在他心里也不是最重要的。出身于颜氏一族，受教于殷氏门庭，注定了他不可能去违背心中的理念，不可能去跨越做人的红线。所以，这样的结局对他而言，早已注定。

虽死犹生，颜真卿把自己活成了一座丰碑，一座让后代子孙仰望、效仿的丰碑，也在所有人心中埋下了一粒种子：长大后，我会成为你。

人如其书堂堂正正

颜真卿不仅仅是一名优秀的读书人、知名的政治家，还是一位出色的军事家。在饱经风霜后，他把自己的一身正气付诸笔端，成为一位亘古绝今的书法家。

颜真卿的楷书朴拙雄浑，雍容大度。《颜勤礼碑》一直是后世临习的范本，一度有"学书当学颜"的说法。他的行书遒劲郁勃，气度恢宏，具有盛唐气度，代表作《祭侄文稿》被誉为"天下第二行书"①。

欧阳修称赞颜真卿："其为人尊严刚劲，像其笔画。"

这正是对颜真卿一生不畏奸邪、清正奉公品格的高度概括。颜真卿书法名扬天下，而其为官为人亦是后人学习的典范。

广平王李俶②统率二十万军队收复长安。辞行的那天，在行宫门前不敢上马，快步走出栅栏才上马。王府都虞候管崇嗣先于李俶上马，颜真卿予以弹劾。李亨退回他的奏章，慰勉说："朕的儿子每次外出，朕都谆谆教育他，所以他不敢失礼。管崇嗣年老腿跛，你暂且宽容他。"百官由此都开始严肃守礼。

长安收复后，李亨派左司郎中李选祭宗庙，在祝词上署名"嗣皇帝"。颜真卿对礼仪使崔器说："太上皇还在川蜀，这样行吗？"崔器立即报告李亨更改，李亨因此赞赏颜真卿的才识。

颜真卿又建议在长安郊野筑坛，由李亨面向东方哭祭，然后再派出礼仪使，李亨未采用此建议。宰相厌恶颜真卿直言劝谏，调他出京任冯翊太守。后转任蒲州刺史，封丹阳县子。又被御史唐旻诬陷，降为饶州刺史。

开元年间（713—741），颜真卿中进士，经玄宗、肃宗、代宗、德宗四朝，历任数职。无论在地方还是中央任职，他皆为官清正，又敢于惩处不法，捍卫正义。尤其是他先后四次担任监察御史巡访各地，处理了很多不法之事，肃清了吏治。

---

①天下第二行书：相对于"天下第一行书"而言，天下第一行书指王羲之的《兰亭集序》。

②李俶（727—779）：即唐代宗李豫，初名李俶，唐肃宗李亨长子。安史之乱中以"天下兵马元帅"名义先后收复长安、洛阳。乾元元年（758），被立为太子。宝应元年（762）即位，实施"以养民为先"的财政方针，改革漕运、盐价、粮价，发展生产。

御史雨

天宝六年（747），颜真卿出巡陇右、河西地区。时任监察御史的他，迅速解决了五原（今陕西定边）一件久而未决的案件。当时五原正遇旱灾，很巧的是，在这个案子完结后，天降大雨，百姓们称此为"御史雨"。

天宝七年（748），颜真卿被派往河东、朔方之地巡察。有个姓郑的人家，三个儿子都是当官的。可是，颜真卿了解到的却是，郑母已经去世几十年了，儿子们只是把棺材停在寺内，不肯给母亲操办安葬事宜。

颜真卿认为，这三个儿子品德有亏，不能为官，立刻向朝廷弹劾。这三个不孝子的行为，令"天下耸动"，三人不仅被免去官职，并且此生再也不能当官。

颜真卿在地方巡察，明察秋毫，办事公正。回到京城后，依然刚正不阿，敢于弹劾不法朝臣。

当时，唐玄宗很赏识左金吾卫将军李延业。一次，他在自己家里私自宴请吐蕃客人，又在没有报备御史台的情况下，动用了车驾仪仗。

颜真卿知道后，就直接批评李延业："你这个行为不合法度，下不为例。"

李延业不仅不承认自己做错了，还仗着皇上的宠信，在朝堂上大吵大闹，发泄不满。颜真卿向玄宗上奏此事，后李延业被贬出京。这件事使朝野上下一片肃然，官员们更加注重自己的言行，更重视"慎独""慎微"。

唐代宗即位后，宰相元载独揽大权，大肆任用攀附他的官员。他担心朝中官员弹劾自己的不法行为，便向皇帝请求道："如果以后百官有事禀告，请让他们都先报告所在机构的长官，再由长官报告宰相，由宰相奏报陛下。"这一建议看似合理，但百官奏事均须经过宰相之手，只有宰相认为合适的内容才能上奏皇帝，实际上，是剥夺了百官独立话事权和代宗对天下大事的知情权。

听闻此事，颜真卿立即上书皇帝。他说："让监察御史这些官员巡视地方，就是为了将天下事情详细地汇报给朝廷，就是为了让陛下能够兼听四方。可是，现在这么做，无异于自闭耳目，让陛下不能明察秋毫。先前的李林甫、李辅国，都是因阻塞了大臣进谏之路而惑乱朝堂，皇上的善举难以昭告天下，而百姓的疾苦又不能上达天听，终致国家遭受祸患。如今实行这样的制度，会让忠臣不敢进言，小人却逞口舌之利，陛下看不到天下真实的模样，便会以为天下太平，这样才会使国家陷入危局。望陛下三思而行！"

颜真卿的进言字字珠玑，句句切中要害，是他在以往监察工作中的切身体会，而奏折中的急切激愤之情，饱含着他对朝廷、对国家的一片赤诚之心。

人如其字，字如其人。颜真卿不仅在书学史上树立了一座巍峨丰碑，其高尚人品和为国为民的一生也为后世景仰。

古时抚州城地势低洼，水患频发。中唐时春水暴涨，抚河从此处决口冲成支流，原来的河道淤积堵塞。唐上元年间（760—761），知府带领百姓筑堰堤，想让抚河之水重回原来的河道。

大历三年（768）四月，颜真卿改任抚州刺史，后任湖州刺史。在抚州任职的五年中，颜真卿一心为民，关心百姓疾苦，注重农业生产，热心公益事业。他上任后，抚河早已淤堵不堪，河水纵横四流，好不容易长成的庄稼，一夜之间就被倒灌的河水淹没，收成被毁，口粮被淹，百姓欲哭无泪。颜真卿看到这种情况，亲自上场找地主、富农筹措钱粮，一家一户去敲门，一家一户去写借据，终于筹到了足够的钱粮。随后，他组织百姓一起动手将抚河的淤泥疏通，对原有的水陂进行加长加高加固等修复改造。从此，一举解除了水患。

《颜氏家训》中说，"至能守其业者，闭门而为生之具以足"。认为，善于经营家业之人，不用出门，生活中所需物品就足够了。这对颜真卿来说，却是一个难题。他在升州刺史任上等待交接工作，准备前往京城担任刑部侍郎时，全家陷入了缺粮之忧，"阖门百口，几至糊口"。幸好有此前的僚属蔡明远前来援助，才解决了一家人的吃饭问题。为了感谢蔡明远的恩情，颜真卿写下《蔡明远帖》，赞扬他的辛劳诚恳，字里行间充满感激之情。

颜真卿为官清廉，不贪一丝一毫。因为经济拮据，有时还很窘迫。古代都是靠天吃饭，风调雨顺时，收成就好；遇到灾年，收成自然变差甚至为零。

永泰元年（765），关中大旱，江南水灾，收成非常差。颜真卿全家几个月只能吃粥，还是那种能照出人影的稀粥。一连几个月都是如此，直到有一天，连这种稀粥都没得吃了。颜真卿此时已是刑部尚书，官高权重，但当时京官俸禄微薄，自己又很清廉，所以为了糊口，他不得不向同事李太保求告"惠及少米，实济艰辛"。

很难想象，一个手握实权的高官要员，竟然让家里人饿肚子，一个堂堂三品大员竟然去向别人讨米，才能让家人吃上饭。感觉很不真实。可是，这却是真实发生过的事情。他给同事李太保写的信，就是《乞米帖》。他在其中直言不讳，承认是因为自己"拙于生事"，意思就是说，他除了死工资，既不会创收，也不会生利，没有其他的生财之道，因而全家生活拮据。

著名艺术家黄裳说："予观鲁公'乞米帖',知其不以贫贱为愧,故能守道,虽犯难不可屈。刚正之气,发于诚心,与其字体无异也。"

颜真卿的《鹿脯帖》里记录了这样一件事:妻子生病,需要鹿脯熬药,颜真卿便向他人讨得少许鹿脯。这次也只是讨要一点点,够药用即可,"病妻服药,要鹿脯,有新好者,惠少许"。

从《乞米帖》到《鹿脯帖》,人如其字,颜真卿清廉、简朴的形象跃然纸上,读之可敬,观之可佩。

颜真卿在繁忙的工作之余,非常关心子孙的教育。他小时候格外勤奋好学,每日苦读。为了勉励后人好好学习,专门做了一首大家耳熟能详的《劝学》诗:

> 三更灯火五更鸡,
> 正是男儿读书时。
> 黑发不知勤学早,
> 白首方悔读书迟。

当年在被贬之地,他为子孙写下《守政帖》:"政可守,不可不守……当须谓吾之寸心,不可不守也。"这篇从政家训言简意赅,用词恳切,告诫子孙无论身处何境,都须以国事为重,恪守为官之道,保持刚正的品格,绝不向恶势力低头。

《颜家庙碑》,全称《唐故通议大夫行薛王友柱国赠秘书少监国子祭酒太子少保颜君庙碑铭并序》,是颜真卿七十二岁时为父亲颜惟贞所镌立,撰文并书。

该碑文通篇刚劲严整,雄伟挺拔,为颜书中最庄重者。

明王世贞在《弇州山人稿》中评论此碑说:"风棱秀出,精彩注射,劲节直气隐隐笔画间。"

清代学人孙承泽评价此碑:"鲁公忠孝植于天性,殚竭精力以书此碑,而奇峭端严,一生耿耿大节,已若显质之先人矣。"

《颜家庙碑》字里行间叙述着颜氏家族的"德行、书翰、文章、学识"。颜真卿赞扬其父颜惟贞继承了颜氏家风——"纷纶盛美,遂举集于君"。同时,也勉励自己和后世子孙将颜氏家教、家风、家学融汇一体,发扬光大:"幸承遗训,叨受国恩,既荷无疆之休,敢扬不朽之烈。"

《颜氏家训》指出,很多人有了清廉之名后就开始聚敛财富,即"清名登而金贝入"。京官俸禄虽少但地位高,权力大,又是天子近臣,通过向地方官员索取钱

物而提升生活品质，是一件轻而易举的事情。这也是许多京官都在做的事情。然而，颜真卿一生严守家训，无论是仕途的坎坷，还是生活的艰辛，都没有让他动摇过，屈服过。他始终坚定践行着家训，传承着家风，以己身为后世子孙立范式。

　　人如其字，堂堂正正立身于天地之间。

　　颜真卿，当如是！

哲人鉴语

李　适　　故光禄大夫、守太子太师、上柱国、鲁郡公颜真卿，器质天资，公忠杰出，出入四朝，坚贞一志。属贼臣扰乱，委以存谕，拘胁累岁，死而不挠，稽其盛节，实谓犹生。

欧阳修　　余谓颜公书如忠臣烈士、道德君子，其端严尊重，人初见而畏之，然愈久而愈可爱也。其见宝于世者不必多，然虽多而不厌也。

罗贯中　　万古真卿义不磨，冲天豪气世间无。忠贞凛凛名犹在，烈烈轰轰大丈夫。

白居易

晒工资达人的清白底色

陕西渭南的下邽（guī），人杰地灵，自古人才辈出。因唐朝大诗人白居易、名将张仁愿和北宋名相寇准或出生于此，或在此地生活过，素有"三贤故里"之称。

白居易（772—846），字乐天，号香山居士，又号醉吟先生。生于河南新郑，祖籍太原，其曾祖父时迁居下邽（今属陕西渭南）。

白居易以诗才而惊艳天下，有描绘帝王爱情的《长恨歌》，也有关心民生疾苦的《卖炭翁》。他不仅仅是一位诗人，更是一位关心民生、兼济天下的清白吏。在洛阳白园里，有这样一副长联：

西湖筑白堤，龙门开八滩，倡乐府，诗讽喻，志在兼济天下。
履道凿园池，香山卧石楼，援丝竹，赋青山，乐于独善其身。

从三十二岁任校书郎起步，一直到七十岁时任太子少傅，白居易矢志追求的只有两件事：为官，兼济天下；为民，独善其身。这副长联不仅是白居易一生为文为官的写照，更从侧面表达了他以"清白遗子孙"的愿望和追求。

幼承家训

白居易胸怀"兼济天下"之志，一生为受压迫受剥削的民众鼓与呼，成了一位为百姓做了无数好事、实事的贤吏。白居易之所以

> **明经**
>
> 汉武帝时期出现的选举官员的科目,被推举者须明习经学,故以"明经"为名。
>
> 汉代的明经属于察举中的一科,也是最重要的特科之一。"经"原指先秦经典,后因汉武帝尊崇儒学,遂专指儒家经典。
>
> 唐代,明经科试帖经。神龙元年(705),明确规定明经科考试分三场:第一场帖经,第二场试义,第三场试时务策。第一场主要考的是考生对经书原文的熟悉程度。第一场通过后,才能参加第二场考试,从经文和释义中提出问题,由考生按照辨明义理的要求回答。最后一场考试的时务策,主要是为了检测考生学以致用,处理时务的能力。
>
> 宋朝科举除进士外,还有九经、五经、三礼、三传、学究等科,皆由唐代明经科转变而来,考试方法也与唐代相似。

能如此做,与其祖辈清正廉洁的良好家风传承分不开。

白居易出身于官宦世家,虽然祖上不是做大官的,然而,也算是中小官员家庭。白居易的祖父白锽,一生大部分时间在河南一带做官,擅长五言诗,十七岁就通过科举考试,明经及第,曾任巩县县令。祖父"为人沉厚和易,寡言多可,至于涉是非、关邪正者,辨而守之,则确乎其不可拔也"。

父亲白季庚也是明经出身,曾任徐州别驾①、衢州别驾、襄州别驾、大理少卿等职。在任徐州别驾时,忠君爱民,英勇抗敌,是受到朝廷嘉封的有功之臣。白季庚一生为人刚直不阿,为官颇有善政,常常教导白居易要做一个清正廉洁、忠贞报国的人。

白居易的外祖父同样是明经出身,曾任鄜城(今陕西洛川)县尉,是大历年间有名的诗人。他的外祖母和母亲也都有较高的文化水平,家族中其他人做官的也很多。在《许昌县令新厅壁记》中,白居易曾称颂白氏的家风和叔父的政绩:"吾家世以清简垂为贻燕之训,叔父奉而行之,不敢失坠;小子举而书之,亦无愧辞。"

在白居易两岁时,祖父就去世了,紧接着,他的祖母也病故了。白居易的父亲白季庚由宋州司户参军授徐州彭城县令。一年后,白季庚因与徐州刺史李洧坚守徐州有功,升任徐州别驾。为躲避徐州战乱,他把家属送往宿州符离安居。于是,白居易得以在符离度过了快乐的童年时光。

贞元十四年(798),白居易投奔在宣州溧水当县令的叔父白季康。白季康非常喜欢这个有诗赋之才的侄儿,将他留在身边教导了一年的时间。

---

① 别驾:别驾从事史的简称。亦称别驾从事,汉置,为州刺史的佐官。唐初改郡丞为别驾,高宗又改别驾为长史。

在这一年里，他带着白居易从溧水县出发，坐船过石臼湖，经高淳薛城、狮树、丹阳湖等地，到宣州府拜访了观察史崔衍。崔衍十分爱惜人才，他早就知道白居易是一位天资聪慧、才华横溢的才子，尤以诗歌见长。于是，很快安排他参加了乡试，在白居易取得贡生资格后，又推荐他于第二年赴京参加会考。

白居易走后，白季康继续当他的溧水县令。在任上，为老百姓做了许多实实在在的事。他经常深入民间，体察民情，是百姓口中的好官。有一段时间，溧水地区水患连年，经常淹没庄稼，导致颗粒无收，百姓被迫离乡背井，外出逃荒。为了治理水患，白季康光着脚和百姓一起挑土固堤，清理河道，守护家园。

有一年的夏天，发生了蝗灾，蝗虫遮天蔽日。那时，老百姓十分迷信，认为蝗虫是天虫，谁也不敢去动手扑打蝗虫，只能眼睁睁地看着蝗虫吞食粮食。

白季康便效仿唐明皇时的宰相姚崇，亲自带头扑杀蝗虫。在他的带动下，百姓们一齐动手，蝗虫很快被消灭干净。在他任职期间，溧水地区水灾、蝗灾、火灾明显减少。当地百姓传唱着"蝗不入境，火不延二，水不停宿"。

白居易从小聪颖过人，五六岁时开始学习作诗，九岁通晓声韵，十五六岁开始知道考中进士的荣耀，就发愤读书，白天学习作赋，夜里刻苦读书，间或也学习作诗，几乎没有时间去睡眠，甚至于嘴和舌头都生疮，手和胳膊肘都磨出老茧。贞元十六年（800），白居易考中进士。

在他中进士后，白季康对侄儿白居易说了这样一番话："为官之道，一要克己省身，自奉俭约；二要秉公执法，不畏强暴；三要施惠于民，革除弊政；四要身体力行，躬身实践。"元和八年（813），白季康在任上因病去世。白季康虽然去世了，但他的教导却永远印刻在了白居易的心间。

贞元十九年（803），白居易任秘书省校书郎。一次，告假回家探望母亲，其间，到三叔白季轸的许昌县令任所小住。

在那里，白居易作《许昌县令新厅壁记》，对三叔承继白氏先祖家风做了记述："许昌县居梁、郑、陈、蔡间，要路由於斯，当建中、贞元之际，大军聚於斯，兵残其民，火焚其邑，大田生荆棘，官舍为煨烬，乘其弊而为政，作事者其难乎！"就是在此危难关头，其叔父白季轸临危受命，任许昌县令，他上任后"约己以清白，纳人以简直，立事以强毅。以清白故，官吏不敢侵於民；以简直故，狱讼不得留於庭；以强毅故，军镇不能干於县。由是居二年，民用康，政用暇，乃曰：'储蓄邦之本。'"三叔的言行对白居易一生的为官之路影响深远。

在这样清白正直的家庭氛围的熏陶中，以及周围亲人以身作则的示范下，白

居易对官场上贪渎敛财的不正之风非常反感。隋唐时期处于科举制度的草创阶段，向权贵请托之风盛行。但是，白居易在《与元九书》中写道："三登科第，名落众耳，迹升清贯，出交贤俊，入侍冕旒。"他说，自己在十年之间三次中第，名声为大家所知，在朝廷之外与贤俊之士相交结，在朝廷之中就服侍皇帝。这一切的获得，都是完全凭借自己的能力上位，他没有门第可以依附，也不屑于去攀附达官显贵，行奴颜媚上之事，只需靠自己就好。

> 白居易创作的一篇散文。元九即元稹，白居易的好友，因排行第九，故称元九。
> 元和十年（815），当时四十四岁的白居易，经过十多年的宦海风波，被贬到江州当了一名司马，内心充满愤慨和忧伤。适逢收到时任通州司马的好友元稹寄来的《叙诗寄乐天书》，遂有感而发，写下了这封回信。
> 信中阐述了自己对诗歌本质的见解，并结合创作经历，着重谈到文学创作与现实的关系，得出"文章合为时而著，歌诗合为事而作"的著名论断。

白居易他自己是这样做的，也是这样要求后代子孙的："你们不要贪图富贵，不要忧虑贫贱，不要在意外界的评价，不要待人傲慢，也不要屈从别人的脸色，要和正直清廉的人做朋友。这些是我的座右铭，我把它抄录下来随身携带，时时勉励自己，死后就留给你们了。"他还严厉地说："如果后人违反我的训诫，那就不是我白居易的子孙。"

父辈们清正廉洁的家风，对白居易产生了深刻的影响和教育作用。他一生为官四十载，时时处处以父辈为榜样，在朝中，忠君爱民，疾恶如仇，与背叛朝廷的藩镇、欺压百姓的贪官污吏、反对革新朝政的守旧势力进行了不屈不挠的斗争，为此上报的奏章多达数十封；在地方任职，勤政爱民，体恤民情，尽力减轻百姓的负担，为官一任，造福一方。

以诗谏政报家国

白居易在自己的宦海生涯中，始终怀着一颗忧国忧民之心。在任左拾遗时，白居易觉得，自己既然受到喜好文学的皇帝的赏识提拔，就要尽职尽责，以报答皇帝的知遇之恩。因此，他频繁上书谏言，还发挥自身特长，写了大量的反映社会现实的诗歌，以此补察时政，甚至于当面指出皇帝的错误。

元和三年（808）的冬天到来年的春天这段时间中，长安周边和江南大部分地区出现了旱灾，没有雨水的滋润，旱情越来越严重，农田荒芜，颗粒无收，老百姓食不果腹，甚至有的地方还出现了"人吃人"的人间惨剧。白居易眼见百姓苦苦挣扎在死亡线上，而朝廷大臣饮宴欢歌，过着"乘肥马衣轻裘"的奢靡生活，心生悲愤，提笔写下了《秦中吟·轻肥》：

意气骄满路，鞍马光照尘。
借问何为者，人称是内臣。
朱绂皆大夫，紫绶或将军。
夸赴军中宴，走马去如云。
樽罍溢九酝，水陆罗八珍。
果擘洞庭橘，脍切天池鳞。
食饱心自若，酒酣气益振。
是岁江南旱，衢州人食人！

这首诗里，他生动地描写了宴会上的各种美酒佳肴，形象地描绘出了他们吃饱喝足后的悠然自得。在结尾处，用前面刻画的豪奢生活与"是岁江南旱，衢州人食人"进行对比，点出主旨，揭露了当时的社会矛盾。

《轻肥》只是白居易创作的组诗《秦中吟》中的一首。这组诗歌一共十首，包括《议婚》《重赋》《伤宅》《伤友》《不致仕》《立碑》《轻肥》《五弦》《歌舞》和《买花》。

他在《重赋》中写道："浚我以求宠，敛索无冬春。织绢未成匹，缲丝未盈斤。里胥迫我纳，不许暂逡巡。""幼者形不蔽，老者体无温。悲喘与寒气，并入鼻中辛。"

朝廷虽然实行的是两税法，但架不住底下官员私自加税，搜刮民财，导致百姓衣不蔽体，生活困苦。

《伤宅》云："厨有臭败肉，库有贯朽钱。谁能将我语，问尔骨肉间。岂无穷贱者，忍不救饥寒？如何奉一身，直欲保千年？"

诗中将官宦之家与百姓之家进行了对比，怜悯平民百姓日子艰难，对为官之人只知自身享受，不顾百姓死活的失望悲愤之情跃然纸上。

《买花》是《秦中吟》组诗中最为出名的一首：

> 帝城春欲暮，喧喧车马度。
> 共道牡丹时，相随买花去。
> 贵贱无常价，酬直看花数。
> 灼灼百朵红，戋戋五束素。
> 上张幄幕庇，旁织巴篱护。
> 水洒复泥封，移来色如故。
> 家家习为俗，人人迷不悟。
> 有一田舍翁，偶来买花处。
> 低头独长叹，此叹无人喻。
> 一丛深色花，十户中人①赋。

在白居易生活的年代，大唐的贵族及官僚们生活奢华，就算一掷千金也不会眨眼。《买花》采用以小见大的手法，从买花这个生活中十分常见的场景入手，通过对牡丹花价格与百姓日常用度所需花费的对比，深刻剖析并揭露了当时不合理的社会经济制度。

这十首诗从不同的视角形象地描写了民生疾苦，深刻地反映了当时的政治弊端，白居易自己评价其："十首秦吟近正声。"

虽然白居易上书言事、以诗谏政多获接纳，然而，他这种直接而不留情面的做法，令唐宪宗十分不快。然而，白居易才不管你高不高兴，我写诗就是为了补察时政，就是为了替百姓说话，就是为了把当时社会中黑暗的一面、不合理的一面呈送给皇帝，以希望能够改良政治，缓和社会矛盾。让大唐的明天更美好，让百姓能够安居乐业，这也许就是白居易心底最根本的祈愿。为此，他不惜让皇帝不高兴，不怕得罪朝臣，用诗歌作为手中利器，以讥刺现实。

肯做实事的"父母官"

白居易的长辈多担任地方官。他的父亲白季庚担任徐州彭城县令期间，徐州城被叛军重兵围困，白季庚挺身而出，率领城内民众坚守城池，保住了州城，也保障了运河的畅通。叔父白季康曾任溧水县令，也留下了"洁廉通济"的好评。白居易青少年时，曾随父亲、叔父等人在徐州、江南、襄州等地旅居多年，对社

---

① 中人：中等人家。唐代按户口收赋税，分上中下三等。

情民生有亲身体会。受长辈的影响，他逐渐树立起公忠体国、兼济天下的理想与信念。

贞元十年（794），父亲白季庚去世，白居易在家守孝期间，写下了一首《新制布裘》的诗：

> 桂布白似雪，吴绵软于云。
> 布重绵且厚，为裘有馀温。
> 朝拥坐至暮，夜覆眠达晨。
> 谁知严冬月，支体暖如春。
> 中夕忽有念，抚裘起逡巡。
> 丈夫贵兼济，岂独善一身。
> 安得万里裘，盖裹周四垠。
> 稳暖皆如我，天下无寒人。

这首诗中明确地表达了"丈夫贵兼济，岂独善一身""天下无寒人"的政治抱负。

白居易踏入官场的时代，唐朝正处于从"永贞革新"到"元和中兴"的阶段。经过了永贞革新的失败，唐朝政治更加黑暗，以前那些诸如大臣结成朋党、宦官扶持皇帝上位等恶习开始浮出水面进而表面化。面对这样的现象，皇帝和主政大臣开始力图革除弊政，加强中央集权，期望在群策群力之下恢复贞观、开元时期的鼎盛局面。

秉承民本主义思想的白居易也积极谋划，希望能为国为民做出贡献，正如白居易在《和答诗十首·和阳城驿》一诗中所写的"誓心除国蠹，决死犯天威"。

在担任盩厔（今作周至，在陕西）县尉等地方官期间，白居易深入民间，体察百姓生活。在他的诗歌创作中，充满了对民生的同情、关注和抨击暴政的民本主义思想。白居易看到普通百姓"足蒸暑土气，背灼炎天光"的辛苦耕作的场面，看到"右手秉遗穗，左臂悬敝筐""田家输税尽，

永贞革新

唐顺宗永贞年间，官僚士大夫以打击宦官势力、革除政治积弊为主要目的，主张加强中央集权，反对藩镇割据，反对宦官专权的一次改革。这次改革持续了一百多天，因俱文珍等人发动政变，幽禁唐顺宗，拥立太子李纯，而以失败告终。

拾此充饥肠"的悲惨景象，写下了《观刈麦》这首诗，以反思己身："今我何功德，曾不事农桑。吏禄三百石，岁晏有馀粮。"（自己有什么功德呢？从不曾干过农活，而工资却有三百石，到年终了还有剩余的粮食没吃完。）为此而深深地感到惭愧，"念此私自愧，尽日不能忘"。

这样的反思，让他担任地方官时，把兼济天下的政治理想落实到了为当地百姓谋福利的实际行动中，他施政时多以民为本，以爱民为重，强调简政宽刑，重在减轻百姓负担。

任忠州刺史时，他植树种花，改造生态环境，修白公路，架白公桥，减轻百姓税赋，造福当地民众。

杭州刺史任上，他发现杭州一带的农田经常受到旱灾威胁，官吏们却不肯利用西湖水灌溉农田，就排除重重困难，组织百姓并发动民工加高湖堤，修筑堤坝水闸，增加湖水容量，解决了钱塘（今杭州）、盐官（今海宁）之间数十万亩农田的灌溉问题。白居易还规定："西湖的大小水闸、斗门在不灌溉农田时，要及时封闭；发现有漏水之处，要及时修补。"百姓把他主持修建的西湖堤称为"白堤"。白居易还组织当地群众重新浚治了唐朝大历年间杭州刺史李泌在钱塘门、涌金门一带开凿的六口井，改善了周边百姓的用水条件。离任杭州前，他还把自己的工资留在州库之中作为基金，以供后来治理杭州的官员公务上的周转，用后再补回原数即可。这笔钱一直使用到黄巢之乱时，黄巢抵达杭州时，文书大多被焚烧或消失不见，这笔钱也不知去向。

苏州刺史任上，他带领州民开凿了一条长七里，西起虎丘，东至阊门的山塘河，沿山塘河扩展山塘路，为当地百姓出行和农田灌溉工作提供了极大的便利。山塘街自那时起，便成了苏州最繁华的街区和旅游胜地。

为民造福，让白居易赢得了百姓的爱戴。他离开苏州的那一天，百姓走上街头，为他送行，哭声震天，场景感人。有刘禹锡的《白太守行》一诗为证：

闻有白太守，抛官归旧谿。
苏州十万户，尽作婴儿啼。
太守驻行舟，阊门草萋萋。
挥袂谢啼者，依然两眉低。
朱户非不崇，我心如重狴（bì）。
华池非不清，意在寥廓栖。

> 夸者窃所怪，贤者默思齐。
> 我为太守行，题在隐起珪。

正因为白居易对百姓疾苦的关切，尽力为百姓造福，在他离开苏州的时候，才会出现刘禹锡在诗歌中所描述的场景："苏州十万户，尽作婴儿啼。"

领导干部写诗"晒工资"

白居易不仅关心百姓疾苦，实实在在为百姓做事，而且在仕途上坚持廉洁清正，不做贪腐之事。

在古代，没有公开官员财产和收入的要求。但是，白居易为了杜绝贪腐之事，他用了一个超前的高招，就是公开个人工资收入。可是，古代没有电视，没有互联网，没有朋友圈，怎么才能让广大人民群众知道自己的收入呢？

在古代，最便捷的传播途径便是口耳相传。白居易作为唐朝有名的大诗人，他的诗歌流传速度非常快。所以，他决定利用诗歌这一载体，公开个人收入。

于是，我们就会发现，在白居易留下的诗歌中，有一部分题材很奇怪，里面频繁提到他当了什么官，能挣多少钱。伴随着白居易的官职变动，不论是升是降，在京城还是在地方，他都坚持以创作这样的诗歌的形式"打卡"，告诉大家，他的工资是多少。

> 这是一个有趣的故事。话说，唐代著名诗人白居易，当时还没有什么名声。他慕名来到长安，拜访当时的名士顾况。
>
> 顾况拿着他的拜帖，一眼就注意到了这个来访者的名字——白居易。他呵呵一笑，随口说："长安米贵，居大不易。"意思是说，长安的米很贵的，居住起来可是非常地不容易！潜台词是，你的名字居然叫"居易"，这不是很有意思吗？
>
> 可等了一会儿，又看到拜帖上的"野火烧不尽，春风吹又生"的诗句，不禁赞叹道："道得个语，居即易矣！"意思是，既然能写出这样的诗来，你就不用害怕长安的米贵了，住下来也是非常容易的。
>
> 这个典故本来是说，唐代诗人顾况用白居易的名字开的一个玩笑。后来用以比喻居住在大城市，生活非常不容易。

现在，让时间回到贞元年间的一个春天，白居易考中后，被授秘书省校书郎。刚入仕途时，他是一个容易满足的人，在诗中说："俸钱万六千，月给亦有馀。"

升任左拾遗后，工资也水涨船高，他赋诗曰："月惭谏纸二百张，岁愧俸钱三十万。"

他任京兆府户曹参军时，仍充翰林学士，工资收入达到了："俸钱四五万，月可奉晨昏。廪禄二百石，岁可盈仓囷。"

贬为江州司马时，他自我感觉："散员足庇身，薄俸可资家。"

从官任杭州、苏州刺史开始，他的收入开始呈现大幅度增长的趋势："十万户州尤觉贵，二千石禄敢言贫。"

就算是罢杭州刺史时，他的工资依然能够保持手有余财："三年请禄俸，颇有馀衣食。"

在被调回京城后，工资对比他刚入仕时已是翻了数倍："俸钱七八万，给受无虚月。"

升为太子少傅时，他的工资达到了一生中的最高峰："月俸百千官二品，朝廷雇我作闲人。"

到了退休后收入减半了，他说："全家遁世曾无闷，半俸资身亦有馀。"还说："寿及七十五，俸沾五十千。"

白居易用诗歌晒工资这一做法，非常有创见。可以说，是走在了时代前列。他就是要通过公布任职所得，让社会了解为官者的俸禄状况，自觉接受大家监督，既不给别人行贿的理由，也不给自己留下受贿的空间。更重要的是，以此提醒自己要尽忠尽责，不能只拿钱不干事，要对得起国家给的工资，要对得起肩上的这副担子，要对得起朝廷对自己的信任。

他为官清廉，视钱财如浮云，"苟免饥寒外，馀物尽浮云"，却十分珍视清白为官的名节。

卸任杭州刺史后，两袖清风的他，只带走了自己从天竺山所捡的两块小石头。就是这一行为，也让他一度非常后悔。他觉得，这种做法也是一件有损清白的事情，为此还专门进行了检讨，依然是用诗歌的形式：

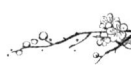

三年为刺史（其二）

三年为刺史，饮冰复食檗。

唯向天竺山，取得两片石。

此抵有千金，无乃伤清白。

"不虑于微，始成大患；不防于小，终亏大德。"

就是这样一件极其微小，可以说是微不足道的事情，对白居易来说，却是一件大事，一件有负节操的大事，只因他跨不过去自己心里的那道清白廉洁的底线。两块小石头，映射出了白居易对自己廉洁自守到了何等严苛的程度。

清简送子孙

白居易做官三十多年，素来清贫自守，从未忘记过老百姓的疾苦。

他晚年隐居于洛阳龙门香山寺。当时，龙门伊河段有八节滩、九峭石两处险滩，行船之人到了八节滩，都要下水拉纤行船。天寒时节，船夫一边喊着号子，一边冻得牙齿打战。白居易见此情景，寝食难安，发愿整治八节滩。他四处游说，劝大家有钱的出钱，有力的出力，组织了一支民工队伍。但筹集的经费还是不足，白居易就拿出自己的所有积蓄，还变卖了心爱的皮袄和为好友元稹写墓志铭所得的银鞍、玉带等物品，才筹够了费用。然后，带领这支民工队伍开始治理八节滩。治理后的八节滩，行船之人再也不用受拉纤之苦，再也没有发生往日的船筏毁、人伤亡的事故。白居易也留下了"心中别有欢喜事，开得龙门八节滩"的诗句，反映出他"达则兼济天下"的人生观。

白居易在自身清正廉洁、淡泊名利的同时，还教育家人、晚辈要节俭，要清廉。

元和三年（808），三十七岁的白居易与杨虞卿的从妹杨氏结婚。

在这场父母包办的婚姻中，白居易在新婚时写下了一首《赠内》诗，后来成为教育子孙的家训蓝本：

生为同室亲，死为同穴尘。
他人尚相勉，而况我与君。
黔娄固穷士，妻贤忘其贫。
冀缺一农夫，妻敬俨如宾。
陶潜不营生，翟氏自爨薪。
梁鸿不肯仕，孟光甘布裙。
君虽不读书，此事耳亦闻。
至此千载后，传是何如人。
人生未死间，不能忘其身。
所须者衣食，不过饱与温。

> 蔬食足充饥，何必膏粱珍。
> 缯絮足御寒，何必锦绣文。
> 君家有贻训，清白遗子孙。
> 我亦贞苦士，与君新结婚。
> 庶保贫与素，偕老同欣欣。

用这封"结婚宣言"，白居易告诉妻子要安贫守己，勤俭持家，一起相伴一生。还列举了黔娄的妻子、冀缺的妻子、陶潜的妻子和梁鸿的妻子四个典型人物，希望妻子能以她们为榜样，继承好家风。对于如何安贫守己过日子，白居易说，衣食温饱即可，不要追求奢华生活，要粗衣蔬食，勤俭持家。

"久旱逢甘霖，他乡遇故知。洞房花烛夜，金榜题名时。"被古人认为是人生四大喜事。然而，白居易在新婚宴尔时首先想到的是要向妻子言明"清白遗子孙"的自我追求。犹可见，白居易对家训、家风的重视。

唐代宗时规定，男二十，女十五，就可以结婚了。白居易是三十七岁时结婚的，本身就结婚晚，生孩子也就晚于同龄人一大截。

在五十八岁那年的冬天，他添了一个儿子，晚年得子原本是一桩喜事，可是孩子却在三岁时就夭折了。白发人送黑发人，白居易悲痛非常。后来，他把教育热情全部倾注到了侄子们的身上。

白居易曾写了多篇诗歌教育侄子，在《狂言示诸侄》中写道：

> 世欺不识字，我忝攻文笔。
> 世欺不得官，我忝居班秩。
> 人老多病苦，我今幸无疾。
> 人老多忧累，我今婚嫁毕。
> 心安不移转，身泰无牵率。
> 所以十年来，形神闲且逸。
> 况当垂老岁，所要无多物。
> 一裘煖过冬，一饭饱终日。
> 勿言舍宅小，不过寝一室。
> 何用鞍马多，不能骑两匹。
> 如我优幸身，人中十有七。
> 如我知足心，人中百无一。
> 傍观愚亦见，当己贤多失。
> 不敢论他人，狂言示诸侄。

他以诗告诫子侄为人处世的道理，阐明了自己知足常乐的处世哲学，采用言传身教的方式，希望晚辈们能从自己身上受到启迪。他认为，知足常乐才是百中无一的珍贵财富，教导晚辈们要知足常乐，切勿贪婪、奢靡。

他在《闲坐看书贻诸少年》中写道：

> 雨砌长寒芜，风庭落秋果。
> 窗间有闲叟，尽日看书坐。
> 书中见往事，历历知福祸。
> 多取终厚亡，疾驱必先堕。
> 劝君少干名，名为锢身锁。
> 劝君少求利，利是焚身火。
> 我心知已久，吾道无不可。
> 所以雀罗门，不能寂寞我。

劝导年轻人要看淡"名"和"利"，不要让自己沦为追名逐利之徒。

在《遇物感兴因示子弟》中，他将自己几十年为官心得总结提炼，教育晚辈如何为人处世，劝诫他们做人不可太过刚强，亦不可太过柔弱：

> 圣择狂夫言，俗信老人语。
> 我有老狂词，听之吾语汝。
> 吾观器用中，剑锐锋多伤。
> 吾观形骸内，骨劲齿先亡。
> 寄言处世者，不可苦刚强。
> 龟性愚且善，鸠心钝无恶。
> 人贱拾支床，鹊欺擒暖脚。
> 寄言立身者，不得全柔弱。
> 彼固雁祸难，此未免忧患。
> 于何保终吉，强弱刚柔间。
> 上遵周孔训，旁鉴老庄言。
> 不唯鞭其后，亦要轫其先。

白居易的诗歌题材广泛，形式多样，代表作有《长恨歌》《卖炭翁》《琵琶行》等。除了这些名作之外，值得一提的是，其《续座右铭并序》《狂言示诸侄》《遇物感兴因示子弟》等篇目，是对家人进行劝诫教导的作品，体现出白氏独善其身、

兼济天下、清正廉洁、不慕名利的家风。

在白氏家风的熏陶和白居易的教育及影响下,白居易的侄子白征复、白崇儒都曾在秘书省任职。白居易的弟弟白行简,贞元末年考中进士,官至主客郎中①。他"文笔有兄风,辞赋尤称精密",是唐代的文学家,历史名篇《滤水罗赋》即为白行简所著。在长庆末年,有人揭发振武水运营田使贺拔志岁终结课失实,虚报营田数目。朝廷命令白行简复核,他把情况查实后,揭露了其舞弊行为。正是在白居易清简为训、廉明公直的家风影响下,白行简才能够成长为一棵笔直的白杨树。

会昌六年(846),白居易在洛阳逝世,葬于香山。白居易因诗歌而名世,当然,他还有不为人知的另一面——晒工资达人。褪去达人的名号,其背后是清白的底色,就如同他的姓氏一样,以清白立身而兼济天下。

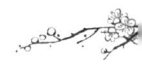

哲人鉴语

李忱 / 缀玉联珠六十年,谁教冥路作诗仙。浮云不系名居易,造化无为字乐天。童子解吟长恨曲,胡儿能唱琵琶篇。文章已满行人耳,一度思卿一怆然。

周必大 / 本朝苏文忠公不轻许可,独敬爱乐天,屡形诗篇。盖其文章皆主辞达,而忠厚好施,刚直尽言,与人有情,于物无着,大略相似。谪居黄州,始号东坡,其原必起于乐天忠州之作也。

元好问 / 并州未是风流域,五百年中一乐天。

---

①官名。魏晋南北朝时期,与"主客郎"互称,为尚书省主客曹长官。唐高祖武德三年(620)改司蕃郎置,为礼部主客司长官,员一人,从五品上。高宗龙朔二年(662)改名主客大夫,咸亨元年(670)复故。五代沿置。北宋初为五品寄禄官,表示品级俸禄,不预本司公事。神宗元丰改制后,始为职事官,从六品。哲宗元祐初兼领膳部事,后或与膳部郎官互置兼领,南宋省。明初复置,正五品,洪武二十九年(1396)改名"主客清吏司郎中"。

柳公权

正心正笔正世间

陕西耀州，古称华原，地处陕西中部渭北高原南缘，是关中通向陕北的天然门户，素有"北山锁钥""关辅襟喉"之美誉，自古乃兵家必争之地。耀州历史悠久，文化底蕴深厚，是隋唐医药学家孙思邈、西晋哲学家傅玄、唐代书法家柳公权和史学家令狐德棻、北宋山水画家范宽"一圣四杰"的故里。

言家训者，世称柳氏。就是在这个"一圣四杰"的故里，诞生了一个让后世为之仰慕的传奇——柳氏家训。在柳氏家训家风滋养的这片土地上，走出了柳氏家族的代表人物——柳公权。

柳公权（778—865），字诚悬，京兆华原（今陕西耀州）人。唐代著名书法家、诗人。他自创"柳体"，与欧阳询、颜真卿、赵孟頫并称"楷书四大家"。

他二十九岁进士及第，一生历仕七朝，官至太子少师。与兄长兵部尚书柳公绰同朝为官，为人刚正不屈，为官清正廉明，用"正心正笔正世间"的生命追求，给历代子孙留下了清正的门风家训。

厚积薄发的华原柳氏

柳姓，早期多在今河南北部和山东西部一带传延。秦灭六国后，柳姓族人有进入山西境内居住的，后来渐渐在河东（今山西境内黄河以东地区）成为名门望族。从两汉至魏晋南北朝，因其家学为世人所推重，门户日益兴盛。

从魏晋到隋唐，柳氏是河东地区著名的门阀士族。柳、薛、裴被并称为"河东三著姓"。柳宗元曾自豪地说："柳族之分，在北为高，充于史氏，世相重侯。"从魏晋南北朝到隋唐六百多年间，河东柳氏先后有一百二十九位名人见诸史册，其中有六人官至宰相。在古代，河东柳氏能有如此之高的人才培养率，一个很重要的原因就是家风。

后来，柳氏族人有的南迁，有的西迁。其中，有一支在迁徙中就落脚在华原（今陕西耀州），就是柳公权先祖这一支。

俗语说"三代家学成士族"。历史上，不少的士族都是凭借其家风家训、家教家学，使家族获得巨大的声望，拥有广泛的影响力，进而升级为顶级门阀。柳公权这一支在华原这片土地上生根发芽，经过了数代人的努力，形成了具有自身特色的家风，在家风的孕育下，培育出了柳公权、柳公绰、柳仲郢、柳玭"一门四杰"。华原柳氏，由此生辉，名耀青史。

柳氏家风是历代柳氏族人言传身教、不断累积而成的为人处世的标杆，经时间淬炼沉淀下来的家族气质。

在安史之乱的前几年，柳公权的祖父柳正礼，只身一人骑着马，从长安城出发，过渭河，沿泾河向前，去邠州（今陕西彬州）任士曹参军。在柳正礼忙于修桥筑路、管理户籍、解决民事纠纷中，眨眼到了天宝十四年（755），大唐王朝发生了"安史之乱"，席卷唐朝半壁江山的战火熊熊燃起。历时八年，唐朝由盛而衰。

时间匆匆而过，不会为任何人、任何事而停留。贺知章在《回乡偶书》（其一）中写道：

少小离乡老大回，乡音难改鬓毛衰。
儿童相见不相识，笑问客从何处来。

柳正礼七十致仕回到柳家原，离家时还是青年，回来已是老年。虽然，自己的官场生命终结在士曹参军这个小小的官职上，然而，幸运的是，孩子很争气，替父亲圆了官场纵横的梦。

中国人骨子里最想过的日子，不外乎就是子孙有出息，在官场为官，而父辈留守家乡，守着祖业过日子。虽然父亲柳正礼只当过小小的士曹参军，然而，不可否认的是，从柳正礼开始，他们家就已经改换门庭，正式进入了官宦之家的行列。柳正礼的次子柳子温就是出生在这个官宦之家，是一个妥妥的官二代。步入官场后，柳子温官至丹州（今陕西宜川）刺史，其职责主要是监察陕北这一片地方上的官员。他和父亲一样，也是七十致仕。

厚积而薄发。到了下一代，华原柳氏诞生了大书法家柳公权、一代名臣柳公绰。柳公绰的儿子柳仲郢，也是一位政绩卓著的能臣。柳仲郢的儿子柳璞、柳璧、柳珪、柳玭均有作为，留名史册。

历史的长河大浪奔涌，无数人才也只如浪花一朵，而华原柳氏家族却能人才辈出，嘉木成林。这和柳氏家风家训的影响密不可分。

华原柳氏在代代相传的基础上，形成了清廉忠正、耿介敢谏的家风。柳氏子弟即使身居高官，也依然遵从祖训，严于律己，重视对族人子弟的教育。

相传，有一天，柳父教导儿子柳公权写字。写了一半，从门外传来了村里小孩子嬉笑打闹的声音，柳公权心痒难耐，趁父亲不注意，偷偷溜出去和小伙伴们在外面玩骑马打仗。小孩子原本就生性好动，喜欢和小伙伴一起玩耍是很正常的事情。柳父发现儿子不见了，又听到外面的欢声笑语，走出门去，正好看到柳公权手脚撑地当马，让一个长得比较壮实的小孩子骑在他身上，和另一伙孩子打仗玩乐。柳父叹了一口气，心想："怎么养了这么个没出息的儿子。"然后，把柳公权叫回来。回家后，柳父便教训儿子："你趴着像个狗一样，让人家骑到你身上，真是没出息，给我丢人。今天，我先教你怎么把'人'字写好。"说完，柳父就从书房里拿出来了一柄剑和一把刀，往桌上一放。剑是那一撇，刀就是那一捺，写人就是一剑一刀，锋利有力。

柳父就是用这种直观而刺激的方式，教育儿子做人要端正，不能当哈巴狗，要自尊自强，不要摇尾媚上。后来，中国书法界杀出一匹黑马，以棱角分明、骨力劲健的柳体著称于世，在书写"人"字的一撇一捺里，在书写人生的一笔一画中，写出了自己的人格风骨，他就是大名鼎鼎的柳公权。

父亲的教导，家风的影响，都在柳公权幼小的心中种下了一粒粒种子。这些种子在日常生活中、在言传身教中、在接人待物中，得到滋养，然后破土而出，成长为参天大树，终于成为柳公权心中的定海神针。无论世间物欲横流，还是世俗泛滥，柳公权始终能坚守心中正义。

笔谏之心正则笔正

陕西西安，有一座书法宝库——碑林，保存了中国历史上两千年间许多杰出人士的书法作品。其间，有一碑文《唐故左街僧录内供奉三教谈论引驾大德安国寺上座赐紫大达法师玄秘塔碑铭〈并序〉》，正是柳公权所写：

> 为丈夫者，在家则张仁义礼乐，辅天子以扶世导俗；出家则运慈悲定慧，佐如来以阐教利生。舍此无以为丈夫也，背此无以为达道也。

其字其文尽显"柳骨"风范。柳公权的书法"瘦硬匀衡，斩钉截铁，爽利挺秀，骨力遒劲"。字如其人，书法不仅是个人精神的体现，也是时代精神的投射和映照。

大历十三年（778）的一天，柳公权出生了。从这一刻开始，华原柳氏将以昂扬之姿进入历史舞台的中央，为世人所瞩目。

柳公权从小就喜欢学习，十二岁就能作辞赋。二十九岁进士及第，成为秘书省校书郎。步入官场，成为一名公务员，他依然保留着华原柳氏的风骨。虽然在后来成了一代书法大家，然而，在进入官场之后的很长一段时间里，其仕途生涯一直处于被哥哥柳公绰秒杀的状态。

哥哥柳公绰考中进士后，一路升迁，最后做到了兵部尚书一职，相当于现在主持中央军委日常工作的军委副主席兼国防部长。柳公权考中进士后，就到秘书省当校书郎，每天负责整理图书、典籍等。因为他喜欢写字，遂把所有心思都花在了写字上，就连仕途也给耽搁了，做了十几年的校书郎。

当哥的已经成为省部级领导，做弟弟的还处于默默无闻的状态，而且似乎有一直默默无闻下去的趋势。话说，柳公绰从小就懂事，孝顺父母，友爱兄弟，是一个很称职的兄长，他为柳公权的仕途升迁也是操碎了心。

柳公绰想着，既然京师这条路走不通，那就外放试试看吧。

柳公绰的一个老部下李听镇守夏州，也就是统万城，便让柳公权跟着一起去了。柳公权在李听的幕府中当了一个掌书记，干了有一段时间后，回长安汇报工作时，命运的齿轮开始转动。从此，古代劝谏的方式就又多了一种。

唐代，皇帝对皇室子弟的书法教育十分看重，遂沿袭前朝制度，设置了侍书一职，专门教授皇室子弟书法，归属翰林院。

因为新皇帝爱好书法，一眼就看中了柳公权的字，知道他回来汇报工作，就命

> **翰林院**
>
> 从唐朝开始设立，初时为供职具有艺能人士的机构，自唐玄宗后，翰林分为两种，一种是翰林学士，供职于翰林学士院，一种是翰林供奉，供职于翰林院。翰林学士担当起草诏书的职责，翰林供奉则无甚实权。晚唐以后，翰林学士院变成了专门起草机密诏制的重要机构，有"天子私人"之称。在院任职与曾经任职者，被称为翰林官，简称翰林。在各朝各代，翰林学士始终是社会中地位最高的士人群体，集中了当时知识分子中的精英。由科举至翰林，由翰林而朝臣，是科举时代士大夫的人生理想，亦是"达则兼济天下"的体现。

其担任侍书，以后都不用回夏州去了。由此，他成了皇家的专职书法教师。

只要是美玉，终有发光的一日。

柳公权一生历仕穆宗、敬宗、文宗三朝，都在宫中担任侍书之职。在皇帝身边工作，一句话说不好，就可能身首异处。

然而，柳公权在面对皇帝时，一直是实话实说，从不欺瞒哄骗。

有一次，文宗在召见六位学士时，随口聊起汉文帝是如何如何的节俭，然后就举起自己的衣袖说："我这件衣服已经洗过三次了。"在场的臣子们便开始对文宗的这一"节俭美德"进行赞美，各种颂扬之词层出不穷。其间，只有柳公权一直不说话。之后，文宗单独留下他，问他为什么不说话。柳公权答："君主的大节，应该体现在起用贤才，黜退佞臣，听取忠言劝诫，赏罚分明上面。至于穿洗过的衣服，那只不过是小节，无足轻重，不值得炫耀。"文宗听后便对柳公权说："我知道不应该把你这个舍人之官降为谏议，但你既然有谏臣之风，那就任你为谏议大夫吧。"第二天，下旨任柳公权为谏议大夫兼知制诰，仍任学士，负责撰写诏书。

开成三年（838），柳公权转任工部侍郎。一天，文宗问柳公权："外边都有些什么议论？"柳公权回答："自从郭旼（mín）被任为邠宁节度使，人们便议论纷纷，

> **三步成诗**
>
> 柳公权曾跟着唐文宗去未央宫花园游园，文宗对柳公权说："有一件让我高兴的事。过去赐给边兵的衣服，经常不能及时下发，现在二月就把春衣发放完毕。"柳公权上前祝贺，文宗说："只是祝贺一下，还不能把你的心意表达清楚，你要做首诗。"宫人催促他念给文宗听，柳公权应声念道："去岁虽无战，今年未得归。皇恩何以报，春日得春衣。"文宗高兴地说："曹子建七步吟诗，你竟只需三步。"

> **谏出美人**
>
> 庐江王李瑗谋反被杀后，其姬妾被充入后宫。唐太宗指着一个姬妾对王珪道："李瑗杀了她的丈夫，又纳她为妾。"王珪问："陛下认为李瑗所为对还是错？"唐太宗道："杀死他人又娶其妻，你怎么还问对错呢？"王珪回答："陛下知道李瑗灭亡的原因，却把他的妾留在身边，陛下实质上还是认为李瑗所为是对的。"唐太宗幡然醒悟，遂命人将其放出宫。

有说好的，有说不好的。"文宗说："郭旼是尚父郭子仪的侄子，太皇太后的叔父，工作中也没有过错。从金吾大将升任小小的邠宁节度使，还有什么可议论的呢？"柳公权说："本来，按照郭旼的功绩和品德，任命为节度使是合适的。但是，人们听说郭旼是靠着把两个女儿送进宫而升官，所以才议论的。"

文宗说："他的两个女儿进宫，是来看望太后的，并不是他送进宫的。"柳公权又说："常言说，瓜田不拾履，李下不整冠，如果没有嫌疑，为什么这件事会弄的人人都知道？"然后，柳公权又用王珪①劝谏唐太宗送庐江王李瑗的美人出宫之事晓以大义。文宗听后，立即把郭旼的两个女儿送还郭家。此后，柳公权屡次升迁。

苏轼在《柳氏二外甥求笔迹》（二首）中曾说：

> 退笔成山未足珍，读书万卷始通神。
> 君家自有元和脚，莫厌家鸡更问人。

> 一纸行书两绝诗，遂良须鬓已如丝。
> 何当火急传家法，欲见诚悬笔谏时。

这首诗中的"诚悬笔谏"，说的便是柳公权笔谏穆宗之事。

元和十五年（820），穆宗即位后，每天将时间都用于游宴，把国家政事忘到了九霄云外。他亲信奸佞，疏远忠臣，朝中牛李党争愈演愈烈，朝外幽州、相州、镇州兵变继起。朝廷还不断加征两税与榷茶②，增加百姓负担，导致民怨沸腾。

面对朝廷内外的乌烟瘴气，柳公权看在眼里，急在心里。

有一天，穆宗向柳公权询问："怎样用笔才能尽善尽美？"

---

① 王珪（571—639）：字叔玠，太原祁（今山西祁县）人，唐初四大名相之一。
② 榷（què）茶：始于唐代，指一种茶叶专卖制度。

劝谏方式

正谏：直言直谏。
降谏：和颜悦色、平心静气地劝谏。
忠谏：忠诚正直地劝谏。
戆谏：迂愚而刚直地劝谏。
讽谏：用委婉的言辞进谏。

柳公权便回答说："用笔的方法，全在于用心，心正则笔法自然尽善尽美。"

穆宗面色为之一变，因为他听出来了，柳公权明摆着是借用笔法来进行劝诫。

都说伴君如伴虎。在古代社会，皇帝是君，朝臣是臣，君为臣纲，臣就要有臣的样子。因此，不论在哪个朝代，向皇帝劝谏都是一件风险极高的事情。可以说，是提着脑袋在说话。而且，在实践中，一力死谏并不能达到效果。于是，古代的臣子们就想了很多劝谏的方法。

刘向在《说苑·正谏》中写道："谏有五：一曰正谏，二曰降谏，三曰忠谏，四曰戆谏，五曰讽谏。"

班固在《白虎通·谏诤》中说："人怀五常，故有五谏。谓讽谏、顺谏、窥谏、指谏、陷谏。"

《孔子家语·辩政》指出："忠臣之谏君，有五义焉。一曰谲谏，二曰戆谏，三曰降谏，四曰直谏，五曰风谏。"

虽然劝谏的名目略有不同，但劝谏确实是一个技术活，不是只凭一颗忠心就能做好的。也不是像电视上演的那样对皇帝说完真话，撞柱而死就行了。

劝谏的最终目的，不是为了让劝谏者青史留名，而是要让皇帝听你的。所以，方式很重要。具体在实践中，使用哪种类型的劝谏方式，不仅要因时、因事，还要根据皇帝的性格而定。

唐穆宗就是一个脾气暴躁的贪玩的滚刀肉，但还好能够虚心接受劝谏，不会因劝谏而胡乱杀人。只不过是"左耳进，右耳出"，你劝你的，我做我的，你的规劝，我全盘接受，但就是不改正罢了。

所以，柳公权借用笔法来循循善诱，表面上看，是在说用笔之法，实际上，却是在讲为君之道。穆宗知道应该怎么做，但也仅限于知道，而毫无行动的意思。

"心正则笔正"，怀有一颗什么样的心，就能写出什么样的字，正是字如其人的真意。柳公权不论是书法，还是做人做官，一生都在坚守这种理念。这个理念与他从小就接受的教导是分不开的，不仅有个人的德行修养，更有家族的道德传承。

医谏之身先为范

华原柳氏敢于谏诤的家风，不仅滋养了柳公权，也将他哥哥柳公绰培育成了拥有一身正气的清直之臣。

柳公权的胞兄柳公绰，从小爱读书，读好书，非圣贤书不读。因为读书，他幼小的心里播下了光明的种子，步入仕途后，更是以一腔赤子之情为国做事，为君尽忠。

在唐代，考试的科目分常科、制科和武举三类。每年分期举行的称为常科，由皇帝下诏临时举行的考试称为制科。

贞元元年（785），柳公绰参加制科考试，考中贤良方正直言极谏科，担任校书郎。一年后，又第二次考中这个科，被任命为渭南县尉。当时，其辖境内发生了灾荒，庄稼歉收，虽然他家里不缺吃的，然而，他依然表示自己不搞特殊化，规定每顿饭不能超过一碗，直到年成好了，才敢敞开肚皮吃饭。

有人就对他说："你又何必这样做？"

柳公绰回答："因为灾荒，人们都在挨饿，我怎么能自己一个人吃饱呢？"

后经连续提升，任开州刺史。开州地接蛮族，敌军经常逼近开州城，骚扰挑衅。柳公绰手下的一个官员说："咱们的兵力阻挡不住他们，可以暂时任命他们的首领担任重要的官职。"柳公绰说："你要与他们同流合污吗？怎能违反律法？"下令立即斩杀了这名官员，后来敌军也退走了。

俗话说：不是一家人，不进一家门。弟弟柳公权笔谏，哥哥柳公绰就医谏。

唐宪宗即位后勤于政事，一心重振中央政权的威望，打造出了"元和中兴"的局面，可以说，是一位明君了。然而，人无完人，但凡是个人，总是会有这样那样的缺点，有这样那样的喜好。

制科

即制举，又称大科、特科，封建王朝临时设置的考试科目，目的在于选拔特殊人才。制科非常选，必须要皇帝下诏才能举行。具体科目和举行时间均不固定，屡有变动。应试人的资格，初无限制，现任官员和一般士人均可应考，并允许自荐。后限制逐渐增多，自荐改为公卿推荐，布衣要经过地方官审查，御试前又加"阁试"。主要科目有：志烈秋霜科、足安边科、才膺管乐科、直言极谏科、文辞雅丽科、博学宏词科。

唐宪宗也不例外。因其爱好武功，曾经有一段时间，频繁出游围猎而荒废朝政。柳公绰时任吏部郎中，对于皇帝的做法看不过眼了。于是，他以医生的视角和立场，用医理讽谏唐宪宗。然后，一篇新鲜出炉的《太医箴》就送到了宪宗的手中。

《太医箴》全文只有短短的二三百字，却是一篇非常绝妙的讽谏文章。其从四时六气与人的关系阐述四时气候是万物生命的根本，是生命发展的规律。文中说：顺从这个规律，就能在生、长、化、收、藏的过程中运动发展；如果不能顺应四时，饮食无节，生活奢侈，情志上也就会随之发生变化。违逆自然之道，就会对身体产生损伤；顺从自然之道，就身体健康，益寿延年。宪宗看后，不但没有怪罪柳公绰，反而觉得其有大才，非常欣赏文中"气行无间，隙不在大"这句话，将其作为座右铭悬挂在案头。一月后，任柳公绰为御史中丞。

这件事显示出了唐宪宗宽广的胸襟，但更加令人钦佩的，却是柳公绰敢言直谏的劲头。

柳公绰是一个能文能武之人，尤其喜爱兵法。

他担任鄂岳观察使的时候，大唐开启了一场决定命运的重大战役——淮西平叛。朝廷不惜投入重兵，用于征讨淮西叛将吴元济。在这场战役中，当朝名将几乎全部参加，柳公绰也不例外。

当时，宪宗命令柳公绰拨五千兵马给安州刺史李听，让李听配合李光颜等主力部队攻打吴元济。柳公绰看到圣旨中并没有让自己上战场，便自言自语："朝廷认为我是一介书生，就不懂得行军打仗了吗？"柳公绰早就倾心钻研军事，对战略战术都有着自己独到的理解。他立即上奏，请求领兵上战场。宪宗慧眼识人，答应了他的要求。于是，他被任命为鄂岳观察使，统筹一方军务。

柳公绰领兵渡过长江来到安州，安州将领李听身着全副武装迎接。柳公绰对李听说："您之所以背弓插箭，难道不是因为战争吗？如果去掉戎装，不过是个郡守罢了，怎么统一指挥呢？因为您家世代是将帅，懂得兵法。我只想在您的府衙任职，按军队的法规跟随您。"李听就把都知兵马使、中军先锋、行营都虞候三张任命书交给他，并挑选六千精兵交给柳公绰统率，还告诫众校尉："行营事务一切由都将决断。"

在李听的支持下，柳公绰率兵连连出战，每次都凯旋。这样的战绩，对于一个儒生将领、对于一个初次踏上战场的新人而言，显得是那么不可思议，可是却丝毫没有不适感。除了因为柳公绰喜爱兵法，刻苦钻研有所得之外，他在战场上并不是一味地纸上谈兵，反而认真研究敌情，评判地形、地理优势，加之指挥得当，也为战役的胜利加分不少。

《孙子兵法》曰：

> 兵者，国之大事，死生之地，存亡之道，不可不察也。故经之以五事，校之以计，而索其情：一曰道，二曰天，三曰地，四曰将，五曰法。道者，令民与上同意也，故可以与之死，可以与之生，而不畏危。……将者，智、信、仁、勇、严也。

孙武认为，战争是一个国家的头等大事，关系到军民的生死，国家的存亡，是不能不慎重周密地观察、分析、研究的。因此，必须通过敌我双方五个方面的分析、七种情况的比较，得到详情来预测战争胜负的可能性。一是道，二是天，三是地，四是将，五是法。其中，道，是指君主和民众目标相同，意志统一，可以同生共死，而不会惧怕危险。将，则指将领足智多谋，赏罚有信，对部下真心关爱，勇敢果断，军纪严明。

一个喜爱兵法之人，一定会熟读兵书，《孙子兵法》乃是必读书目。柳公绰就是一个喜爱兵法之人，深谙兵法之要，深知为将之道，能够俯下身子，真心实意地关心士兵，设身处地为士兵着想，千方百计消除士兵的后顾之忧。但凡士兵家里有人生病或死亡的，都发给丰厚的物品予以救济；有的士兵的妻子在家行止不端、行为放荡的，都给予最严厉的惩处。他的一番作为让手下的士兵感受到了真心的关爱，也为他们扫除了后顾之忧。柳公绰对士兵真诚的关怀，赢得了手下士兵的衷心拥护。因为，大家都觉得，柳公绰如此待他们，他们怎敢不效死力。所以，鄂军每战必胜。

柳公绰的坐骑是一匹名马。有一天，这匹马将马夫给踢死了，柳公绰就让把马杀掉以祭奠马夫。当时，很多人都劝说柳公绰不要杀马，杀掉就太可惜了，那个马夫也是因为自己不小心而被踢死的，自己也有责任。可是，柳公绰却不是这样想的。他认为，再好的马也没有一条人命值钱，于是，坚持把这匹马杀了。

元和十一年（816），朝廷调柳公绰回长安任给事中。在李师道叛乱平定后，派他到郓州宣读朝廷的文告。回朝复命后，出任京师最高地方官京兆尹。在不用上朝的日子里，他就在自己的书斋里处理私事，接待宾客，与兄弟们一起用餐。天黑后，召一名子弟进入书斋，伴着明明闪闪的烛光，亲自领着子弟学习经史，讲做人做官的道理。这样坚持了二十多年，从未间断。在他的教导和影响下，后辈子弟人才辈出，华原柳氏在历史上闪耀出独有的光芒。

唐宪宗即位后，经常有事没事就阅读历朝实录，每读到唐太宗和唐高宗的故事，都仰慕不已。宪宗以这些圣明之君为榜样，立志要重振大唐盛世，便开始有计划、有步骤地削弱地方割据势力，河北藩镇成为宪宗的首要目标。

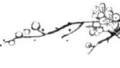

后来，朝廷出兵征讨河北藩镇，朝令夕改，驿马相望。柳公绰进谏，指出问题的严重性：自从对河北用兵以来，朝廷的差使繁多，而驿站设施不足，驿马缺少。同时，使者的行李和人数都没有限制：穿红色和紫色官服的使者，要征用二三十匹驿马；穿黄色和绿色官服的使者，征用的驿马不下十匹、五匹。驿站的小吏还不能检查他们的证件，只要他们张口，就必须提供给他们。驿马征完了，就抢民间的马匹……

柳公绰建议确定一个具体的限额，朝廷采纳了他的意见，调整了官差征用马匹的标准，驿马的调用变得有序而规整起来。

有一次，回鹘派梅禄将军李畅赶一万匹马来做生意，所经过的地方都热情招待，柳公绰命部队防止士兵袭夺马匹。李畅到达太原，柳公绰只派牙将一人一骑去慰劳，用非常友好的态度接待他，宴席也是按常规而设，李畅很感激他的恩德，就让马群在路上慢慢行进，不可随便奔驰打猎。

当时，陉北的沙陀部族喜好争斗，九姓、六州等部族都怕它。柳公绰招来沙陀酋长朱邪执宜，修理废弃的十一处塞栅，招募三千兵留驻。朱邪执宜的妻子、母亲来太原时，柳公绰让夫人招待她们并赠送礼品。沙陀部族感谢他的恩德，所以全力保护边塞。

在河东任职期间，柳公绰生了一场大病。他知道自己的身体不给力，已经不能继续工作了，便上书皇帝建议另外派人来接替他的职位。此时，柳公绰已经六十多岁了。文宗准他回朝任兵部尚书。一天，柳公绰突然让人把老部下韦长叫来，大家还以为他要将家事托付给韦长。没想到的是，让他念念不忘的是朝廷，是天下，是百姓。柳公绰告诉韦长，镇守徐州者非高瑀莫属，让他转告宰相，不用此人，徐州难有安宁。两天后，柳公绰去世，享年六十八岁。

至死不忘为国尽忠，这样的身先为范，便是最好的家教。

柳母和丸教子

柳仲郢家世显赫，父亲是一代名臣柳公绰，叔叔是柳体的开山鼻祖柳公权，母亲是韩氏女。深厚的文化底蕴和良好的家风，培养了他刚直不阿、敢作敢为、忠正无私的品格。柳仲郢历经朝堂的风雨飘摇，最终成长为晚唐的一位名臣。

柳仲郢的母亲韩氏，出身名门，是唐朝名相韩休[①]的曾孙女、韩滉[②]的孙女，嫁给了柳公绰为妻。因其教子有方，后人尊为"柳母"，与孟母齐名。韩氏一族家风

---

① 韩休（672—740）：字良士，京兆长安（今陕西西安）人，在唐玄宗时期居丞相之位，在《新唐书》《旧唐书》《资治通鉴》等史书中均有记载。

② 韩滉（723—787）：字太冲，京兆长安（今陕西西安）人。唐朝中期画家、宰相，太子少师韩休之子。所作《五牛图》，被元赵孟頫赞为"神气磊落，希世名笔"。

> **君瘦国肥**
>
> 韩休生性耿直,经常针对时政得失而向皇帝谏言。玄宗每次稍有过失,就会询问侍从:"韩休知道吗?"往往是话音刚落,韩休的谏言就到了。几次下来,唐玄宗闷闷不乐。侍从就问皇帝:"自从韩休拜相,陛下没有一天高兴的日子过,为什么不将他贬谪?"玄宗说:"虽然我瘦了,但国家却变得富裕了。萧嵩每次奏事,都会顺着我的意思。我退朝之后,常常睡不安稳。韩休多次谏言,我退朝之后,反而睡得安稳踏实。我用韩休为相,是为国家社稷考虑。"

优良,门风严谨,诗书传家。在韩家长大的柳母,知书达理,深明大义,深谙教子之道,明白家风家教对子孙一生之影响巨大,因而,从小就非常重视对孩子的教育。在柳母的严格教导下,柳仲郢、柳玭、柳开等子孙,都成了当世名儒。

尤其是她的孙子柳玭所撰的《柳氏叙训》,与《颜氏家训》齐名,成为士大夫家族争相效学的榜样。柳玭在《柳氏叙训》中是这样记述这位祖母的:

> 祖母韩夫人,相国休之曾孙,相国滉之孙,仆射贞公皋之长女。家法严肃俭约,为搢绅家楷范。归我家三年,无少长,未尝见启齿。贞公在省为仆射,先公于襄阳加端揆,常衣绢素,不用绫罗锦绣。贞公亲仁里有宅,每归觐,不乘金碧舆,祗乘竹兜子,二青衣步扅以随,贞公叹乃御下之俭也。常命粉苦参、黄连、熊胆,和为丸,赐先公及诸叔,每永夜习学含之,以资勤苦。

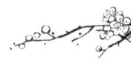

民间有一句俗语:"吃得苦中苦,方为人上人。"柳母就是这样要求孩子的。为了让孩子在晚上学习时有精神,便用苦参、黄连、熊胆研制成粉末,制成药丸,让孩子含在口中,驱除睡意,提神醒脑,以此激励孩子发奋读书。这便是有名的"和丸教子",也称为"柳母和丸"。

其实,想想就明白,为何这颗小小的药丸能够赶走瞌睡虫,让人能立即振奋精神。苦参的气味是苦的,俗语有云"哑巴吃黄连,有苦说不出",道出了黄连的滋味,熊胆的味道也极苦。这三味药材随便拿出一个吃都苦得不行,更别说三者合一,更是苦不堪言啊。试想一下,晚上读书至深夜,烛火忽明忽暗中,孩子困极了,头一点一点的。柳母见此情形便拿出药丸给孩子吃。见证奇迹的时刻来临了,孩子立马从困顿萎靡的状态变得精神振奋,那感觉一定是无比酸爽。

柳仲郢少年时勤读经史,尤对《史记》《汉书》,以及魏、晋、南北朝史做过深入研究。长大后,文章写得非常好,他写了一本名为《尚书二十四司箴》的书,深受韩愈赞赏,从此扬名。

中国"四大贤母"

即孟母、陶母、欧母、岳母。孟子的母亲仉氏,举家三迁,择邻而居,为儿子的教育成长选择好环境;陶侃的母亲湛氏,封坛退鲊,截发延宾,让儿子懂得清廉;欧阳修的母亲郑氏,因欧阳修少时家贫,以荻画地,教他认字;岳飞的母亲姚氏,教导儿子精忠报国,为世人称颂。

封坛退鲊:陶侃年轻时做过寻阳县吏,负责监管渔业。有一次,他托人把一坛腌鱼送给母亲。陶母问明情况后,原封不动退回,并写了一封信给儿子:"你身为官员,就要清正廉洁,怎能拿公家的东西给我?这样不仅对我没好处,反而增加了我的忧愁。"

截发延宾:有一天,鄱阳孝廉范逵在陶侃家寄宿,陶家一贫如洗,没法招待客人。陶母就把睡觉用的草垫子铡碎,喂范逵的马;又悄悄把头发剪下来,卖给乡人,换钱置办菜肴,招待客人。

以荻画地:欧阳修四岁时父亲就去世了,因为家境贫寒,家里没有钱供他读书。欧母就用芦苇秆在沙地上教他写字。

秉公办事不谋私利

元和十三年(818),柳仲郢考中进士,任校书郎。牛僧孺^①征召他到武昌幕府任职,观其有乃父之风,叹息说:"不是积久而成的习惯并受名家教导,哪能有这样的成就?"

柳仲郢后被提拔为侍御史。一天,有一名禁卫军诬陷家乡的一个人砍他父亲坟墓上的柏树,于是用箭射死了那个老乡。县吏以专横杀人罪要判刑,可是,中尉袒护这名禁卫军,要免去他的死罪。柳仲郢就让人逮捕了这名禁卫军,他说:"杀人者不处死,这会败坏国家的法律。"又命令御史肖杰监督处理这个案子。朝廷内外都赞许柳仲郢。

会昌初年,柳仲郢转任吏部郎中。当时,皇帝命令将那些多余的闲散官员全部裁掉。柳仲郢加班加点,辛苦清查了十天,裁减了一千二百五十人。

因工作出色,柳仲郢升任谏议大夫。当时,武宗请道士修建望仙台,柳仲郢多次直言诤谏,武宗让太监对柳仲郢说:"他已知道自己做得不好。"借太监之口承认了自己的错误。

---

① 牛僧孺(779—847):字思黯,安定鹑觚(今甘肃灵台)人,唐朝宰相,牛李党争中牛党领袖。

后来,有一个很棘手的案子要处理,就是涉及牛李两党利益的"吴湘狱"案。时任谏议大夫的柳仲郢,公正办结此案。因其公正无私、不偏不倚的态度,得到了李德裕的认可和赞赏。虽然该案最终的判决结果有利于牛党,但李德裕却不以为嫌,因为他知道,柳仲郢是一个毫无私心的人。随后,李德裕又保举柳仲郢担任实权职位——京兆尹。

唐代大诗人王维在《和贾舍人早朝大明宫之作》①一诗中,这样形容唐长安城的盛况:

绛帻鸡人送晓筹,尚衣方进翠云裘。
九天阊阖开宫殿,万国衣冠拜冕旒。
日色才临仙掌动,香烟欲傍衮龙浮。
朝罢须裁五色诏,佩声归向凤池头。

那个时代的长安,可是一座名副其实的国际化大都市,人口众多,达官显宦集中,富商大贾云集,东、西两市生意兴隆,叫卖之声不绝于耳,端的是好一派繁华景象。虽然,到了唐武宗时,已不复当年辉煌,但大唐气象仍在,作为整个唐皇朝政治、经济、文化中心的长安城依然盛世繁华。

柳仲郢有幸成为长安城的主官,被任命为京兆尹。上任后,他先严明政令,后以法治市。为了管理好东市和西市这两大市场,颁布了具体的市场规则条约,设置了统一标准的计量器具安放在东西两市,用以监督那些短斤少两、坑害顾客的不法商贩,并禁止私自制作不标准的计量器具。

有一次,一个北司官吏在市场仗势欺人,买粟时不给钱,还将小贩打伤在地。这一行为违反了市场的有关条约,被柳仲郢知道了,经查实,下令将其依律判决。

又有一次,柳仲郢从市场经过,一名神策军②小将骑马在市场里横冲直撞,踩踏踩伤路人,撞翻商贩货物,他命令手下当众将其杖杀。武宗责问柳仲郢:"你为何擅自杀人?"他回答:"神策军校在闹市纵马伤人,这是不把陛下颁布的法典放在眼里。我杖杀无礼之人,是为了维护陛下和律法的权威。"当时的神策军仗

---

① "绛帻鸡人送晓筹"中的"送",在《唐诗鼓吹》《唐诗品汇》中作"报";"九天阊阖开宫殿"中的"天",在《文苑英华》中作"重"。"日色才临仙掌动"中的"色",在《瀛奎律髓》中作"影"。"佩声归向凤池头"中的"向",在凌本及《瀛奎律髓》《唐诗品汇》中作"到"。

② 神策军:唐朝中后期中央北衙禁军的主力。原为西北的戍边军队,后进入京师成为禁军,负责保卫京师和宿卫宫廷以及行征伐事,为唐廷直接控制的主要武装力量。

势横行，地方官无人敢管，自从柳仲郢杀一儆百后，京城秩序从此安定，再也无人敢违规犯法，此举受到百姓称赞。

唐朝后期，牛李党争激烈。柳仲郢进入官场时间不长，就跟随牛僧孺去江夏任职，在牛僧孺的庇护下，一路仕途顺畅。李党领袖李德裕也是非常赏识柳仲郢的，两人私教甚好。可以说，牛僧孺对柳仲郢有知遇之恩，李德裕亦对柳仲郢有提携之情。

牛李党争

唐代统治后期，以牛僧孺为首的牛党与李德裕为首的李党之间的争斗。斗争从宪宗时开始，到宣宗时结束，历时近四十年，以牛党获胜结束。文宗有"去河北贼易，去朝中朋党难"之叹。牛李党争不仅加深了唐朝后期的统治危机，而且还在塑造中晚唐的诗风方面有一定的影响。

此时，一般人都会面临一个站队的问题，是站牛队，还是站李队。但是，这个问题对柳仲郢来说，根本就不是一个问题。因为，他不需要站队，他只忠于国家，忠于朝廷，忠于皇帝，只需兢兢业业，认真工作，秉公办事就好。

柳仲郢为人正派威严，崇尚气节仁义。在任礼部侍郎时，一次要开展官员的铨选工作，李德裕出身官僚世家，没有参加过科举，因此，在选拔官员时，对进士出身的官员持压制态度。然而，柳仲郢则不认同李德裕的做法，以一己之身顶住了李德裕的压力，不徇私情，公正选官，使进士出身的官员都得到了比较公正的待遇。

在两派斗争中，柳仲郢始终能够坚持人格操守，秉公处事，不涉派别，在处理具体事务上，以事情本身的是非曲直作为判断依据，真正做到只对事不对人，以其自身良好的品性节操，得到了牛、李两党的一致认同。

柳仲郢虽然是官二代，但自己住在内书斋，系上单色带子，衣服用具都非常简单。他家中藏有万卷书，每种书一定会有三本：品相最好的藏在书库，中等的用于平常阅读，次一等的是专门给家里孩子学习用的。柳仲郢不仅继承了父辈刚直敢谏的工作作风，还担起了教育家族子弟的重任。

柳氏风正骨长存

柳公权、柳公绰、柳仲郢、柳玭都在朝为官，而且都品行端正，为官清廉，这

是柳氏一族家风教育和传承的最佳体现。

华原柳氏有着良好的家风,以重视家学与家教而闻名于世,以教育子弟严格而传承千年。尤其是柳玭所著的《戒子弟书》和《柳氏叙训》,为唐代家训中的代表作,情辞诚挚恳切,言简意赅。忠、孝、礼、义、廉、耻、勤、俭是一个人的立身之本,也是最高标准,虽然各项达标的人极少,但我们可以借此反躬自省,以期无限接近。

其实,柳氏家训早已不是单单写在柳氏家谱里世代传承,而是被其他家族纷纷效仿学习。

柳玭所处的时代,是晚唐时期,他真切地品尝到了黄巢起义时政局混乱带来的恶果。当时,很多世家子弟仗势欺人,为所欲为。出身于官宦世家的柳玭对此深感忧虑,担心家族子弟会受影响。于是,专门撰写了《戒子弟书》和《柳氏叙训》,告诫子孙后代不要依仗身世而骄奢淫逸,胡作非为,要继承、发扬柳家的优良家风,成为品行高洁的人。

在这部家训的开篇,柳玭一针见血地指出:"夫门第高者,可畏不可恃。可畏者,立身行己,一事有坠先训,则罪大于他人。"也就是说,生于高门著姓的人,应该时刻提醒自己要有敬畏之心,千万不能倚仗自己的出身肆意妄为。因为生于高门的子弟在立身行事上如果违背了先祖的训诫,其产生的危害要比普通人大得多。比如,某些高门子弟骄横自大,盛气凌人,那么因着家族的鼎盛,就会招致别人的嫉妒,就算其他子弟人品才学俱佳,别人也不会相信,即使犯了很小的错误,别人也会指责。所以,要"修己不得不恳,为学不得不坚"。

祖父柳公绰,父亲柳仲郢,都以理家严谨而闻名于世。柳玭从小就听先辈讲授家训,谈论家法,"立身以孝弟(悌)为基,以恭默为本,以畏怯为务,以勤俭为法,以交结为末事,以气义为凶人"。即以孝顺父母、友爱兄弟,为立身处世的基础,以谦恭有礼、时时怀有敬畏之心,为立身处世的根本,以小心谨慎、勤恳节俭,为立身处世的法则。

柳玭还告诫子弟,"百行备,疑身之未周;三缄密,虑言之或失"。让子孙明白,即使是各方面都已经做得很好,也要时刻警醒自己是否还有不周到的地方。即使是再三谨言慎行,也还要时时提醒自己是否有失言之处。告诫子孙要常怀敬畏之心,也就是要"畏怯"。对于一个人而言,心怀敬畏就是"正心"。如果出仕为官,就要对百姓、对朝廷、对仕途抱有敬畏心理,才能不产生邪念,不生出贪欲之心。

柳玭在家训中指出,有五种恶习会败坏名声、招致灾祸、玷辱先人、败坏门庭,一定要特别注意：一是追求安逸，不愿淡泊名利；二是不学无术，自己没有学问，还嫉贤妒能；三是厌恶比自己强的人，喜欢谄媚自己的人，听到别人的好事就产生嫉妒的心理，听到别人的坏事就到处宣扬；四是好逸恶劳，嗜酒贪杯，认为勤勉做事是很低俗的事；五是官迷心窍，巴结权贵一心升官。这些陋习比毒疮的危害更大，毒疮还可以用药物治疗，而一旦染上陋习，请大夫治疗也是无济于事。他告诫子孙，前贤的训诫和近人的覆辙，都清清楚楚地记载着，要牢牢记住，引以为戒。

华原柳氏严格治家，形成了醇厚的家风，成就了一批杰出人物。他们的家风、家训也为人所称颂。柳玭的叔祖父柳公权以笔谏力劝皇帝，祖父柳公绰曾任刑部尚书、兵部尚书；柳玭的父亲柳仲郢入仕后，办公之余从不沉湎逸乐，而是不舍昼夜，刻苦读书，生活非常朴素节俭，马厩里没有骏马，衣服也不熏香，与当时达官显贵的做派形成鲜明对比；柳玭则担任过吏部侍郎、御史大夫、泸州刺史等官职，在多年的为官经历中，一直保持清廉正直、谦逊和顺的作风，在史书上留下了"直清有父风"的美誉。柳氏世代为官，但柳氏家族成员能够做到修己立身，从来没有人因门第高贵而肆意妄为。

今天，柳公权虽早已长眠在故乡的一片绿荫中。然而，柳氏家训却穿越千年，历久弥新，就像经过窖藏的美酒，其香更加馥郁，其味更为醇厚。端一杯美酒，闻其香，尝其味，品其韵，佐以人生，便可调出"正心"之味。

心正，其身则正，身正，则百毒不侵，百邪莫入，始能立于世间，成为一个大写的人。

哲人鉴语

杨 慎 / 柳公权"心正""笔正"之对穆宗，知其以笔谏也；柳公绰进《太医箴》曰"气行无间，隙不在大"，宪宗曰"卿爱朕深者"，盖以医谏也。柳氏世有人矣。

范仲淹

家族兴盛近千年之谜

范仲淹,一个被后人奉为"古今完人"的存在,一个千百年来不断被解读和追慕的名人。

他,生于中国古代经济、文化最为繁荣的北宋。他,身兼多职,作为政治家,位极人臣,主持庆历新政改革,在历史上留下了浓墨重彩的一笔;作为将领,有卫国守土之功;作为文学家,《岳阳楼记》光耀千古,是中国文学史园地中一朵绚丽的奇葩。

范仲淹(989—1052),祖籍邠州(今陕西彬州),出生于苏州吴县(今江苏苏州)。他的人生从这两个地方起步,他多次离开,又多次归来,在中华大地上留下了绵延千年的文化基因。

他名重天下之前,范氏家族早已不复往昔荣光,他的小家也随着父亲的离世难以为继,"断齑画粥"从来都不是一个故事;他名重天下之后,范氏家族能人辈出,代代育英才,以"廉俭"为核心要义的家风传承近千年,可谓是中国家风文化中的一个奇迹。

堪称"免死金牌"的姓氏

明太祖朱元璋,出身布衣,是从乱世中走出来的开国帝王,曾在社会底层摸爬滚打,对贪官污吏深恶痛绝。

他在位期间,曾多次下令重刑惩贪。《大明律》中有明令,官吏贪污获赃六十两以上,即处以枭首示众之刑。这还不算,有明一代,抽筋、剥皮等酷刑更是屡见不鲜。在这样的政治环境下,不光贪官污吏会被严惩,个别不作为、乱作为的官员也被惩处,治以重罪。

大家摸清了朱元璋的好恶，都开始看皇帝眼色行事，由此之下，当朝对贪污者往往从重惩罚，多有矫枉过正的行为。在这样的大形势中，有一个人却成了一个例外，他就是御史大夫范从文①。

在执行圣旨的时候，他发现有些犯罪的官员罪不至死，因此，在处刑过程中有所变通。就是这么一个"变通"，却为范从文带来了杀身之祸，他被人弹劾，并以"忤旨"之罪被逮捕下狱，定为死罪。

没有人认为，他能逃过此劫，就连范从文自己也以为："吾命休矣！"谁知峰回路转。在死刑核准时，朱元璋发现范从文是苏州人，再一联想他又姓范，于是朱元璋就亲自提审，问他与范仲淹是什么关系？范从文回答："吾乃范文正公第十三代孙。"朱元璋恍然大悟，原来是范仲淹的后人啊！然后，免其死罪。

明朝的皇帝对死刑案件的审查和复核非常重视。洪武十六年（1383），朱元璋命刑部尚书等人议定了"三审五覆之法"。在皇帝以下，设立三司会审、园审、朝审、大审、热审等层层辖制的审录制度，以利于皇帝对司法工作进行控制和监督。也就是说，审判大权牢牢地掌握在皇帝手中。因此，凡是被判处死刑的官员，行刑前朱元璋都要进行最后的审核，查看犯人的籍贯和卷宗，就是这一制度救了范从文一命。朱元璋心中暗自感叹："险些犯了一个大错。"

为什么"范氏后人"的名头却有着免死金牌的作用？竟能让这位以酷烈而闻名的帝王改变主意？

首先，范仲淹不仅自己德行高远，而且还制定了家训家规，将"先忧后乐"的家国情怀和"廉俭自律"的风骨节操融入了日常行为规范之中，潜移默化地影响着后代子孙和家族成员，使其后代能人辈出。

而且，朱元璋一直很钦佩范仲淹。在朱元璋的心中，范仲淹是宋朝第一名臣、第一功臣、第一忠臣，他将范仲

重典治吏

洪武四年（1371），朱元璋诏令："自今犯赃者无恕。"洪武八年（1375），朱元璋又下令，犯赃罪的官吏一律贬谪到凤阳屯种。仅洪武九年（1376）一年的时间里，在凤阳屯种的官吏就接近一万人，其中大部分是贪官。

---

① 范从文：他的这个故事在明清至民国时期的多种书刊及家谱记、族训传中均有记述，故事内容大同小异，只是主人公的名字说法不一，有记载说是范从文，有说是范文从，还有说是范御史。

淹的"先天下之忧而忧，后天下之乐而乐"作为自己的座右铭，时刻提醒自己做一个好皇帝。仅"范仲淹"三个字，就让这位帝王平添了三分好感。

加之，在朱元璋赦免其死罪之后，范从文正好借此机会，向朱元璋提建议，表达自己的主张："国家要立法，罪刑就要分明，还要分清等级，法要大于权……"

作为名臣之后，范从文性格耿直，敢于直谏，大有其先祖范仲淹的风范。这样的范氏后人让朱元璋很欣慰。于是，朱元璋深受感动，命令太监取来文房四宝，亲自书写了五副"先天下之忧而忧，后天下之乐而乐"的条幅，赏赐给范从文，言说可以免其五次死罪。直到明朝末年，范氏家族都未曾有灭门之祸。

为惩一儆百，朱元璋首创"剥皮实草"之刑。凡脏满六十两以上的官吏，都捉到所在府、州县、卫衙门左边专门设立的"皮场庙"剥皮，将皮剥下后，在里面塞满牧草，摆在官府公堂旁边，用以震慑和恐吓那些心存贪渎之念的官吏。

范氏家风的缘来缘往

《大学》中说：

> 古之欲明明德于天下者，先治其国；欲治其国者，先齐其家；欲齐其家者，先修其身；欲修其身者，先正其心；欲正其心者，先诚其意；欲诚其意者，先致其知，致知在格物。物格而后知至，知至而后意诚，意诚而后心正，心正而后身修，身修而后家齐，家齐而后国治，国治而后天下平。

范仲淹家风的形成，历经了三重境界：第一重，修身，以"不以物喜，不以己悲"为目标，以实现人格的独立和超然；第二重，齐家，以廉俭清正要求自己，要求家人，把延续血脉和传承家风熔为一炉；第三重，平天下，以"先天下之忧而忧，后天下之乐而乐"为立身之本，将家国天下与自我价值实现、人格理想相结合。

范仲淹就是用这样的家风，教育并影响着他的子孙。其后人又在此基础上，不断补充完善，教导儿孙做人要正心修身，积德行善，教导族人要和睦共处，相扶相助，最终形成了现在广为人知的范氏家风。

范氏家风在一代代范氏子弟的传承完善中，形成了肥沃的思想土壤，孕育出茁壮成长的青年才俊。在这些后代子孙中，不仅仅是范仲淹的四个儿子都做了宰相、公卿和侍郎，且个个德行高洁，继承父亲遗志，廉俭行善，救济他人。他的曾孙辈也都非常厉害，到了清朝时，范氏家族出了七十多位做到部长级以上的官员。

范仲淹的第十七世孙，是被称为中国历史上"十大谋士"之一、"大清第一文臣"的范文程。他从小就是一个学霸，十八岁就考中秀才，在官场上是一个名副其实的笔杆子。范文程的曾祖范鏓，官至兵部尚书，因其刚直不阿，受严嵩的排挤而弃官。范文程的祖父范沈，任沈阳卫指挥同知。范文程的儿子范承谟，历任浙江巡抚、福建总督，为官清廉，勤政爱民，深受当地百姓爱戴。

范氏家族人才辈出，兴盛近千年，皆源于祖宗之德子孙能够传承。而这祖宗之德，即是范氏家风。

范仲淹与朱说：一段刻苦自励的岁月

范家门庭显赫，范仲淹的先祖是江夏八俊之一的范滂和唐朝宰相范履冰，曾祖是吴越节度判官范梦龄，祖父是吴越秘书监范赞时。父亲范墉历任武德武信武宁三军节度、掌书记、赐绯，初赠尚书、刑部郎中、太子少师，加赠太子太师，累赠太师、周国公，生有三子分别是范仲温、范仲镃及范仲淹。

端拱二年（989）八月，范仲淹出生了。

人生最不可预测的事情，就是谁也不知道，明天会发生什么。

淳化元年（990），范墉生病去世了，幼小的范仲淹跟随家人回到苏州老家，将父亲的灵柩埋葬在范家陵园。父亲去世，家庭支柱倒下，带给这个家庭的打击是可想而知的。想必他的母亲谢氏也是确实没有办法了，只能带着还不满两岁的范仲淹，改嫁给了山东淄州长山县河南村的朱文翰。而范仲淹，也从朱姓，取名朱说，在朱家长大成人。

范仲淹从小就是一个很有志向的孩子。他幼时在附近山上的醴泉寺寄宿读书。那个时候，因为经济和其他方面的一些原因，他在寺庙里面的生活非常清苦。每天，就只煮一锅浓浓的粥，然后把它静置放凉，等其凝结后，把粥块一分为四，分两顿吃完。吃饭时，在碗里放两个粥块，再放一些切成细末的野菜或是咸菜，倒一些醋汁，放一些盐，搅拌均匀。这样，一顿饭就解决了。饭后，依然刻苦读书。于是，后世便有了"断齑画粥"的美誉，说起来很风雅，听起来很有画面感，然而实际上，个中滋味只有范仲淹自己最清楚。日子虽然过得清苦，但是那个当年的他，却对这种清苦的生活是并不介意的。因为，他所有的精力、心力，全部都集中在读书上。

就是在这样的苦读中，一件偶然的事情，让范仲淹发现了自己的身世。试想，当时范仲淹的内心一定是百感交集，百般滋味具有。后来，他毅然决定脱离朱家，告别他的母亲，结束二十年的养子生涯。他离开长山，外出求学，开始了应天府书院长达五年的苦读生活。

大中祥符四年（1011），二十三岁的范仲淹来到了应天府书院就读。应天府书院是宋代四大书院之首。在这样的学校里学习，有许多的名师可以请教，有许多的同学可以切磋，还有大量的书籍可供阅读。最最重要的是，可以免费上学。这对经济拮据的范仲淹来说，简直是求之不得的好事。可以说，在这里的求学生涯，虽然他的日子过得依然是那么清苦，但对范仲淹来说，却是乐在其中。春夏秋冬，一年又一年，范仲淹积淀了丰厚的学识，为其后的雄鹰展翅储备了坚实的底气和无穷的力量。

大中祥符七年（1014），宋真宗率领百官到亳州去朝拜太清宫，路经南京（今河南商丘）。当时，整座城市都轰动了，人们争先恐后地挤过去，希望能够目睹皇帝的风采。而范仲淹依然无动于衷，闭门不出，埋头苦读。他的一个朋友就说："快去看看吧，这可是一个千载难逢的机会呀！皇帝可不是一般人能见到的。"范仲淹随口回答："将来再见也不晚。"第二年，范仲淹以"朱说"之名，中乙科第九十七名。他在参加殿试的时候，第一次见到了真宗皇帝。

当年二月的汴京（今河南开封），温润的清风吹拂着初露头角的枝芽，笑看跨马游街的这些幸运儿。范仲淹被任命为广德军的司理参军，后调任集庆军节度推官。而他也实现了当年对母亲的承诺，将母亲接到自己身边来赡养。他自己也恢复了范姓，改名仲淹，字希文。

正是源于这样的人生经历，在那段物资极度匮乏、生活艰难的岁月里，少年范仲淹并没有因为"拖油瓶"兼继子的身份，没有因为曾经寄人篱下的境遇而垂头丧气，失意潦倒。在能够免费进入应天书院就读时，也没有得意忘形。

正是这样的生活境遇，造就了范仲淹"不以物喜、不以己悲"的宽博胸襟，养成了他不因一时的成功和失败而妄自菲薄的品格。无论何时、何地、何种境遇，他都能保持一种豁达淡然的心态，不论是自然界的阴晴明暗，还是生活环境的顺逆艰难，都不能动摇他心底的信念。

正是这种浸入骨髓的人生态度和准则，在往后岁月流

一笔勾销

范仲淹亲自审查各路监司名册时，发现有贪污腐败的，便从名册上一笔勾掉，免掉了一批贪腐官吏。时任枢密副使的富弼见此情景，担忧说："一笔勾之甚易，焉知一家哭矣！"范仲淹听后，愤愤地说："一家哭总比一路（相当于现在一个省）人哭要好。"成语"一笔勾销"即出于此。

逝中，如那随风潜入夜的春雨，滋润着范仲淹的小家，后扩延至整个家族，凝结而成当世有名的家风，吹拂中华大地。

言传身教，四子皆有所成

宝元元年（1038）的冬天，范仲淹被贬到了越州（今浙江绍兴）任知府。这是他第二次到浙江担任地方官。

一天，他在山岩之间发现了一口废井，井中依然有水。于是，就对这口井进行了疏通淘洗，井水果然像预想中的那样清冽而甘甜。这样的井水在暑天饮上一口，定会让人全身舒泰，若是冬天，则可烧火煮茶，饮之暖如春日。范仲淹便给这口井起名叫"清白泉"，借此表明"清白而有德义，为官师之规"的从政理念。在井旁，还修建了一座亭子，命名"清白亭"，又将其居住的凉堂叫作"清白堂"。为此，他还专门写了一篇《清白堂记》，借"井德"喻"官德"，抒发其为政理念。

范仲淹虽在越州只待了短短的一年多时间，但其在任上为越州百姓所做的事情，却永远被越州人民牢记在心头。越州百姓感念范仲淹的清白德义，钦佩其品格，遂在龙山建造了"希范亭"，又建造了"百代师表"坊，以此纪念他。

范仲淹不仅为官清廉，而且始终保持着简朴的生活习惯，无论是在他当学生时，还是成为高官后，一贯如此。

范仲淹在应天府书院就读时，一个同学的儿子看他常年吃粥，就送了一些好吃的食物给他。可是，范仲淹一口都没有吃，就放在那里直至那些美食发霉变质。后被送美食的人知道，生气怪罪他。范仲淹才长揖致谢说："我已经习惯了画粥断齑的生活，担心享受了美食后，就吃不下粥和咸菜了。"

范仲淹官拜参知政事，为副相，在其显贵之后，依然保留着清苦俭约的家风。王巩在《随手杂录》中记载，范仲淹曾对别人说，他"每夜就寝，即窃计其一日饮食豢养之费，及其日所为何事，苟所为称所费，则摩腹安寝；苟不称，则一夕不安眠矣，翌日求其所以称者"。

范仲淹不仅自己一生廉俭清正，而且教育他的孩子们也要保持生活俭朴的作风。范仲淹有四个儿子，长子范纯祐，任将作监主簿、司竹监；次子范纯仁，任宰相；三子范纯礼，历任河南府判官、吏部郎中、礼部尚书等职；四子范纯粹，官至户部侍郎。

按照现在的说法，这四个孩子都是官二代，且还是高官二代，但他们从来不说，"我爸是范仲淹，在京城当大官儿"之类的话。他的孩子们在城外学堂读书，而学堂距离城里还有二十多里地。每到炎热的夏天，孩子就用一把破扇子遮挡阳光，每

天往返步行几十里路上下学。而周围从来没有人知道，他爸在京城是一个大官。

范仲淹的次子范纯仁，也以俭朴闻名。明朝刘元卿在《贤奕编》里提到这样一件事情。有一次，范纯仁留下同僚晁美叔一起吃饭，美叔后来对别人说："范丞相改家风了！"别人就问，"你凭什么这样说？"美叔回答："我和他一起吃饭，豆豉面上放了两片肉，这不就是家风变了吗？"人们听了都大笑起来。范纯仁招待客人都是如此简朴，可想而知，他自己平日所过的生活是怎么样的。

范仲淹治家甚严，时常教导子女做人要正心修身、积德行善。

有一次，范仲淹让次子范纯仁把麦子从苏州运到四川。范纯仁在途中遇到了熟人石曼卿，知道他亲人去世了，没有钱运送灵柩回乡安葬，于是便把这整整一船的麦子都送给他，用来资助他回乡。范纯仁到家后，没敢主动给父亲说这个事情。

后来，范仲淹问他在苏州有没有遇到朋友。

范纯仁说："在经过丹阳时，遇见了石曼卿。他亲人不在了，没钱运柩回乡被困在那里。"

范仲淹立刻就说："你为什么不把麦子全部送给他？"

范纯仁回答："我已经送给他了。"

范仲淹听到后，对范纯仁的做法非常满意，夸奖他做得很对。

在范仲淹的影响及严格管教下，范家子孙始终保持着廉俭的门风，这门风又使他们的人生道路更为宽广，助他们走出各自的精彩。

先忧后乐，以天下为己任

宝元元年（1038），党项的首领李元昊建立西夏皇朝，自称为帝，调集十万军马，侵入宋朝的延州等地，也就是今天的陕西延安附近。就是这一重大的历史事件，改变了范仲淹的一生。从这一刻开始，范仲淹开启了他的军旅生涯。

仁宗命范仲淹任陕西经略安抚招讨副使。这时的范仲淹，已经过了知天命之年。五十二岁的他不辞艰辛，伴着两鬓白发，怀着一颗精忠报国的心，亲临前线视察，对部队进行了全面的检阅。随后，他淘汰了一批懦弱无能的将领，选拔了一批久经战火考验的有才干的官兵代替他们，从士兵和低级的军官中选拔了一批勇猛将士，又在当地的居民中选了很多的民兵，并对其进行严格的训练。而后，选择了一万八千名合格的士兵，每名将领统领三千人，分组进行训练，改变了过去兵不识将、将不识兵的不良状况。

范仲淹治军赏罚分明，只要是勇猛杀敌的士兵，就会得到提拔重用，对那些克扣军饷的贪官污吏，则是当众斩首，毫不留情。在他的带领下，西北军中涌现出了很多像狄青、种世衡这样的名将，也训练出了一批智勇双全的将领和骁勇善战的士兵。直至北宋末年，这支军队仍然是宋朝的一支王牌部队。

庆历二年（1042）三月的一天，范仲淹秘密命令他的长子范纯祐和赵明率兵偷袭西夏军队，夺回庆州西北的马铺寨。而范仲淹自己则带领军队执行其他任务。当时，军队里的这些将军士兵，谁也不知道这一次行动的目的是什么。当军队快要深入西夏军事防地的时候，范仲淹下达命令，让全体官兵就地筑城。他们在出发的时候，把要用到的一些建筑工具事先就准备好了。因此，只用了短短的十天时间，就在原地建起了一座新城。这就是那座插入宋夏交界之间赫赫有名的大顺城。然而，西夏并不甘心，派兵来攻，却发现宋军已经以大顺城为中心，构建成了一个坚固的战略防御体系。

在从大顺城返回庆州的途中，范仲淹终于放下了心中一直悬着的大石，只是他感觉十分疲惫，毕竟年岁不饶人。而此时，正是暮春时节，身边的野花渐次绽放。如果是在江南，想必早已是山花烂漫了。

春去秋来，又是一年，范仲淹已经五十四岁了，满头白发的他望着南飞的大雁，心中泛起无限的思绪。于是，《渔家傲·秋思》就这样诞生了：

> 塞下秋来风景异，衡阳雁去无留意。
> 四面边声连角起。
> 千嶂里，长烟落日孤城闭。
>
> 浊酒一杯家万里，燕然未勒归无计。
> 羌管悠悠霜满地。
> 人不寐，将军白发征夫泪。

范仲淹自苦读及第、踏入仕途后，便心忧天下，以身许国，不论是泰州治堰，执教兴学，还是戍边御敌，主政改革，均体现了其"先忧后乐"的家国情怀。他始终将国家民族的利益摆在首位，为国家的前途命运担忧分愁，为全天下的百姓谋幸福而出汗流血。

当年，范仲淹在《岳阳楼记》中抛出了一个疑问："予尝求古仁人之心，或异二者之为，何哉？"

面对这一问题，范仲淹有着他自己的思考。因物而悲喜，虽是人之常情，却并不是做人的最高境界。他相信，仁人志士用坚定的意志，能够做到不因外界条件的变化而动摇心志。

春秋史学家左丘明曾说过："居安思危，思则有备，有备无患。"南宋爱国诗人陆游也说："位卑未敢忘忧国。"由此而知，无论是"居庙堂之高"，或是"处江湖之远"，这些仁人志士的忧国忧民之心依然不改。所以，"是进亦忧，退亦忧"。

孟子就曾说："乐民之乐者，民亦乐其乐；忧民之忧者，民亦忧其忧。乐以天下，忧以天下，然而不王者，未之有也。"

范仲淹在汲取前辈的思想养分后，将1.0版的"乐以天下，忧以天下"，升级为2.0版的"先天下之忧而忧，后天下之乐而乐"。升级版的"忧和乐"超越了个人的忧和乐，是以天下为己任、以利民为宗旨的忧和乐，是忧国忧民、一心为公的忧和乐。

"先天下之忧而忧，后天下之乐而乐"是范仲淹的答案，也是他用一生的所作所为，交出的一份答卷。

丁傅靖在《宋人轶事汇编》卷八中记载："范文正以言事三黜。初为校理，忤章献旨贬倅河中，僚友饯于都门曰：'此行极光。'后为司谏，因废郭后，率谏官伏合争之不胜，贬睦州，僚友又饯于亭曰：'此行愈光。'后为天章阁待制，知开封府，撰百官图进呈，丞相怒奏曰：'宰相者所以器百官。今仲淹尽自抡攉，安用彼相？臣等乞罢。'仁宗怒，落职贬饶州，时亲宾故人又饯于郊曰：'此行尤光。'"

家族兴盛近千年之秘密所在

古人说，"富不过三代"。而范氏家族却创造了一个家族传承的奇迹，兴盛近千年而不衰，英才辈出。

范氏家族兴盛近千年的背后，究竟有何秘密？

皇祐元年（1049），范仲淹任杭州知州。这一年，范仲淹已经六十一岁了。对于一个已过耳顺之年的官场老领导而言，如何长久地让后代子孙有出息，是他迫切需要解决的一个重要课题。

范仲淹一生五次被贬，行走于全国各地，没有一处固定的家。孩子们建议在范仲淹母亲埋葬之处建一个自己的家园，等他退休后去居住。可是，范仲淹并没有同意，因为他找到了那个重要课题的答案。于是，他做出了一个前无古人的创新之举，成立了公益基金会——范式义庄，购义田，建义宅，修缮家谱，制订义庄规矩。

他自己掏钱购买了千亩良田，将这些田产和收入全部捐赠给范氏宗族，作为族产。这些义田的所有产出和收益全部用于范氏子孙，对生活困难的族人免费赠送口粮，对有困难的在婚丧嫁娶时也进行资助。为了让更多的族人子弟接受教育，他还创办了义学。

范仲淹又亲自制定了管理义庄的规章制度，即《义庄规矩》，对米、绢、钱发放的对象、数量、方式、管理、监督等事项，都做出了可操性强的明确规定。义庄虽然主要是为了周济宗族，但也顾及乡亲和姻亲，周济的范围非常宽泛，非常重视对无经济收入的妇女的周济，且对再婚女性一视同仁，没有歧视。

范氏义庄开启的这些社保功能，不仅为其族人、乡亲和姻亲提供了物质层面的救济，也为其带去了温情的抚慰，对家族乃至家乡的长远发展贡献巨大，影响深远。这种善行和善举传遍天下，也感动了天下，全国姓范的人都非常崇敬和感激范仲淹。

范仲淹还亲定了六十一字族规：

> 家族之中，不论亲疏，当念同宗共祖，一脉相传，务要和睦相处，不许相残，相妒，相争，相夺，凡遇吉凶诸事，皆当相助，相扶，庶几和气致祥，永远吾族家人炽昌般。

同时，专门撰写《诫诸子书》，以教育家族子弟。其后代整理形成了《范文正公家训百字铭》：

> 孝道当竭力，忠勇表丹诚；
> 兄弟互相助，慈悲无过境。
> 勤读圣贤书，尊师如重亲；
> 礼义勿疏狂，逊让敦睦邻。
> 敬长与怀幼，怜恤孤寡贫；
> 谦恭尚廉洁，绝戒骄傲情。
> 字纸莫乱废，须报五谷恩；
> 作事循天理，博爱惜生灵。
> 处世行八德，修身率祖神；
> 儿孙坚心守，成家种善根。

在往后的岁月里，范氏后人还不断地对其进行完善，制定了《范氏家规》十三

条、《新定族规》十条和《范氏传统家风》八条，其内容涉及子孙教育、婚丧嫁娶、礼义廉耻、产业管理、行善布施、奖惩考核等方方面面。

至此，我们终于找到了这个秘密。那就是家风，一切皆源于家风。正是因为范氏家风的不断完善和持续传承，让一个家族兴盛了近千年。

范氏家风历经了三重境界，延续了儒家"齐家治国平天下"的终极理念，进而迭代升级为"先忧后乐"这一核心内涵。在先忧后乐中，将人生价值、治家教子、执政兴国融为一体；在先忧后乐中，将家国天下、自我实现、理想抱负完美结合；在先忧后乐中，为民办事，为国分忧，为天下许身。

凡此种种，皆为历代仁人志士穷其一生去追寻、去攀登的人生至高境界。正因如此，亦因如此，才因如此，范氏家风独具魅力，独树一帜，在沧海桑田的世事变幻中，源源不断地为后世子孙提供精神盛宴。而后世子孙又与时俱进地为范氏家风补充养分，注入新鲜血液，使其保持了强大旺盛的生命力，在千年后的今天，依然爆发出了宏大的正能量，哺育了无数的华夏后人，撑起了中华民族的脊梁。

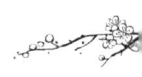

哲人鉴语

欧阳修 / 公少有大志，每以天下为己任。

蔡　襄 / 公薨之后，独无余资。君国以忠，亲友以义，进退安危，不易其志。立身大节，明白如是。

李　贽 / 宋亡，范公不亡也。

张　载

"四六十"的家族密码

宋仁宗景祐二年（1035），张载十五岁，父亲张迪在涪州（今重庆涪陵）任上病故。张载将父亲棺椁移至原籍大梁（今河南开封）安葬的路上，途经郿县（今陕西眉县），但因为战乱，不得不停下了前行的脚步，将父亲安葬于横渠镇南的大振谷迷狐岭上。自此，一代大儒与横渠结下了万世不解之情缘。

宋真宗天禧四年（1020），一个小男孩在长安（今陕西西安）出生了，因为是长子，家人对其寄予厚望。他的名（载）和字（子厚）均取于《周易·坤卦》："地势坤，君子以厚德载物。"希望他能够成长为一名增厚美德、容载万物的君子。

这个小男孩亦不负所望，为后人留下了珍贵的精神遗产。他就是张载（1020—1077），北宋著名哲学家，教育家，思想家，"关学"创始人和领袖，北宋"五子"之一。

提起张载，相信很多人的脑海中首先浮现的是四句话：

> 为天地立心，
> 为生民立命，
> 为往圣继绝学，
> 为万世开太平。

这四句言简意宏、掷地有声的名言，被后儒尊为"横渠四

句"（冯友兰）或"横渠四句教"（马一浮），历代传诵不衰。

张载既是一代大儒，也是一位教育家，不仅单单教育学生，也高度重视对家族子弟人文素质的培养和人品、德行的教育。他制定了"四为""六有""十戒"和《东铭》《西铭》的家规、家训，为家族子弟确立了精神思想的追求方向和立身处世的行为准则。同时，也极大地丰富了我国的家风文化，在中国家风文化史上写下了灿烂的篇章。

范仲淹与张载的"师生"情谊

范仲淹是一位随时随地发现人才、爱护人才、培养人才的士林领袖。"宋仁之世，安定先生起于南，泰山先生起于北"，宋初儒学复兴运动的南北重镇安定先生胡瑗、泰山先生孙复，都曾得到范仲淹的提携和关怀。

北宋时，西部边境经常受到西夏的侵扰。身处边境的张载，少年时就有一个"强军梦"。他不只对兵法有着浓厚兴趣，还和很多年轻人一样，对边境战况格外关注，曾梦想投笔从戎，收复失地，沙场建功。

庆历元年（1041），西夏出兵攻占洮西之地（今甘肃一带），形势危急。北宋朝廷再次起用范仲淹主持陕西防务，这让年轻的张载看到了沙场报国的机会。张载就给主持西北地区军务的范仲淹写了一封信，请求对西夏用兵，并自告奋勇准备联络一些人，攻取被西夏占领的洮西之地，为国立功。张载信中所附的《边议九条》，展现了这位热血青年希望能学以致用、经略边疆的远大抱负和不凡智谋，这让一向乐于奖掖后进的范仲淹惊喜异常。

于是，范仲淹约张载在延州军府见面，对他保卫家乡、收复失地的爱国热情进行了高度赞赏。在深入了解张载的学养与抱负之后，范仲淹却在张载的身上看到了另外一种可能。范仲淹对张载说了一句话："儒者自有名教可乐，何事于兵！"意思是说，你作为儒生，本分是研习儒学，

"四为"

原文：为天地立心，为生民立命，为往圣继绝学，为万世开太平。

译文：要探求天地真知，要为天下百姓谋求幸福，要继承古圣先贤的思想文化精髓，要开创一个万世太平的和谐社会。

濂洛关闽

濂，指濂溪周敦颐。他原居道州营道（今湖南道县）濂溪，故世称濂溪先生，为宋代理学之祖，是程颢、程颐的老师。后人多把周敦颐为首的学派称为"濂溪学派"，其学说称为"濂学"。

洛，指洛阳程颢、程颐。他二人家居洛阳，故世称其学为"洛学"。又因二人常讲学于伊洛之间，也称"伊洛之学"。

关，指关中张载。他家居关中横渠，故世称横渠先生，称其学说为"关学"，以他为首的学派为"横渠学派"。

闽，指讲学福建的朱熹。朱熹曾在福建考亭讲学，故称其学说为"闽学"，以他为首的学派为"考亭派"。又因朱熹别号"晦庵"，也称"晦庵学派"。

后人多用濂洛关闽代指宋代理学的四个主要学派。

重振儒学，不必研究军事博取功名。用大白话说，就是"你读书比领兵打仗会更有出息"。他还勉励张载研读儒家学说中最富于哲学色彩的《中庸》。

与范仲淹的这次会面，深刻地影响了这位青年的人生走向。从此，张载改变了自己的志向，弃武从文，开始学习儒家经典。张载认真学习了《中庸》后，觉得还不够，又读了一些佛家、道家的书籍，仍然不满意，又继续博览群书，研究天文和医学。后又着重研究《周易》，并以此为根据，建立起了自己的一套哲学体系。

他用十七年的时间埋头苦读，直到三十八岁学有大成。从此，在群星荟萃的中国历史上，升起了一颗"关学"的新星。他的学说被人们称为关中理学，也就是关学，与濂、洛、闽并称四大学派。在其后的漫长岁月中，关中地区的文人士子们一直秉承张载的思想和精神，并将其发扬光大。

张载虽从未拜范仲淹为师，但范仲淹在其人生规划、人生道路、人生走向上，都起到了非常重要的作用。可以说，范仲淹是张载的人生导师，为张载指明了前行的方向。这才有了后来开山立派的一代"关学"宗师，才有了"横渠四句"这样光耀千古的名言警句，成就了中华家风文化这顶王冠上最耀眼的一颗珍珠。从这个意义上看，他们的这段短暂的师生情谊，对张载来说，是无比可贵的。

张载非常重视道德教育，不仅将"四为"精神作为家训教育子孙，而且还将其融入日常工作，充分发挥其教化百姓的作用，成效显著。

嘉祐二年（1057），三十八岁的张载考中进士，先后任祁州（今河北安国）司法参军、丹州云岩（今陕西宜川）县令、签书渭州（今甘肃陇西）军事判官公事。

在任云岩县令时，他办事认真，政令严明，处理政事以"敦本善俗"为先，推行德政，重视道德教育，提倡尊老爱幼的社会风尚。每月初一都要召集乡里老人到县衙聚会，并准备酒食款待，席间频频询问民间疾苦，讲述训诫子女的道理和要求。而县衙但凡有新的规定或告示，他每次都会召集乡老，反复叮咛到会的人，让他们转告乡民。因此，他发出的政令或告示，即使是不识字的大人和儿童，也没有不知道内容的。由于张载的宣教之功，关中风俗为之一变。至今，云岩人还保留着张载所定的礼仪习俗。

家国天下的家风传承

位于陕西省宝鸡市眉县城东二十六公里的横渠镇，有一座静谧厚重的院落，隐匿于街巷一隅，这便是大名鼎鼎的张载祠，也是横渠书院所在地。

祠中有一棵高九米多的张载手植柏。它伫立千年，依然焕发着勃勃生机，一如张载的家风，虽沧海桑田，岁月流逝，却依然具有巨大的能量，浸润着世代子孙的灵魂。

站在历史的长河之上，回首去看曾经辉煌一时的家族。你会发现，家风的形成，都沉淀着一代甚至几代人的努力和心血。它总结了无数家族的得失与经验，最终成为独一无二的、适合自己家族的实用法宝，引领家族走向辉煌。

关中地区影响最为深远的家风家训，当属张载提出的"四为""六有"和"十戒"。

"四为"既是张载一生为学的归宿，也可以看作是张载对其思想精髓的顶层设计。"六有"和"十戒"则是施行"四为"的具体方法。从"四为"到"六有""十戒"，

"六有"

原文：言有教，动有法，昼有为，宵有得，息有养，瞬有存。

译文：说话要有教养，行动应有规矩。白天要有所作为，晚上应当静思自己的心得。休息时，必须保养身体并涵养气质。哪怕是瞬息之间，也不能放心外驰，而要懂得收获存养之道。

"十戒"

原文：戒逐淫朋队伍；戒好鲜衣美食；戒驰马试剑斗鸡走狗；戒滥饮狂歌；戒早眠晏起；戒倚父兄势轻动打骂；戒喜行尖戳事；戒近暖婢子；戒气质高傲不循足让；戒多谑言习市语。

译文：戒结拜社会下流人员不务正业；戒喜好吃喝玩乐，穿着艳丽；戒喜好遛狗骑马比剑斗鸡，招摇过市，玩物丧志；戒喜好喝酒，贪恋歌舞；戒睡得早，起得晚，不勤奋；戒倚仗宗族、兄弟势力欺负人；戒不守法律规矩，带头闹事；戒亲近女仆，关系不当；戒心冷气高，不懂礼仪，不尊重他人，不懂得谦让；戒说虚伪不实的话，讲粗俗的污言秽语。

再到后来的《东铭》《西铭》，皆涵盖了宇宙观、本体观、道德观、历史观、价值观、世界观，体现了家国情怀。这份情怀，哺育了许许多多的仁人志士，激励他们以天下为己任，置生死于度外，挽家国于既倒，救生民于危难。

张载提出"四为""六有""十戒"，和他的家庭背景有很大关系。张载的祖父、父亲都是进士，这在当时社会是很了不起的。在张载十岁时，父亲就请老师为他讲课，使他从小就徜徉在中国传统文化的海洋之中。

张载生活的那个时代，礼乐崩坏，民风民俗处于"上无学，下无礼"的乱象之中。张载知道，要根治这一顽疾，首先要从教育家庭成员做起。于是，他革新性地提出了"四为"家训。它不是一般意义上的家训，而是从更高层次上确立的人生价值取向，凝聚着张载对家庭、对社会、对国家命运的深切关怀和责任担当。其气魄之宏大，内涵之丰富，可谓前无古人，后无来者。

家训有了，怎样落实呢？

张载强调，以"六有"的实践方式，达到"四为"的目标。"六有"即说话要有分寸，行动要有法度，白天要积极作为，晚上要有收获，休息时要保持涵养，一时一刻都不能放松。

只要做到"六有"就可以了吗？还不够。张载又提出了"十戒"。这十条戒规反映了张载及其家族的一种文化理念，为张氏后裔为人处世立下了规矩。

在"六有""十戒"的基础上，张载还提出了更高的道德规范要求，特别是撰写了《东铭》与《西铭》训词，书于横渠书院大门两侧。这是其家族弟子与学生必须烂熟于心的座右铭。

东铭

原文：戏言出于思也，戏动作于谋也。发乎声，见乎四支，谓非己心，不明也。欲人无己疑，不能也。过言非心也，过动非诚也。失于声，缪迷其四体，谓己当然，自诬也。欲他人己从，诬人也。或者以出于心者，归咎为己戏。失于思者，自诬为己诚。不知戒其出汝者，归咎其不出汝者。长傲且遂非，不知熟甚焉！

译文：戏弄、嘲笑别人的言语来自不正确的思想，戏弄人的行动是由错误的思想引起的。思想支配着人们的言语和行动。既然已经说了错话，而且表现在行动上，众人都听见了，看见了，却硬说不是出于自己本心，这是极不明智的行为。如果还想掩饰自己的错误，想叫别人不怀疑自己有越轨的言行，这是不可能的。有的人无意中说出了错误的话，无意中干出了错误的事，不想承认，而且错误缠身，陷入迷途而不能自拔，到了这种地步，还不醒悟，不知悔改，却反而为自己的错误辩解，这是自己欺骗自己，想叫别人也随声附和，原谅自己，这是欺骗别人。也有的人很不诚实，把明明是自己有意识说的错话，做的错事，却硬说是无意说的，无意做的。自己错了不严责自己，不诚心悔改，反而千方百计进行掩饰，助长自己的骄傲情绪，以致一错再错，造成无法弥补的后果。这种人是何等糊涂，何等不明智啊！

熙宁九年（1076），张载五十七岁，终于在这一年的秋天，写成了《正蒙》一书。这是他多年苦读思考、潜心研究的结果，是一部重要的哲学著作，是他的代表作，也是中国古典唯物论的一本重要典籍，在中国哲学史上产生了较大的影响。他的哲学思想的精华，就渗透在这部杰作里。

《正蒙》共九卷十七篇，其中有《乾称篇》，有人曾把其中的两段话书于"横渠书院"的东西两扇门上，左边题为"砭愚"，右边题为"订顽"。程伊川先生以为易起事端，将"砭愚"改称为"东铭"，将"订顽"改称为"西铭"，以表达昭示天下学子深刻铭记的含意。

《东铭》强调做人要诚实，既不要欺骗别人，也不要自欺欺人；《西铭》强调要有博大的胸怀，孝顺长辈，慈爱孤弱，救济天下困苦百姓。张载的这些思想体现了他立心立命、惟德惟规的精神气象，也使当时的"关中风俗为之一变"。

尤其是《西铭》，描绘了一幅仁慈博爱的场景。其基本思想是天地、家国、圣贤、老幼、病残、孤寡共为一家，仁孝为准绳，彼此相友爱，交信和睦，体用不二。作为儒学的经典文献之一，张载的《西铭》虽然极为简短，却为人们安身立命之道的确立，构筑了一个共有的精神家园，而且为社会理想蓝图的构建，提供了一个宏阔的境界。直到今天，这篇铭文所描述的价值理想、所展现的人生追求，仍然有着积极而丰富的意义。

张载的家规家训，体现了张载一生的思想精华，既有思想境界很高的"四为"，也有规范具体言行的"六有""十戒"，还有训导学生的《东铭》《西铭》。这些都为张氏后裔确立了精神思想的追求方向和立身处世的行为准则，后传遍关中平原，三秦大地。

至今，张载的家规、家训并未因世事流转而剥落褪色，依然闪耀着荧荧之光，泽被后世。

正如杜甫在《春夜喜雨》中所描绘的：

好雨知时节，当春乃发生。
随风潜入夜，润物细无声。

家风正是那随风潜入夜的春雨，在不知不觉中涵养着家中的子弟族人，在其稚嫩的心中种下一粒粒种子，有待一日，自会长成参天大树，抵御外界的邪气歪风、污水浊流，自余一片净土。

原文：尊高年，所以长其长；慈孤弱，所以幼其幼；圣，其合德；贤，其秀也。凡天下疲癃、残疾、惸独、鳏寡，皆吾兄弟之颠连而无告者也。
——摘自张载《西铭》
译文：人们都应该尊敬年老的人，要像尊敬自己的老人一样去尊敬一切老人；要爱护所有孤独弱小的儿童，就像爱护自己的儿女一样。被尊称为"圣人"的人，是最有德行的模范人物；被誉为"贤人"的人，是优异秀出之辈。凡是年老体衰和身有残疾的人、孤苦伶仃和无依无靠的人，都是我们的同胞兄弟姊妹，他们受苦受难，颠沛流离而无处申诉。

我的老师是"关学"开山祖师

五十一岁时，张载辞官回到横渠，隐居在大振谷，生活全靠数百亩田地支撑，过着粗茶淡饭、布衣麻鞋的俭朴生活。

他整日博览群书，讲授理学，著书立说。当时，弟子云集，门庭若市。

俗话说，好记性不如烂笔头。"俯而读，仰而思，有得则识之。或中夜起坐，取烛以书。"他有时夜里想到一个问题，立即起床点烛，用笔记录下来。有时静坐一夜，只是为了思考一个问题。

他夜以继日地研究学问，教育学生，从来没有懈怠过。他在绿野书院（今陕西武功）、横渠书院（今陕西眉县），凤翔城内和扶风贤山寺等处，终日危坐一室，与诸生讲学，教给他们变化气质之道。其学以易为宗，以《中庸》为"的"，以礼为"体"，以孔孟为"极"。

因勤奋研读，他造诣日趋深厚。在此期间，他写下了大量著作，对自己一生的学术成就进行了总结，并带领学生进行恢复古礼和井田制的两项实践。横渠镇崖下村、扶风午井镇等地方仍保留着遗迹。至今这一带还流传着"横渠八水验井田"的故事，长安子午镇也是因关学开创的"子午田"模式而名垂乡间。关学已深深地影响着生活在这方水土的百姓。

张载一生中的大部分时间和精力，除了著书立说，余下的皆用于教书育人。张载十分重视蒙养教育，认为要适时施教，越早越好。他主张，从"洒扫应对"等基础功夫教起，养成儿童"好恶有常"的品性和"精思成诵"的学习习惯，再将其家风贯穿于培养品行和习惯养成的始终。

他始终坚持以德育人，重在培养志向。其在《正蒙》和《经学理窟》这两本书中，主张求知为学，为人做官，都必须"立其志""正其志"，认为"人若志趣不远，心不在焉，虽学无成"。

作为一名优秀的老师，他在继承发挥孔子教育思想的基础上，通过对教学实践的总结和提炼，在教学原则和教育规律方面，形成了独到的见解。在教学过程中，以循循善诱的方式，启发学生，提升学习兴趣。同时，根据学生的不同情况，进行不同的教导，以满足各类学生的不同需求，从而实现教学目标。

在张载的课堂上，教育学生做一个对天下、对人民有用的人，一直是他努力的方向。所以，张载特别强调"学贵有用""经世致用""笃行践履"，反对空知不行，学而不用，形成了关学"知行合一"的优良学风。

学贵有用，道济天下。这就是教育的最终目的，也是学习的终极目标，亦是张氏家风彰显于子弟学生躬行实践中的具体表现。

什么是"有用"？"道"又是什么？"四为"家训恰恰暗合了这一目标，践行"四为"就是"有用"，"四为"就是"道"。

从养正于蒙，到以德育人，从立其志进而正其志，再到学贵有用，道济天下，张载构建了一个以"四为"家训立志而始，又以"四为"家训济天下而终的教育闭环。在其无限循环中，培养了一批又一批、一代又一代对人民、对社会、对国家、对天下有用的人。

在张载的影响下，在重实际、讲经世的教育理念下，在"四为"家训的教化中，明清时涌现出了大批以"昌明关学"为己任的陕籍学者，如吕泾野①、冯从吾②、李二曲③、刘古愚④等。在他们的共同努力下，关学后继有人，关中英才辈出。

相信，当年的那些学子们一定会骄傲地说："我的老师是'关学'开山祖师——张载。"

> **艰难困苦玉汝于成**
>
> 张载辞官后，就在家读书治学。他只有一些田地，收入仅够维持生计。但是，他怡然自得，一心治学。有许多青年慕名前来拜师求学，有的学生家境贫寒，交不起学费，张载就会补贴他们茶饭，和他们同甘共苦。张载在一篇文章中说："贫贱忧戚，庸玉汝于成也。"

张载与《吕氏乡约》

熙宁九年（1076），吕大忠、吕大钧、吕大临、吕大防四兄弟，制订并实施了我国历史上最早的成文乡规民约——《吕氏乡约》。

《吕氏乡约》，是中国历史上第一次由乡贤组织地方民众，主持和起草的乡民公约法则。它被后世尊为中国乡约之祖，影响极大。其后，很多朝代都出现了许多仿照《吕氏乡约》编写的乡规民约，甚至一度还被传到朝鲜、日本等国。

政治学家萧公权给予了极高评价："《吕氏乡约》于君政官治之外，别立乡人自治之团体，尤为空前之创制。"

在这四兄弟中，除了大哥吕大忠之外，其他三兄弟都从学于张载，在理学史上

---

① 吕泾野（1479—1542）：即吕柟（nán），字仲木，号泾野，陕西高陵人。明代学者、教育家。

② 冯从吾（1556—1627）：字仲好，号少墟，西安府长安（今陕西西安）人。著名思想家、教育家，明代学者。创办关中书院，人称"关西夫子"。

③ 李二曲（1627—1705）：即李颙（yóng），字中孚，号二曲，陕西盩厔（今陕西周至）人。明清之际思想家、哲学家。与富平李因笃、眉县李柏合称"三李"。

④ 刘古愚（1843—1903）：即刘光蕡（bì），字焕唐，号古愚，陕西咸阳人。清末著名思想家、教育家，陕西维新派领袖，与康有为并称"南康北刘"。

相当有名。负责起草《吕氏乡约》的吕大钧与张载，不仅是同年进士，而且，在遇见张载之后，为其学问所折服，毅然放下身份，跟随张载学习，一生深受张载影响。即所谓："一言而契，往执弟子礼问焉。"

吕大钧等在张载的指导下发起实施的《吕氏乡约》，将张载的哲学思想和家规家训在关中大地上一一施行，于当地的民风、社风助益良多，在今天依然发挥着作用。

家风的魅力和作用，不仅在于其内涵，更为重要的是传承。

什么是传承？

传承就是传授和继承。继承，不是照着讲，而是接着讲。

可以说，《吕氏乡约》的制定和实施，就是对张载家风最好的传承。它不仅对关中民俗文化的发展变化和传统家规家风的形成产生了深远影响，而且也是对张载的一种当世告慰。

苏轼说："博观而约取，厚积而薄发。"

真正有学识的人，是积累了知识精粹的人。古今学界有识之士，都很注重"博观约取"，观而有选，取而有择，有的放矢，唯真是取。

而张载正是这样的人，他将自己一生的关学思想的文化精髓进行精炼，融入家规家训，化为家风，为关中地区百姓的生产生活提供了范式，尤其是在形成良好的社会风气和优秀民俗的发展上居功至伟。也正因如此，才能传承千年而不朽，泽被后世而永存。

哲人鉴语

吕公著 / 张载学有本原，四方之学者皆宗之，可以召对访问。

程 颐 / 《西铭》明理一而分殊，扩前圣所未发，与孟子性善养气之论同功，自孟子后盖未之见。

王 恕

"国朝"第一正人

陕西三原,因境内有孟侯原、丰原、白鹿原而得名。秦汉以来,三原曾长期为古京畿之地,又有郑国渠、汉白渠之便,故民殷物阜,被誉为"衣食京师,亿万之口",素有"关中白菜心"之称。

三原史称"甲邑",古代称"池阳",自北魏太平真君七年(446)置县,已有一千五百多年的历史,文化积淀深厚,名人辈出。唐卫国公李靖,明吏部尚书王恕、工部尚书温纯,清代"天下第一长联"的作者孙髯,近代书法大师于右任,当代书法名家刘自椟、谢德萍等,都出自三原。

王恕(1416—1508),字宗贯,历仕英宗、代宗、宪宗、孝宗、武宗五朝。与马文升、刘大夏合称"弘治三君子",辅佐孝宗朱祐樘实现"弘治中兴"。

他从七品芝麻官做起,一步一个脚印,勤恳干事,踏实做人,一直做到了掌管天下官员帽子、被誉为"百官之首"的吏部尚书一职,靠的正是他的勤政爱民,正直敢言,为国举才,清白廉洁。

刚正清严的王天官[1]

明英宗正统十三年(1448),三十八岁的王恕考中了进士,

———————
[1] 天官:吏部尚书的代称,中国古代官名,吏部的最高长官,掌管全国官吏的任免、考课、升降、调动、封勋等事务,为六部尚书之首。通常称为天官、冢宰、太宰。

被选为庶吉士①。从此,开启了仕途生涯,直言敢谏、清正廉洁、刚正不阿写就了他的一生。

成为庶吉士,意味着王恕以后可能会青云直上,出阁入相。然而,他却更愿意去做一些实实在在的事情。

> **储相**
>
> 　　明代的翰林院为国家储才之地。英宗后有个不成文的惯例"非进士不入翰林,非翰林不入内阁"。故此,庶吉士号称"储相"。能成为庶吉士的都有机会平步青云。
> 　　清雍正以后,选官更为严格,由皇帝主持之朝考决定。庶吉士一般为期三年。其间,由翰林院内经验丰富者为教习,传授各种知识。三年后,在下次会试前进行考核,称为"散馆";成绩优异者留任翰林,授编修或检讨,正式成为翰林,称为"留馆"。其余则被派往六部任主事或御史,亦有派到地方任职的。

景泰五年(1454),一个可以让王恕一展才华的机会来了——王恕被调任扬州知府。地方上繁杂的行政事务,对于"博极经济"的王恕来说,正如潜龙入海,鹰击苍穹。

那一年,扬州发生了水灾,农田颗粒无收,开始闹饥荒。时任扬州知府的王恕在灾情开始的第一时间就上奏朝廷,请求发粮救济。在古代,没有得到朝廷批准,私自开官仓放粮是违法的,要被追究责任。

正常程序一般是,先将情况上报朝廷,朝廷进行核准,然后批准,最后下旨。因为其间有很多环节,而且古代通信、交通又不发达,来回就要花费很多时间,会耽搁救灾时机。面对奄奄一息的百姓,王恕想:"如果按照正常程序,就要等朝廷的旨意,但饿着肚子的百姓等不了,到时候还不知道要死多少人。"那些饿殍遍地的情景一幕幕在眼前闪过,王恕遂不顾个人利益得失,甚至顾不上考虑身家性命,他做出了一个"违规"的决定——不等朝廷回复,就私自先行开仓放粮救济百姓。

天顺四年(1460),朝廷对外官进行考核,王恕的考核成绩位列第一,被破格提拔为江西右布政使,后转任河南左布政使。在他离开扬州时,当地百姓挽留不得,

---

① 庶吉士:亦称庶常,是明、清两朝时翰林院内的短期职位。一般在通过科举考试中进士的人当中选择有潜质者担任,为皇帝近臣,负责起草诏书,为皇帝讲解经籍等,是明内阁辅臣的一个重要来源。

依依不舍。王恕虽然离开了扬州,但是,在扬州百姓的心中永远都有他的位置。

原本以为离开了扬州,就可能不再有踏上这片土地的机会。然而,世事变迁,任何人都无法预知未来。

成化七年(1471),王恕奉旨治理河道,再度回到了扬州,回到了这片让他深深牵挂着的土地。能够为生活在这片土地上的百姓再次做一些实事,办一些好事,让他们能够生活得更好一些,这就是王恕此次回归的目的。

王恕与扬州的地方官一起,组织民工在高邮湖、邵伯湖、宝应湖、白马湖的老堤东岸,又重新加筑了一道堤岸,修复了淮安以南运河堤岸所有损毁的部分,重点疏浚了里运河这一段的湖泊。同时,还修建了雷公上下塘、句城塘、陈公塘的水闸。这种种措施逐一落实,使得这条运河在后来的二十多年里都没有发生过大的水灾,让境内百姓过上了安稳的生活。

成化元年(1465),陕西、河南、湖广三省交界的荆襄山区流民聚众造反。王恕被提拔为右副都御史,领命前往一线治乱。王恕在详细了解事件发生的过程之后,精心谋划,采取了安抚治理的策略。他张榜告之流民,让他们清楚朝廷的平叛政策,并解决了流民的生计问题。王恕在平叛过程中,严令禁止滥杀无辜,命令所有官兵"擅杀一人即抵死"。这些策略的实施,极大地缓解了官民的对立情绪,以刘通(绰号"刘千斤")和石龙(绰号"石和尚")为首的叛乱先后平息。通过这些政策的逐一落实,那些安居下来的流民有感于王恕的恩德,为王恕立生祠供奉,家家户户都悬挂他的画像。

面对普通百姓,王恕尽其所能为他们着想;面对重臣权贵,他却待之以不同态度,如果损害了国家利益或是贪赃枉法,那么,不论是皇帝本人,还是名人权臣,或是皇亲贵戚,王恕都敢于直言上谏,更敢在"太岁头上动土"。

成化年间,云南镇守太监钱能权霸一方,贪得无厌。朝廷便商议派遣一名有威望的大臣当巡抚镇守云南,以压制钱能,商议的结果就是让王恕前往。

王恕到云南后,没有下人服侍,每天只有一斤猪肉,两块乳豆,一把蔬菜,衣服从不穿纱罗做的。相信没有人会想到,一个堂堂正二品的右都御史竟会将日子过得如此清贫。这样还不够,王恕又特地贴出告示表明"洁己奉公,岂肯纵人坏事"的心迹。同时,做了大量的详细调查,掌握了钱能勾结郭景的罪证。

当初,钱能派手下郭景到京城奏事,说安南捕盗兵擅自进入云南边境。宪宗立即命令郭景送去诏书,以示告诫。于是,郭景从云南前往安南。钱能托郭景给安南

王黎灏送去了玉带、宝绦、蟒衣和许多的珍奇物品，不一而足。黎灏派兵护送郭景回来，随即便要开辟从安南到云南的通道。郭景怕留后患不敢私自答应，便假称先行以告诉守关者。脱身后，郭景扬言安南寇来了，让关卡戒严。后黔国公沐琮派人告之安南兵将，安南军才返回。其他大臣都惧怕钱能，将这些事情隐瞒下了，不敢上报朝廷。钱能又多次派郭景、卢安、苏本等人与土司干崖、孟密等相互勾结，收了他们无数的金子和宝贝。

当时，朝廷有出使安南的相关规章制度，要求所有官员出使安南时，必须从广西出行。然而，郭景并没有按规定的路线走，而是从云南前往安南。

王恕到云南后，查访到这些情况，便派骑兵去抓郭景，不料郭景畏罪自杀。王恕遂直接弹劾钱能。宪宗看到王恕的奏折后，派刑部郎中潘蕃处理这件事。

此时，钱能又以驿车向皇上进献了黄鹦鹉。

此事被王恕知道后，他随即呼吁要禁绝行贿，并将钱能贪婪残暴的罪行公之于众。王恕对皇帝说："以前交趾由于镇守官员任用不当，致使一方陷没，现在这件事的危害性就更厉害了。陛下怎能为顾惜一个钱能，而不以安定边境为重。"

钱能知道消息后十分恐惧，急托皇帝宠幸之人向宪宗吹风，让其把王恕召回。于是，皇帝改任王恕掌管南京都察院，协助守备处理机要事务，而对钱能收贿的事搁置不问。

到南京几个月，王恕升为兵部尚书，依然要协助守备处理机要事务。他选拔下属时严令禁止熟人说情，与他共事的人都不高兴。

钱能回朝后，不停地在宪宗面前说王恕坏话。宪宗对王恕经常性的直言相劝，不顾皇帝脸面的行为心生不满，便让王恕兼右副都御史巡抚南畿。

太监汪直任西厂提督后，其权势更胜从前。当时的御史徐镛曾对明宪宗朱见深说："今天下之人，只知有西厂而不知有朝廷，只知畏汪直而不畏陛下。"由于汪直大权在握，那些内阁大臣们都要看他脸色行事，以至于被人们戏称为"纸糊三阁老"（内阁首辅万安、大学士刘珝、大学士刘吉）。

明朝官场十分混乱，尤其是在宪宗时期，官吏不是贪赃枉法，就是软弱无能。当时的官场上流传着两句歌谣："纸糊三阁老，泥塑六尚书。"这样的一种风气一直在明朝的官场上蔓延。面对这种不良风气，王恕为人刚正清严，不为所惑，依然保持其敢说敢做的特性，不论对方的官位有多大，只要做得不对，他都敢硬碰硬，动真格。因此，时人赞其为"国朝第一正人"。

尽管王恕正直清严的名声在外，但还是有人要往他手里撞。

宦官王敬携同千户王臣在南行中收罗药物、珍玩，所到之处民怨沸腾。这些事情被王恕知道了，就上疏弹劾，并将王敬等人的罪状逐条列出。王敬反过来诬奏王恕，其中还牵涉常州知府孙仁。只是因为孙仁为人正直严厉，得罪了王敬。王敬便一直记恨于心，将其一起诬告。王恕直言上书救孙仁，并三次上疏弹劾王敬。后王敬在街市被杀头示众，并罚其党徒十九人戍边，百姓拍手称快。

鉴于吏部是跑官要官者走后门者的主攻对象，王恕在任吏部尚书时，为了让那些走后门的人知难而退，就在门口贴了一副楹联：

> 仕于朝者，以馈遗及门为耻；
> 仕于外者，以苞苴入都为羞。

只有真正走得正行得端的人，才敢以"宣言"的方式向对手亮剑。

弘治元年（1488），言官弹劾两广总督宋旻、漕运总督丘霦等三十七人。这些人中有很多素有名望的官员，按例该给予他们降职或是免职的处分。刘吉领旨处置此事，奏章没有下到吏部，就直接予以批准。吏部是任免官员的部门，刘吉直接越过吏部，就把这些官员处置了。王恕是吏部的主官，因为他的职权不能有效行使，上奏请求离去，孝宗没有批准。

当时，言官都在对皇帝说，王恕又辛苦年龄又大，已经不适合担任这么繁重的职务，应该将其安置在内阁，参与一些大政要事就可以了。

孝宗却说："朕采用蹇义、王直先例，任王恕在吏部为官，王恕有建议，未曾不听，何必入阁呢？"

王恕感激孝宗对他的器重，更加全身心投入工作，认真处理国事。

刘吉因为这件事情，对王恕怀恨在心。有一次，刘吉陷害寿州知州刘概和言官周纮、张敷、汤鼐、姜绾等人。王恕直言上疏，极力相救，刘吉因此更加恨他，就伙同魏璋等人一起排挤王恕。王恕先后举荐罗明、熊怀、强珍、陈寿、丘霦、白思明等人，刘吉都暗示魏璋阻挠。王恕知道其志不能实行，接连上奏要求离去。孝宗总是安慰挽留他，并且因他年老特别批准免去午朝，遇到大风雪的天气，早朝

也免了。

王恕弹劾权贵宠臣，从不避讳，毫无畏惧。巡抚云南时，敢于弹劾镇守太监钱能；任职南京时，反对给皇帝贡献珍奇；执掌吏部时，力主限制皇权，健全监察制度和政治制度。

他为官四十多年，刚正清廉，始终如一。他尊重那些在野未仕的贤人，所引荐的耿裕、彭韶、何乔新、周经、李敏、张悦、倪岳、刘大夏、戴珊、章懋等，都成了当时的名臣。孝宗在位近二十年的时间里，朝廷有许多作风正派、品行正直的官员，各司其职，各尽其能，打造出了"弘治中兴"的局面，这里面绝不会缺少王恕的一份功劳。

在工作中，王恕不徇私情，恪尽职守，廉洁奉公；在生活中，他公私分明，清正自律，慎独慎微。

王恕不允许家人因为他自己当官而去享受特权。

有一次，王恕的儿子王承裕从三原老家去京城看望父亲，王恕没有给沿途的驿站打招呼，也没有给下属官员打招呼，让儿子自己骑了一头骡子踏上了赴京的行程。一个六部之首的儿子却能如普通百姓一样骑骡远行，并没有因为父亲身居高位而享受特权，于此就可看出王恕清正家风的影响。

王恕的女儿嫁给了宋监生，他女儿在出嫁时"只乘市井所雇两人小轿"，和百姓嫁女一样，并未大操大办，借机收受礼金。王恕的女儿曾经托人带了二两银子去云南买宝石，特地叮嘱"切勿使公知之"，足见王恕对家人管束之严。

有良好的家风，必有贤能的子女。王恕辞世时，留有"五子、十三孙"，"多贤且显"。特别是他的那个骑骡进京的儿子王承裕，后来当了户部尚书，嘉靖皇帝亲笔书写"清平正直"予以褒奖。

王恕在儿子王承裕外出当官时，唯恐儿子经受不住金钱的诱惑，而成为官场中的硕鼠。于是，王恕就学诸葛亮唱了一出"空城计"。

他对儿子说："你不必担心家里没有钱财。其实，我一直都有存钱，你不能因为钱财而去做贪官。"说完，他把儿子领到屋后的院子里，指着一处地窖说："这是藏金子的地方，有一窖金子。"又指着另一处说："这是藏银子的地方，有一窖银子。"

在王恕去世后，家里因为无钱安葬，王承裕就在父亲原先指出的地方挖掘，结果这两处地方都是空的，什么都没有。看到空空荡荡的地窖，王承裕终于明白了父亲的良苦用心，自此一生，始终秉持清廉的家风，像父亲一样为官清正。

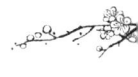

空空如也的地窖对于王承裕,甚至对于王家的后人来说,可谓"无宝胜有宝""无宝才是宝"。

家风正,家门就正,然后才能人才辈出,绵延兴旺。

明朝"魏徵"受封诰命

铜川市档案馆收藏有一帧明代成化年间的"奉天诰命"长卷。它长4.517米、宽0.316米,是宪宗皇帝颁给当时的都察院左副都御史王恕及其两位亡妻的表彰文书。

文书对王恕的评价很高,说他"发身贤科,擢官法寺,历年滋久,详刑唯明,遂迁长于大郡,亦屡更于藩服,益者能声,爰升今职",特将他提拔为通议大夫,希望他能够"确冰檗之持,慎风纪之守,美誉不渝,显庸无替"。

王恕终不负"皇恩",以皇帝对其期许为目标,终成明朝的"魏徵"。

卢沟桥修成,宦官李兴认为,这个工程做得好,应该奖励提拔文思院副使潘俊等相应一众官员。

这件事被王恕知道后,就对皇帝说:"营造是日常工作,也是他们的本职,是应该完成的任务,怎能记功?成化末年才有此事,陛下初政时所幸已革除裁汰,为什么又实行?况且修建皇陵的大工程也没听说升职,其他人以此例也求升职,争相效仿怎么办呢?"孝宗采纳了王恕的意见。

后来,修京城河上的桥,李兴请求授给相关几人官职。孝宗批准了,还答应赐五人帽子和腰带。王恕上疏劝谏,孝宗不听。于是,王恕第二次又上疏,说:"臣主管考察任免官员,理当尽言。而再次上疏不能改变陛下的视听,陛下认为已批准的不能改变,那也要事情恰当;如果不恰当,就是改变十次又有何害?否则流弊就不可挽救。"孝宗看后,说他知道了。

当外戚寿宁伯张峦要求赐勋号、诰敕的时候,王恕说:"钱、王两太后在宫中为皇后数十年,钱承宗、王源才求得爵位。现在皇后才立三年,张峦已经封伯爵,陡然有这个请求,对陛下圣德有影响,不能允准。"

后来,通政经历高禄因是张峦的妹夫,被越级提拔为参议。王恕说:"天下的官位是留给天下有才学之士的,不能徇私情封贵戚,造成不良影响。"

他身处官场四十余年,经历了五任皇帝。宪宗见到王恕的奏疏就不高兴,但王恕刚正不阿,遇事总是直言不讳。成化年间,先后应诏陈述政事数十次。每次论事评定不讲丝毫避讳,以致常常惹得皇帝龙颜大怒。

> **泥塑六尚书**
>
> 明成化年间，宪宗不理朝政。六部尚书每日也是坐在衙门里喝茶聊天，啥事也不干，就是混日子。所以，当时人们说六部尚书（吏部尹旻、户部殷谦、礼部周洪谟、兵部张鹏、刑部张蓥以及工部刘昭）是"泥塑六尚书"。

因其直言敢谏，极力阻止权贵宠臣"胡作非为"，天下人都倾心敬仰他。每当政事遇到不合理的情况，遇到朝廷不应该办的事情，满朝文武皆不敢言，大家便希望能听到王恕上奏。而往往在这时，王恕的奏折便到了。当时便流传有一句歌谣："两京十二部[1]，唯有一王恕。"因此，权贵宠臣十分憎恨他，宪宗也对他颇感厌烦。

由于王恕的直言敢谏和不讲情面，他在官场中显得不合群。这样的一种与众不同，这样的一种独树一帜，这样的一种独领风骚，虽然是对那些尸位素餐的朝臣们的巨大讽刺，但产生的后果却是"贵近皆侧目，帝亦颇厌苦之"。

可是，王恕却并不在乎。因为，王恕从一开始当官，就不是为了升官发财，为的只是实现个人的人生理想和政治抱负。正是这样一种信念的坚守，让其在贪官污吏横行的明朝官场中，始终保持清白本色，不被乌墨所染。

"组织部长"选人用人的独到眼光

孝宗即位后，王恕依然保持着直言敢谏的特质，因此，不招皇帝喜欢，受到了冷遇。后在同僚的举荐下，成了吏部尚书。

明初的行政制度沿袭元朝，中书总揽政事，都督掌军旅，御史管纠察。后朱元璋废除了中书省和宰相，开始由皇帝直接统领六部。

吏部是管理文职官员的机关，相当于现在的组织部、人事局。相较于其他五部，吏部因其掌有选官提拔之权力，而显得尤为特殊和重要。

在具体的政务工作中，除重大事务需要报皇帝批准以外，六部的日常工作完全可以自行处理。

《大学衍义补》[2]中记载："今制，四品以上及在京堂上五品官、在外方面官，皆具职名，取自上裁；五品以下及在外四品、非方面者，则先定其职任，然后奏闻。"

---

[1] 两京十二部：北京、南京的六部。

[2]《大学衍义补》：明代丘浚（丘一作邱，浚一作濬）所著，是阐发《大学》经义，论述"治国平天下之道"的儒学著作。正文一百六十卷，分《正朝廷》《正百官》《固邦本》《制国用》《明礼乐》《秩祭祀》《崇教化》《备规制》《慎刑宪》《严武备》《驭夷狄》《成功化》十二章。

传奉官

天顺八年（1464）二月，即位不到一月的朱见深下了一道诏令，授予一位名叫姚旺的人为文思院副使。这便是第一个"传奉官"。

"传奉官"是当时人们称呼那些不经吏部，不经选拔、廷推和部议等选官过程，由皇帝直接任命的官员。这类官员的出现违反了正常的提拔程序，只是为了满足皇帝或者后宫某个妃嫔或宦官的愿望而出现的。

也就是说，在官员的选拔上，吏部还是有一部分的决定权和话语权的。但有一种官员是跳过吏部由皇帝直接任命的，就是所谓的传奉官。还有一种未经吏部批准，就被皇帝裁撤的官员，对于他们来说，还有被再次任用的机会。但如果是吏部考察后被裁撤，就会永不再用，也就是说，永远都没有再迈入官场的机会了。

吏部的权力和重要性、特殊性如此显明。作为"六部之长"的王恕亦在思考：怎样用好人才，让其"人尽其才，各展所长"？

科举制度中有一个规定，士子考中进士后，就可以下派到地方担任行政职务上的"一把手"。规定毕竟是规定，而现实的情形却是，那些考中进士的人，大多是"一心只读圣贤书，两耳不闻窗外事"那种身处书斋、一路刻苦攻读挤过科举独木桥的学子。这样的人没有多少社会阅历，体会不到民生疾苦，也不懂处理实务。让这样的人直接去当官，有的也许就锻炼出来了，而更多的却会挑不起担子。王恕看到了这一点，就决定改变这个规定。

弘治三年（1490），山东有一个二十二岁的学子石存礼考中了进士。按照甲第次序，按照以往的旧制，石存礼会被授予知县。王恕亲笔写了一封奏疏上秉皇帝，说现在石存礼只有二十二岁，气质清秀，体形瘦弱。倘若任命他为知县，让其治理百里之地，管理一众久经官场的手下，督率众职，分理庶务，再加上送往迎来，承上接下，这些方方面面的工作都要他主持，估计他不堪胜任。然后又说："臣等窃唯知县百责所萃，生民休戚系焉。……非年少力弱者所能胜任。"王恕又为石存礼量身选定了一个职位，既能发挥其所长，又可以锻炼其工作能力，建议皇帝："看得行人司行人，亦系三甲进士该除之官，其职简而不劳，故将石存礼仍送该衙门办事，候有行人员缺除授。使本官读书进学，日省月修，待其老成，然后授以任事之职。"

王恕之所以不同意将一个刚跨进社会大门还没有任何生活、工作历练的年轻人放到地方上担任一把手，其根本原因是出于对人才的爱惜、负责和保护，因为在基层一线工作需要有丰富的实践经验。在年轻时多锻炼，成熟后才能做出成绩，这就是王恕的"用人观"。

对于那些栋梁之材，该得到提拔重用的，王恕就尽其所能力荐保举。弘治初年，陕西缺一名巡抚，王恕便推荐了河南布政使萧祯。孝宗不同意，让另外选个人。

王恕坚持认为，萧祯就是最合适的人选，又一次上奏："陛下你都不因为我不成器而让我在吏部任职。如果我举荐的人不能发挥作用，是我的罪过。陛下怎么能知道萧祯不合适而不任命？想必是陛下身边近臣已有内定人选。我不能因为要保住自己的荣华富贵而做违心的事。而且陛下既然认定萧祯不可任用，那就是说，我也不值得留用，还是让我回乡保全这把老骨头吧。"就这样，在王恕的据理力争中，萧祯终被任用。

王恕执掌吏部的七年里，发现、推荐、提拔了大批优秀人才，耿裕、彭韶、何乔新、周经、李敏、张悦、倪岳、刘大夏、戴珊、章懋等皆为一时名臣。王恕之所以能一手建立起人才专家库，在人才的铨选上结下累累硕果，其原因就是不含私心，更无机心，始终持有一颗敞亮的公心，在污浊横流的官场自成一股清流，不断地冲洗官场中的污垢，似流水般开启自净能力，还官场一片清白。

创办三原学派，教化学风民风

王恕晚年回到家乡，致力于理学研究，成为"三原学派"的创始人。

"三原学派"又称"关学别派"，是以明朝王恕为代表的学派。因王恕及其门人多为陕西三原一带人，故称为"三原学派"。王承裕、马理、杨爵等都是其门人。王承裕，为王恕之子，受家学，曾讲学于宏道书院。

学派非常重视气节和风骨，冠婚丧祭必率礼而行，对三原世风民俗影响巨大。三原学派之人亦多以气节著称。杨爵在御史任上，上书言五事，反贪暴，反不恤民。因此，遭五年牢狱而不悔，并说："见得义理，必直前为之，不为利害所休，不为流俗所惑。"

乾隆、嘉庆以后，三原学派涌现出了几位很有影响的大师，代表人物有毛汉诗、毛班香父子和贺瑞麟、朱佛光。

贺瑞麟（1824—1893），原名贺均，字角生，号复斋，又号清麓山人，清末西安府三原（今陕西三原）人。自幼好学，七岁时的一天，父亲考校他，出"半耕半读",贺瑞麟即对"全受全归"。大家都觉得,这个孩子很有灵性。他十八岁中秀才,后至同州府朝邑县(今陕西大荔)师从关学大儒桐阁先生李元春。

同治初年返回三原,在南李村开设"有怀草堂",教授学生。同治七年(1868),应三原知县余庚阳之邀,至县城于学古书院主讲。手定《学要》六则:一曰审途,一曰立志,一曰居敬,一曰穷理,一曰反身,一曰明统。其间,还扩建了藏书阁。同治九年(1870),贺瑞麟购泾阳县鲁桥镇(今属陕西三原)北门外清凉山坡地,以土窑为房,创建"清麓精舍",授徒讲学。同治十三年(1874),陕西学政仰慕其人,上疏荐举,因其潜心程朱理学,绝意仕进,诏给"国子监学正"衔,与薛于瑛、杨树椿并称"关中三学正"。

时任三原县知县的焦云龙,为官清廉,经常书写"求通民情,愿闻己过"的对联用来自勉。光绪七年(1881),焦云龙捐资协助贺瑞麟将"清麓精舍"扩建,书院以儒家"正其谊不谋其利,明其道不计其功"为办学宗旨,故名"正谊书院"。五间大厅是讲学之所,还建有学舍窑洞,以供师生自修、憩息之用。单辟一窑,作为印刷局,刊印《清麓丛书》;并依崖修成藏书洞三座,藏书万余卷。

焦云龙常以学生的身份前去听讲,由于焦云龙倡导得力,贺瑞麟治学严谨,正谊书院成就斐然,名闻关中。焦云龙在任期间,还聘请贺瑞麟纂修了《三原新志》。书中虽没有提及自己的政绩,但正因此,其声望不胫而走。牛兆濂在《焦雨田先生像赞》中写道:

不愿留像,不自表扬;
黯然之道,历久弥彰。

焦云龙为官处事公允,深得民心。后虽调咸宁等地任职,但三原百姓凡是遇有诉讼疑难之事,仍然愿意去找他公断。他在潼关厅冒"犯上"之险,放粮赈灾,历时九个月,因病与世长辞。三原父老乡亲闻讯,步行数百里前去吊唁。他为官二十余年,却没有留下财物,以致无钱治丧。后经众人集资才得以棺殓治丧。

直至清末民国时期,三原学派一脉相承者多有建树,如淄博孙乃琨、高陵白遇道、三原员凤林、兴平张果斋和张夫斋、清麓贺伯箴等。三原学派的发展,对当地学风、民风都起到了引导、教化的作用,影响着祖祖辈辈生活在这片土地上的人们。

宏道书院的父子传承

宏道书院位于三原县城北,是明清时陕西省四大书院之一,由王恕之子王承裕于弘治七年(1494)创办。书院坐北向南,大门题名"仰高",二门曰"恭敬",三门曰"中立"。书院大门内植有梓树,象征着培育英才,三门内栽有松柏,寓意期待栋梁。院内花木葱郁,现存教学楼一座,房舍建筑坚固,雕刻细腻,气势恢宏。

王恕有五个儿子、十三个孙子,大多德才兼备,官位显赫。他非常支持小儿子王承裕创建宏道书院,为西北诸省培养人才。

王承裕是王恕的幼子。成化元年(1465),父亲王恕任河南左布政使时,王承裕在官邸出生。此后,他一直与父亲生活在一起,深受父亲的影响。

王承裕七八岁时赋了一首《屋隙诗》,有"风来梁上响,月到枕边明"的佳句。待长到十四五岁时,他便前往南京随萧先生读书。

第一次见面,萧先生让其连续侍立三日,且一无所授。

王承裕回家后,就对父亲说:"萧先生如此待我,是认为我不值得教吗?"

王恕说:"这才真正是你的老师。"

王承裕听后,便一改所想,更加地尊敬老师,努力读书,日有所进。十七八岁时,便写了一部《进修笔录》的书,经崇仁县吴宣为其作序,流传于世。二十岁时又著《太极动静图说》。成化二十二年(1486),王承裕二十二岁时,乡试中举。

成化二十三年(1487),孝宗即位,征召王恕入朝,拜为吏部尚书。王承裕随父进京,在经常代父接待来访宾客的过程中,得以与当时社会名流交往,因而增广见闻,学业精进。

弘治六年(1493)中进士,恰逢父亲在官场受到排挤,致仕归乡,王承裕便告假回家奉养父亲。父子协力将僧舍改建为宏道书屋,次年扩建为书院。王恕为关学三原学派创始人,王承裕幼承家学,父子两人被誉为"关学翘楚"。

刚开始办学时,没有上课的地方,王承裕就借僧舍来讲课,题名"宏道书屋"。弘治八年(1495),因求学的人日渐增多,众人商量准备募捐。后借一座荒废的院子创建了"宏道书院"。

宏道书院以儒家的"父子亲,君臣义,夫妇别,长幼序,朋友信"作为学习的核心内容,把"博学、审问、慎思、明辨、笃行"作为办学宗旨,并依据宋朝朱熹所办白鹿洞书院《书院教条》订立了二十条学规,对"明德、游艺以及会食、归宁(指回家省亲）"等方面都做出了严格的规定。书院学生分二十岁左右和十岁左右两类，有堂上学生与堂外学生的区别，都按勤奋与懒惰、成绩优劣作为升降级的标准。考经堂内存有上千卷书籍资料，王承裕每日向学生讲"四书""五经"。告老归乡的王恕有时也去书院指导学生。

高陵吕柟（泾野）、三原马理（溪田）、雒昂等三秦名士皆出于宏道门下，由是名声大振。到了清代，从书院中"毕业"而在朝廷任职的，如高陵白遇道、礼泉宋伯鲁等，均为当时名士。

道光十年（1830），陕西省督学周之桢重修书院，使宏道成为陕、甘两省学士深造的地方。道光二十三年（1843），督学沈兆霖倡导各界捐资扩建书院。宏道书院成为西北学界之旗帜，省学衙署设在三原，府考亦在宏道书院举行。

清末，国势渐危，维新变法的呼声日渐高涨。光绪二十八年（1902），朝廷颁布了新学制，在全国废除科举制，改旧儒学书院为学堂。学习内容不再局限于"四书""五经"和八股文体，而是中学、西学并重。是年，省督学沈衡改宏道书院为宏道高等学堂，倡导新学，注重经世致用。这与于右任、李仪祉、吴宓、张奚若、范紫东、张季鸾等一批海内外知名的民主革命先驱及专家学者的涌现，不无关系。光绪三十一年（1905），陕西派遣官费留日学生三十名，宏道学堂的学生便占了半数名额。民国时改为陕西省立第一甲种工业学校，后改称陕西第三职业学校、工业职业学校。中华人民共和国成立后，改为水利学校（后迁杨凌）、三原县教师进修学校。2005年，交给三原县文物旅游局管理。

过了几年，孝宗授王承裕兵科给事中①。在任期间，王承裕奉命出京治理山东、河南屯田，将登州、莱州二府的粮额减为三亩征一斗，归还了青州、彰德二府早先赐给王府的三百六十余顷军田。在两次出使藩国中，所有的馈赠，他一概不收。后为补察时政，写下了《时政》《先务》等疏，皆切中时弊。

武宗即位后，升任吏科都给事中②。正德元年（1506），太监刘瑾专权，群臣多出其门。王承裕上疏请求进用君子，斥退小人，得罪了刘瑾。后被罚出粟三百石，输送边疆。正德三年（1508），父亲王恕去世，王承裕回家守孝。

正德十四年（1519），宁王朱宸濠起兵造反。军队从南昌出鄱阳湖，声称直取南京。在南京的大臣分城守卫，王承裕与家人诀别后，去守通济门。城内有

---

① 兵科给事中：明清兵科之属官。
② 吏科都给事中：明清吏科之主官。

人藏匿兵器，为叛军内应，这件事被王承裕发觉，将他们处死，确保了城内的安全和安定。

正德十六年（1521），世宗即位，论功行赏，赐王承裕白金①、文绮②。嘉靖二年（1523），王承裕迁南京户部右侍郎，不久又回户部，为世宗所器重，赐其"清平正直"四字。嘉靖六年（1527），升任南京户部尚书，清理逋税③一百七十万石，积累羡银④四万八千余两。

王承裕致仕后，其全部精力都用在了读书和教学上面。王家的家风从王恕父子的人品风骨、学识风度、清正气度中一一显现，又在教学过程中逐渐影响、浸润、滋养着好学不倦的学子们。那些受其影响的学子们，又用其教导子女家人。这就好似在水中丢入一块石头，便会荡起一圈圈的波纹。波纹又以石头为中心，一层层的传递下去，在传递中不断得到完善和发扬。

是什么，让那一个个同心圆依次荡开？是家风的力量。

这块石头，便似家风。

哲人鉴语

怀　恩／天下忠义，斯人而已。

李梦阳／成化间，三原、河州、覃县、封邱（丘），居则岳屹，动则雷击，大事斧断，小事海蓄，帷幄佞幸，请剑必殛。使见之者畏，闻之者慑，斯其人死生富贵足动之哉！

姜　洪／切见兵部致仕尚书王恕、王竑，吏部尚书李秉，俱才德高茂，志节忠贞。

---

① 白金：古指银子。
② 文绮：华丽的丝织物。
③ 逋税：欠交的租税。
④ 羡银：清征收余盐之课银。

冯从吾

御史秀才培育"三好"学生

从西安钟楼往南走,将至南门处向东拐,入目之处便是一座古韵十足的高大牌楼,上书"书院门"三个大字,两旁是一副对联:"碑林藏国宝,书院育人杰。"街道两侧均是青一色的仿古建筑,脚下是青石铺砌的道路。就在书院门牌楼的西口,有一座著名的书院。它建于明神宗万历年间(1573—1619),是明、清两代陕西的著名学府,全国四大书院之一,西北四大书院之冠。它就是——关中书院。

关中书院的创始人就是陕西直人冯从吾。冯从吾(1556—1627),字仲好,号少墟,晚明西安府长安(今陕西西安)人。著名教育家,以耿直著称。万历十七年(1589)进士,官至工部尚书。学界敬称其为"少墟先生"。

冯从吾的父亲冯友是王阳明的铁粉,常用"无善无恶心之体,有善有恶意之动。知善知恶是良知,为善去恶是格物"教导孩子。在父亲的影响下,冯从吾非常仰慕心学宗师王阳明,尤其喜欢王阳明所写的《咏良知四首示诸生》其一:

> 个个人心有仲尼,
> 自将闻见苦遮迷。
> 而今指与真头面,
> 只是良知更莫疑。

他立志要做一个像王阳明那样有学识、有德行的人。冯从吾在任时，正直不阿，犯颜直谏；归隐时，移风易俗，教化为先。漫漫一生，他终于成了他想要成为的人。

疾恶如仇的真御史

冯从吾生于关中，长于关中，有着典型的陕西人骨子里耿直的一面。他的"耿直"看起来有些不近人情，又有些不识时务，更多的是不畏强权。他所身处的那个官场，弥漫着虚伪浮夸的风气。因为他的不随大流，因为他的勇于亮剑，他常常遭到小人的挤对和排斥，不得已隐居乡野二十五年之久。

他复出时，一如当年，没有向恶势力低头，也没有选择常人眼里的"康庄大道"，仍然坚守着自己的本心，为匡扶正义而战。

万历十七年（1589），冯从吾考中进士，入翰林院，在观察国政两年后，改任御史。御史虽然品级不高，但拥有监察百官的权力。

一般来说，一个初涉官场的新人，多是谨小慎微的。面对疑难事件，自然是明哲保身为上。但冯从吾是个例外。他根本就没有考虑个人得失，也不在乎功名利禄。在他的心中，当官自然要刚直不阿。

冯从吾在担任御史时，屡次直言进谏，主张严厉打击奸佞小人，从不与那些仗势欺人、胡作非为的宦官为伍。

有一次，冯从吾巡视都城，有官员拿着名刺前来拜见示好，被冯从吾毫不留情地谢绝了。

礼科都给事中①胡汝宁是一个小人，为人邪恶狡诈，虽多次被弹劾，却毫发未损。

后来，冯从吾注意到了胡汝宁，坚持一查到底，终于弹劾成功。当时，朝廷正在考核外地官员，冯从吾从严管理，一时间，入京行贿之风几乎消散无踪。

冯从吾坚持耿直做人，磊落做官，不惜以仕途乃至于生命为代价。万历二十年（1592）正月，圣仁太后寿辰将至，宫廷内外张灯结彩，笙歌不绝。冯从吾透过眼前的歌舞升平，心忧天下社稷和黎民百姓。他为了让皇帝警醒，给万历皇帝写了一封《请修朝政疏》的书奏，直接指责明神宗朱翊钧无视内忧外患，纵欲荒政，沉溺酒色。

文中说：宗庙祭祀，皇帝不参加，朝廷讲座不亲临，奏章留在宫中不批示下发……皇帝每到日暮降临，必然要饮酒，每饮酒必然大醉，大醉之后必然发怒。皇帝左右的人，言语稍有不慎，就被廷杖，宫廷之外的人，没有不知道的。天下百姓，后世众生，是可以欺骗的吗？希望皇帝不要以为天变不足畏，不要不重

---

① 礼科都给事中：明清礼科之主官。

视人言，不要因为眼前的安定就有恃无恐，不要因为将来才可能发生危乱就忽略眼下的危机，这才是宗社之幸。

当时，王公贵族竞相给太后祝寿，向皇帝上奏都写的是恭祝皇太后千秋这一类的话。只有冯从吾与众不同，全篇没有一个字向皇太后祝寿，全是指责皇帝的言辞。试想，本来皇帝心情正好，突然看到了这样的奏折，能有什么反应？

作为手握万千人生死荣辱的帝王，明神宗何时受过此等"屈辱"？恼羞成怒的神宗皇帝大发雷霆，立即叫人对冯从吾施以廷杖①之刑。幸逢太后寿诞，大臣赵志皋替他求情，阁臣在旁边劝解，神宗皇帝也不想在仁圣太后寿辰的日子沾染鲜血，才免去了冯从吾的廷杖之刑。

经此事后，冯从吾是彻底被万历皇帝给伤到了，就像把自己一颗滚烫的赤诚之心捧给他人，却被人浇了一桶冰镇凉水似的。他提交辞职信，打算回家种地。

没想到的是，神宗不仅没有批准他辞职，还委派他去巡视长芦（今属河北）的盐政。在其位谋其政，虽然他想告老还乡，但在盐政工作岗位上，从没有敷衍了事，做了很多利民利商的好事实事，极大地促进了当地商业的繁荣发展。

《孟子》有云："穷则独善其身，达则兼善天下。"

无论是穷是达，都不能背离道义这个根本，即穷时不失义，达时不离道。两千多年来，这句话成了中国知识分子立身处世的座右铭。

冯从吾就是这句话忠实的实践者。他在穷困不得志时，退隐乡野，"独善其身"，以开堂讲学的方式抚慰那颗初心；他在官居高位时，仗剑朝堂，"兼善天下"。

关中书院的"三好"学生教育

书院，作为中国古代传道、授业、解惑的地方，自唐至清，相传不断。到了明清时期，西安开办了众多书院，如鲁斋书院、正学书院、关中书院、养正书院等。其中，关中书院历时最久、影响最大，在全国久负盛名。

西安市南门内以东，有一条书院门古文化街，关中书院便"隐身"其中。站在书院的门口，向里望去，映入眼帘的是门楣上"关中书院"四个大字，其间隐隐透着浓浓的书卷之气。牌匾下方有一尊人物雕像，那双眸正注视着在时光流逝中的匆匆过客……

就是这位明朝理学大师、长安（今陕西西安）人冯从吾一手创建了关中书院。书院环境优美，布局规整，整体建筑为四合院形制。中心讲堂为"允执堂"（共六间），取《尚书·虞书·大禹谟》"允执厥中"之意，即坚持不偏不倚的中庸之道。"允

① 廷杖：惩罚官吏的一种酷刑，即在朝廷上当众用棍棒殴打被脱了衣裳的大臣。

执堂"左右为教室,各四间,东西学生宿舍各六间。堂前"方塘半亩,竖亭于中,砌石为桥……掘井及泉,引水注塘",堂后"假山一座,三峰耸翠,宛然一小华岳",院中还植有槐、松、柏、梅等各种名木。院内幽寂清雅,一时"松风明月,鸟语花香,令人有春风舞雩①之意"。

关中书院建成后,很快名动四方,四川、甘肃、河南、湖北等地的学子多慕名前来求学。

冯从吾出身于士大夫家庭,自幼便开始学习儒家经典。父亲早逝后,便由外公教导学问。因为年少时养成的良好习惯,读书学习已经成了他生命中不可缺少的一部分。即使是在繁忙的工作中,冯从吾也经常利用闲暇坚持读书学习。因为他在与朋友的交往中,时常以书作为礼物相送,人送外号"御史秀才"。

作为一名关中人,他深受张载关学之影响,接过"为天地立心,为生民立命,为往圣继绝学,为万世开太平"的旗帜,振兴关学,将张载开创的"关学"发扬光大,后评其为"人推横渠(指张载)之后一人焉"。

"关学"是"关中理学"的简称,是宋代四大理学派别(濂、洛、关、闽)之一,主张身体力行、学以致用,学风敦厚朴实。冯从吾继承了关学的优良传统,又吸收其他学派的一些理论知识,其学问渐深渐博。

万历年间,冯从吾因得罪阉党而被罢官。回到家乡后,他终日闭门读书,精研理学,除了待在家里刻苦研习经典,剩下的时间都是在南门内的宝庆寺(今西安书院门街口北侧)设坛讲学,九年多都没有出过城。因为冯从吾官德声震朝野,学识渊博精深,又品行端正,前来听课的人络绎不绝,一时从学者多达千余人,狭小的宝庆寺容纳不下了。

在陕西布政使汪可受、按察使李天麟等官员的积极筹划下,万历三十七年(1609),地方政府将宝庆寺以东的小悉园改建为关中书院。这里后来成为当朝理学集大成之地。冯从吾主持院事,以周淑远(陕西西安府人,曾任湖广左布政使)、龙遇奇(江西永宁人,官至监察御史,巡按陕西)、萧辉之(陕西西安府长安人)等学界名流为主讲。儒生多以能到关中书院讲学、求学为荣。每逢冯从吾开讲,"环而听者,常过千人,坛坫之盛,旷绝千古"。这个书院成为正直人士评论国事、反对魏忠贤之辈的讲坛和学术活动中心,成为具有相当规模的著名学府,先后培养五千人之多。冯从吾亦声名大振,时称"关西夫子"。

冯从吾一生历尽艰辛,唯独对教书育人乐此不疲。他说,讲学可以"发蒙击蒙,移风易俗"。他说:国家正处在危难之中,更需要用讲学唤醒人心,这样才能有

---

① 舞雩:台名。鲁国求雨的坛,现在山东曲阜东。古代求雨祭天,设坛命女巫为舞,故称舞雩。雩,古代求雨的一种祭祀。

效地抵御外侮，安定天下。

冯从吾治学以张载为楷模，主张在教学中"戒空谈，敦实行""德教为先"，认为"有粹然之养、卓然之识、特然之节，才谓之真人品"。他把四书五经、《资治通鉴》列为必修课，要求学生"无驰于功利，无溺于辞章，无夺于毁誉"，善于辨邪恶，判人禽。

他曾写过一副对联：

> 做个好人，心正身安魂梦稳；
> 行些善事，天知地鉴鬼神钦。

这副对联明明白白地写出了冯从吾讲学的目的就是培育"三好"学生：做好人，存好心，行好事。

冯从吾特别重视教育的社会政治功能，因而他十分看重德育。他说："讲学就是讲德。"他在给学生讲课时，对古代直臣仁人的骨气节操常常钦佩不已。教育学生应先学会做人，做堂堂正正、品格高尚的人，将自己的聪明才智用于正道。将聪明用于正路，越聪明越好，而学业会不断提升而有所成就；反之，将聪明用于邪路，则越聪明越坏，其学业会助长恶行。

冯从吾一直认为，只有秉公持正、一心为国的人，才称得上君子。他视朝中阉宦权奸为小人，自己宁可高官不做，厚禄不要，也决不与那些奸佞小人同流合污。他常教育学生，要分清君子和小人，要分清大是大非，更要洁身自好，秉公持正，一心为国。

他还特别强调，做一个高尚的人，就要处理好个人和国家的关系，一切都要为国家的利益着想，个人利害得失、祸福荣辱都算不了什么。他要求学生不要追求个人的名和利。冯从吾是这样教导学生的，他自己也是这样做的。无论在朝在野，他讲学育人不遗余力，用自身的人品节操给学生树立了学习的榜样。他在七十岁生日时，写下了一首诗《七十自寿》：

> 太华有青松，商山有紫芝。
> 物且耐岁寒，人肯为时移？
> 点检生平事，一步未敢亏。

这首诗就是冯从吾一生最好的人格写照。

在冯从吾讲学关中书院期间，魏忠贤诬陷冯从吾为东林党人，将其编入《东林

点将录》①一百零八人名单,还给他起了个绰号叫"地强星锦毛虎",削夺他的所有诏封官衔,张榜以示全国。然而,这样的肮脏伎俩并不能使冯从吾屈服,他依然坚持在关中书院讲学。

此后,魏忠贤权势日盛,正直大臣不是被杀,就是被贬。魏忠贤的党羽在全国各地为他们的主子"建生祠",立庙,烧香,叩头,把魏忠贤当祖宗供奉。

唯独陕西没有魏忠贤的生祠,这是因为陕西的文化界人士深受冯从吾影响,不与奸佞小人同流合污。而这正是冯从吾在关中书院讲学效果最好的例证。

然而,就是因为不刮歪风,魏忠贤恼羞成怒,派遣了一个名叫乔应甲的爪牙出任陕西巡抚。魏忠贤下令禁毁全国各地书院,关中书院也在劫难逃。天启六年(1626)十二月,乔应甲派人公然捣毁关中书院,把孔子像拖出去扔到了西安城角。

东林党

明朝末年以江南士大夫为主的官僚政治集团。"东林党"之"党"是朋党。万历三十二年(1604),顾宪成等人修复宋代杨时讲学的东林书院,与高攀龙、钱一本等人在此讲学。此时,正值明末社会矛盾日趋激化之时。东林人士评议政治,因主张廉正奉公、振兴吏治、开放言路、革除积弊,得到社会广泛支持,遭到阉党的激烈反对。两者之间因政见分歧,发展演变成了党争。反对派将东林书院讲学及与之有关或支持讲学的朝野人士统称为"东林党"。

冯从吾眼见自己苦心经营多年的书院毁于一旦,悲愤成疾,次年二月饮恨辞世,终年七十二岁。崇祯帝朱由检即位后,为冯从吾平反昭雪,追赠他为光禄大夫、太子太保,赐一品文官诰,谥号"恭定"。

敦本尚实、笃行践履的关学宗风,几百年来一脉相承,冯从吾用一生实践了横渠先生"为天地立心,为生民立命,为往圣继绝学,为万世开太平"的济世情怀。

崇祯元年(1628),魏忠贤被诛,关中书院得以重建,由冯门弟子继掌其学。

著名的草书大家、爱国志士于右任就是关中书院的学生。可以说,正是关中书院奠定了于右任的学养内涵,使其一生都致力于践行爱国思想。

望大陆

葬我于高山之上兮,望我故乡;
故乡不可见兮,永不能忘!
葬我于高山之上兮,望我大陆;

---

①《东林点将录》:天启五年(1625),魏忠贤的同党左副都御史王绍徽仿照《水浒传》的方式,编东林党一百零八人为《东林点将录》。

> 大陆不可见兮,只有痛哭!
> 天苍苍,野茫茫,山之上,国有殇!

这首广为人知的爱国诗篇,读来总是直击人心。关中书院对芸芸学子的影响,由此可见一斑。

今天,在关中书院内,朗朗的读书声仍不时从一扇扇朱红色的大门后传出,穿过回廊上的醒钟亭、暮鼓亭,回荡在院中,飘荡在心间,四百年前的学府的厚重气息扑面而来。

> 风声雨声读书声声声入耳,
> 国事家事天下事事事关心。

这副刻在关中书院大殿门柱上的对联,正是几百年来书院文人学子修身济世的真实写照,亦深深地影响着今天的每一位学子。

一双铁腕整纲纪

冯从吾自罢官后,一直在家乡读书讲学。但是,朝廷一直都没有忘记他。

明光宗朱常洛即位后,在家研学二十五年之久的冯从吾被重新起用,先后任尚宝卿、太仆少卿,后改任大理寺卿,掌管全国刑狱。

三国时期,曹操于五十三岁之际写下了一首诗《步出夏门行·龟虽寿》:

> 神龟虽寿,犹有竟时。
> 腾蛇乘雾,终为土灰。
> 老骥伏枥,志在千里。
> 烈士暮年,壮心不已。
> 盈缩之期,不但在天。
> 养怡之福,可得永年。
> 幸甚至哉,歌以咏志。

"老骥伏枥,志在千里。"曹操直言而书老当益壮、志在千里的进取精神,抒发了他希望革新政治、统一疆土的豪情壮志。

这种精神并不单单出现在曹操的身上,冯从吾亦如此。已逾花甲之年的冯从吾,以年迈之身进京,只为匡扶正义。他豪情万丈,与魏忠贤一伙展开了殊死

决斗,身虽老迈,但锐气不减,更是将其在年轻时养成的耿直秉性发挥得淋漓尽致。

万历四十八年(1620)七月,明神宗病逝,太子朱常洛即位,是为明光宗,就是历史上有名的"一月天子[①]",也是有明一代在位时间最短的皇帝,亦是明代最具有传奇色彩的一位皇帝,晚明三大疑案[②]都与他有关。

同年八月一日,明光宗参加登基大典时,身体健康,面色红润,过了几天,忽然一病不起。后召内官崔文升诊治,用药后腹泻不止。时任鸿胪寺丞的李可灼向光宗进献了红丸两粒。光宗服用后暴毙,在位仅一个月。这就是历史上有名的"红丸案"。

事发后,朝臣议论纷纷,礼部尚书孙慎行、左都御史邹元标、给事中惠世扬等联名弹劾崔文升、李可灼二人弑君。

大学士方从哲却认为,李可灼进献红丸,让光宗病情得到缓解,是有功之人,应赏银五十两。

冯从吾听后非常气愤,义愤填膺地说:"李可灼让陛下尝试吃红丸,用后不久就引发疾病,是何居心?谁和揭发奸恶小人的忠良之臣为难,谁就是奸恶之徒!"

这句话一说出来,朝臣都怕连累自己,于是朝廷上下对此再无争议。

梃击案

明神宗的正宫皇后没有生下皇子,而王恭妃先生下皇子朱常洛,郑贵妃后生下皇子朱常洵。明神宗宠爱郑贵妃,想立朱常洵为太子,遭到朝中大臣和东林党的反对,不得已只能册立朱常洛为太子。

万历四十三年(1615),有一个叫张差的人,手持木棒闯入太子住的慈庆宫,打伤了守门太监。张差被抓捕,在审问时,说是郑贵妃手下太监庞保、刘成指使的。于是,大家就怀疑郑贵妃想谋杀太子,但明神宗不愿深究,以疯癫奸徒罪将张差凌迟处死,又秘密杀死了太监庞保和刘成。

对于梃击案,也有人怀疑这个刺杀事件从始至终都是太子自演自导的一出苦肉计,想借此构陷郑贵妃。然而,梃击案真相究竟如何,背后主谋究竟是谁,已成无解之谜。

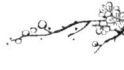

天启二年(1622),冯从吾因政绩卓著,升为都察院左佥都御史,两个月后又被升为左副都御史。

此时的明朝,官场风气腐败不堪,一些正直的文人便通过讲学议政的方式抨击时弊,他们被称为"东林党"。

面对"当今国家多事,士大夫不知节义"的现状,他们开出了一剂"唤起忠君

[①] 一月天子:明光宗朱常洛。其在位一月,崩,被称为"一月天子"。

[②] 晚明三大疑案:梃击案、红丸案、移宫案。

爱国之心，亲上师长之义，非讲学不可"的药方。冯从吾觉得，要想重整官场风气，就必须要从道德民心入手，于是连上十余道奏折，主张在京开设首善书院。这一理念得到了当时很多正直文人的赞同。

在都御史邹元标和副都御史冯从吾等人的倡导下，天启二年（1622），首善书院在宣武门内建成，并延请名人大儒来此讲学，京师士大夫纷纷前来听讲。

冯从吾与高攀龙、钟羽正、叶向高等相继在此抨击阉党，评议时政。首善书院尤为重德育，讲廉耻，使士林风气得到了很大的改善。

可是，好景不长，当时魏忠贤当权，惧怕人臣非议朝政，于是，先发制人。魏忠贤的党羽张讷开始污蔑各地书院借讲学之名干预政务，请求皇帝"废天下书院"。首善书院和其他书院顿时陷入被封禁的危险。

在这种情况下，冯从吾挺身而出，为书院讲学进行辩解。

他说宋朝衰落，不是因为讲学的原因，反而是因为禁止讲学。太祖、成祖皇帝都称颂"六经"，以为治国之本。按大明定制，天子议政，太子出阁辅政，都开设经筵①，而经筵讲经就是讲学。臣子期望天子讲学，自己却不事讲学，这怎么可以呢？以前的贤臣王守仁戎马征战之余也不忘讲学，后来终成大业。所以，他们才不顾恶评坚持讲学。

当时的朝廷已经形成了"讲学即是结党"的观念，冯从吾回天乏力。天启六年（1626），明熹宗下旨：一切书院全部拆毁。首善书院亦不能免于灾祸。冯从吾忧愤交加之下称病辞官。熹宗不忍他离去，下诏抚慰，让他继续留任京师。

但是，阉党却不会轻易放过东林党的任何一员。他们开始不断诋毁邹元标，说他以前在京师讲学时干预朝政。

冯从吾知道后，不得不再次替自己和邹元标申辩："我年轻时入朝为官，就开始与杨起元、孟化鲤、陶望龄等人一道讲学，到我告老还乡时，书院讲学才被废止。京师讲学是由来已久的事，为什么到今天突然备受责难呢？"结果，冯从吾申诉未果。

是金子总会发光。有真本事、有大才干的人，总有一天会出人头地。冯从吾就是这样的人。

天启四年（1624）的春天，树木已悄悄地吐露了枝芽，小草用力地挣破了土壤对它的束缚，春风拂面而过。登高远眺，我们似乎看到了柳绿桃红……

明熹宗经过再三考虑，决定再一次起用冯从吾为南京右都御史。年近七旬的冯从吾多次提出告老还乡的请求，都被熹宗拒绝了。不久，又被升为工部尚书。

可是后来，东林党首领之一的赵兴南、东林党"八君子"之一的高攀龙，相继

---

① 经筵：皇帝听讲书史之处。

被削职为民。冯从吾开始心灰意冷，对明朝的政治彻底失去了信心，多次上书要求致仕，然而始终未被批准。最后还是在宦官魏忠贤的诋毁下，冯从吾被削职为民。

冯从吾生活在明朝的中后期，历嘉靖、隆庆、万历、泰昌、天启五朝。在那个帝王昏聩、宦官弄权、是非颠倒、民不聊生的时代里，他用自己一生的时间，成了那个时代里的一株青莲。时人赞曰：

出则真御史，直声震天下；
退则名大儒，书怀一瓣香。

冯从吾的一生是大起大落的一生，无论是高居庙堂，还是避居江湖，他都坚持正直做官，诚实做人；他的一生是崇尚气节的一生，他以天下为己任，忧国济世，坚守本心，不为外物所扰，也不随波逐流；他的一生是躬行实践的一生，他倾尽全力传承关学，开坛讲学，育天下英才。

冯从吾，一个创办私人学校的校长，一位以文字为刀剑的文侠，一代铁骨铮铮、冒死直谏的名臣。这就是，冯从吾留给历史、留给子孙、留给我们的宝藏。

哲人鉴语

顾炎武 / 固来庭之仪凤，而在田之群龙，百炼之刚金，而岁寒之乔松。

王 杰

叫板和珅的"陕西牛人"

陕西韩城，流传着一句俗语："上了柿谷坡，秀才比牛多。"形象地描绘了韩城浓郁的文化气息。

从明朝开始，韩城就被誉为"小北京"。这里不仅诞生了史圣司马迁，而且还有清代陕西的第一位状元郎王杰。

王杰（1725—1805），字伟人，有清一代陕西第一名臣。初在南书房当值，后经多次升迁，官至内阁学士。嘉庆十年（1805）卒，享年八十一岁，追赠太子太师，谥文端，祀于北京贤良祠。

王杰历经清乾隆、嘉庆两朝，当官四十余载，始终坚持以忠清劲直立身。在与和珅同朝为官的数十年中，王杰不仅清正廉洁，为朝野上下敬重，而且机智敏捷，终于扳倒了和珅这个巨贪权臣。

草根逆袭之清朝首位陕籍状元

王杰八岁时，父亲就去世了，从此生活清贫，孤苦无依。进入义学后的王杰一心向学，加之天资聪颖，崇尚张载关学的义学老师对其青眼有加。王杰不仅学习科举考试需要用到的"四书""五经"一类，还对地理、天文等自然科学有所涉猎，特别是对张载的关学颇有研究。

二十岁时，王杰在县考、府考中脱颖而出，名列第一。当时的知府赵筠十分赏识王杰，亲笔题写"旷代雄文"四字相赠，并赠

王杰"伟人"之字。这种满满的鼓励与赞赏，对于出身贫寒、生活在社会底层的王杰来说，可谓意义重大。

乾隆十二年（1747），王杰离开乡里，来到西安府，就读于关中书院。在这里，他遇到了对他一生产生巨大影响的关学大儒孙景烈。

孙景烈幼年好学，博览群书，过目不忘，曾任翰林院庶吉士，辞职回乡后潜心精研关学底蕴，将一生都奉献给了教育事业，被称为关西夫子、海内大儒。督学杨梅似赞其："关中一时人才济济，尤以先生当世无双。"

王杰尤为赞颂张载、冯从吾等关学先辈注重实践、学贵有用的治学精神。在就读关中书院期间，王杰与大荔李法、武威孙俌、吴堡贾天禄、雒南（今陕西洛南）薛宁廷、武功张洲一起拜在孙景烈门下，学习理学。后这六人被称为"关中书院六士"。《清史稿》中记载："王杰……初从武功孙景烈游，讲濂、洛、关、闽之学；及见宏谋，学益进，自谓生平行己居官得力於此。"可见，跟随孙景烈学习，不仅使王杰的学问得到极大提高，而且对其三观的培育塑造，特别是入仕后的官风作风，都产生了极为重要的影响，而这样的影响是持续一生的。

孙景烈(1706—1782)，字孟扬，号酉峰，陕西武功人，关中著名学者。学问渊博，热心于教育事业，勤恳执教三十多年，先后三次主讲关中书院，从学者多成名。有《易经管窥》《性理讲义》等。

在韩城市博物馆的大成殿里，有两块特别珍贵的烫金匾额，一面上书"赞元锡嘏"，一面上书"福绥燕喜"，分别是乾隆皇帝和嘉庆皇帝赐给清朝第一位陕籍状元王杰的。

乾隆二十五年（1760），皇太后七十大寿，皇帝为给太后祝寿添福，特地加开万寿恩科。天下学子这才有机会提前参加科举。

穿过西门城洞，沿大街前行，入目的便是西安城的文教区。文庙，关中书院，西安府学，咸宁、长安二县学，陕西贡院都在这里。在这里，随处可见士子文人漫步，街道两旁的会馆生意兴旺。在这里，有一处高大的牌楼，上书"陕西贡院"[①]，在其两边石坊之上分别题有"明经取才"和"为国求贤"。站在贡院门前，但见建

---

① 陕西贡院：古代学子的科举考场，位于西安城安定门内，西大街北侧，建于明景泰年间。

科举制

科举制从隋炀帝大业元年（605）开始实行，到清光绪三十一年（1905）举行最后一科进士考试为止，经历了一千三百年之久。

自隋代确立科举制度，到唐代加以完善后，开科取士就成为古代朝廷选拔人才最重要的途径。明朝建立，科举制步入了鼎盛时期。明代统治者对科举高度重视，科举方法之严密，也超过了以往历朝历代。

要参加科举，必须先拥有资格——科举生员。这种资格的获取途径就是进学校。只有进入学校，才有可能入监学习或是成为科举生员。

要成为科举生员，就要参加童子试。童子试，也称童试，三年两考，分为"县试""府试"及"院试"三个阶段。由知县会集全县符合条件的学子进行考试，通过县、府试的便可以称为"童生"。然后参加由各省学政或学道主持的院试，合格者称为府、县学生员，俗称"秀才"。成为秀才，就算是拿到了参加朝廷科举考试的资格证和准考证。可以去参加正儿八经的科举考试了。

科举考试分为乡试、会试、殿试三级：

乡试，由南、北直隶和各布政使司举行的地方考试，又称乡闱。每三年一次，考期在秋季八月，故又称秋闱。考试分三场，分别于八月九日、十二日和十五日进行。考中的称举人，俗称孝廉，第一名称解元。中举叫乙榜，又叫乙科。放榜之时，正值桂花飘香，故又称桂榜。放榜后，由巡抚主持鹿鸣宴，席间唱《鹿鸣》诗，跳魁星舞。

会试，由礼部主持的全国考试，又称礼闱。于乡试的第二年在京师举行，考期在春季二月，故称春闱。会试也分三场，分别在二月初九、十二、十五日举行。考中的称贡士，俗称出贡，第一名称会元。

殿试，在会试后当年举行，时间最初是三月初一。成化八年（1472）起，改为三月十五。殿试由皇帝亲自主持，只考时务策一道。殿试结束，次日读卷，又次日放榜。录取分三甲：一甲三名，赐进士及第，第一名称状元、鼎元，二名榜眼，三名探花，合称三鼎甲；二甲赐进士出身；三甲赐同进士出身。二、三甲第一名皆称传胪。一、二、三甲通称进士。进士榜称甲榜，或称甲科。

殿试之后，状元授翰林院修撰，榜眼、探花授编修。其余进士参加考试，合格者称翰林院庶吉士。三年后考试合格者，分别授予翰林院编修、检讨等官，其余分发各部任主事等职，或以知县优先委用。

筑群密集，气势宏伟，无一处不显露出神圣与庄严。

王杰将在这里一展才华，由此踏入举人之列，迈上清代科考的第二级台阶。

乾隆二十六年（1761）二月，在春寒料峭中，举行了考试。王杰在京城参加会试，考中后成为一名贡士。这一年，对于普通人来说，也不过就是一个很普通的年份。

但是，对于家有考生的人，对于王杰来说，却是决定成败的关键之年。

成为贡士后，王杰参加了乾隆亲自主持的殿试。在殿试中，王杰位居第三，排在第一位的是后来成为清朝著名诗人的赵翼（今江苏常州人）。

乾隆看王杰的试卷时，因为其字写得特别好，顿时好感大增，细看时，又觉得笔迹似曾相识，再一想，这不是跟大臣尹继善奏折上的笔迹一样。问询后得知，此卷是尹继善的幕僚王杰所答。便又询问王杰人品如何，在得知其人品端正后，遂起了爱才之心，便以"陕入清百余年尚未有夺魁者"为由，御笔亲点王杰为殿试第一。

由此，大清王朝的第一位陕籍状元就"新鲜出炉"了。

后来，新科进士觐见乾隆，王杰风度俊雅，应对自如，在乾隆这里获得了极高的印象分。乾隆对王杰的好感度直接爆棚，当着王杰的面，赋诗以贺其夺得魁首：

> 西人魁榜西平后，
> 可识天心偃武时。

这一年，王杰三十六岁，正值大好年华。这个农家子弟，获得了世人眼中的成功。只有他自己知道，成为状元，对于他而言，不是结束，只是开始。从此刻起，他为了实现心中的理想与抱负，穷尽一生之力，终不负"伟人"之字。

未来已来，相信王杰也在期待着自己大有所为。

传说，王杰中状元后，山东学子很不服气，便出对联考王杰，上联是：

> 孔子圣，孟子贤，自古文章出齐鲁。

王杰立即对答：

> 文王昭，武王穆，而今道统在西秦。

确认了王杰的文才确有过人之处，山东举子由此态度一变，对他十分尊敬。

王杰一生才思敏捷，留下了许多脍炙人口的应对故事。相传乾隆年间，王杰中状元后，奉旨巡游江南。一日，来到会稽，人们听说从京城来了一位新科状元，便纷纷拥向街头。

忽然有一儒生拦住状元大轿说:"恭喜新科状元步步高升,大人必定是才华过人。今有一上联欲请状元赐予下联,望万勿推辞。"

王杰说:"你且讲来,待本状元见识见识。"

儒生道:

半朝微雨,洒乾坤之秀气。
试问:河之光?湖之光?海之光?一片之光。
沾星,沾斗,沾日月,德配天地。

众人均一齐看向王杰,只见王杰不慌不忙地环视一周,开口答道:

一介书生,读圣贤之余业。
中了:解之元,会之元,状之元,三次之元。
安邦,安国,安天下,道冠古今。

众人听了齐声喝彩,人群中又有一儒生接着说:"新科状元可否说出古名人一百位,让我们效法学习!"王杰轻松答道:"七十二贤,二十八将。"众人惊叹不已。

台上一分钟,台下十年功。真才实学的背后,没有人知道王杰为此努力了多久,为此付出了什么。

剑指巨贪和珅

王杰一生历经乾隆、嘉庆两朝,与清朝第一贪官和珅同朝为官,同殿为臣。在晚清汉臣中,真正敢与和珅斗的文官,就是状元郎王杰。在扳倒和珅的斗争中,王杰功不可没。

乾隆晚年最欣赏的两个臣子,一个是满族人和珅,另一

二十八将

汉光武帝刘秀麾下,助其一统天下、重兴汉室江山的将领中功劳最大、能力最强的二十八员大将。东汉明帝追感前世功臣,在洛阳南宫云台阁命人画了这些大将的画像,称为云台二十八将。后泛指将帅之才。

个就是汉族人王杰。

没有谁是天生的坏人。和珅刚开始当官时，精明强干，小心谨慎。乾隆对其宠信有加，将十公主嫁给和珅长子丰绅殷德。自此，和珅不仅大权在握，而且一跃成为皇亲国戚。

随着权力的增长，他逐渐品尝到了权力带来的绝妙滋味，个人私欲日益膨胀，便开始利用手中的权力，聚敛钱财，排除异己。为了拥有更多的财富，他开始经商，开设当铺七十余家，大小银号三百多家，而且与英国东印度公司、广东十三行之间进行商业合作。

随着官职的晋升，和珅开始权倾朝野，朝野上下怨声载道。但是，朝中的官员都惧怕和珅的权势，不仅大臣，甚至连亲王都去献媚，剩下的多避其锋芒，敢怒而不敢言。

时任东阁大学士、内阁首辅的和珅，利用权势贪赃枉法，卖官鬻爵，横征暴敛，巧取豪夺。王杰对此都心中有数，多次当着乾隆和群臣的面痛斥和珅奸诈贪婪。凡遇到军国大事，和珅经常擅自决断，同朝的大臣隐忍不敢提出自己的意见。只有王杰不买他的账，敢挺身而出，在朝廷上同他当面争辩。

和珅心里恨极了王杰，好几次都在乾隆面前说他的坏话。但是，乾隆深信王杰的人品操守，斥责和珅"流言蜚语，不足听信"。和珅见乾隆这样维护王杰，陷害不成，只得改变原定计划，转而拉拢王杰。

有一天，在朝房等候觐见时，王杰坐在一个角落里搓手取暖。和珅走过来，握着王杰的手说："状元宰相，您的手如此柔软，生得真好啊！"王杰抽回手，冷冷地回答："手是好手，但不会捞钱，有什么好的？"只一句话，便让和珅的笑容僵在了脸上。和珅正是以会捞钱而得了"天下第一贪官"的名号。

又有一次，和珅拿出一幅水墨画，请王杰一起观赏。王杰为讽刺和珅贪得无厌，便一语双关道："贪墨的风气，居然到了这个地步！"和珅听罢，无言以对，只好悻悻离开。

面对王杰这个敢于与他硬碰硬的人物，和珅也是又怵又怕。虽然和珅对王杰心存芥蒂，总想设计陷害他；但是，由于王杰为人谨慎，正直清廉，且深受乾隆的信任和看重，和珅也拿他无可奈何。

和珅在遭受王杰嘲弄、批驳乃至弹劾的同时，也无时无刻不在寻机报复他。

有一次，和珅听说王杰在其家乡盖豪宅，有"三王府""四王府"，心想这下可抓住王杰的小尾巴了，兴奋之下顾不得弄清原委，便跑去乾隆面前告状："王杰徇私舞弊，贪赃枉法，欺君傲下，结党营私，罪当斩杀。"乾隆虽未全信，但也不是没有一点儿怀疑，秘密派遣心腹之人到韩城实地调查。结果，王杰家的房子竟"湫隘如寒士"。密探与周边村民闲聊，问起"三王府""四王府"是怎么回事，才知道，这是当地人就其姓氏及排行开的一个玩笑。密探回京后将实情密奏皇帝，乾隆听后哈哈大笑。随后，诏王杰、和珅进宫，对王杰说："你作为宰相，家宅实在太简陋了。"随即"赏银三千两修之"。王杰到这时还被蒙在鼓里，不知道皇帝怎么突然想起来赏赐银两让他修房子。但是，这却并不妨碍他谢绝皇上的赏赐。

随着官位的不断升迁，和珅肆意弄权，作威作福，对不归顺自己的大臣，伺机在乾隆生气发怒时构陷，对依附自己的人庇护解困。

和珅家门口的那条街，是其上朝的必经之路，大批的京官、地方官为了巴结和珅，混个脸熟，当时一度掐在和珅去上朝的时间点，站立在道路两旁，夹道迎送，迎送的人墙就像胡同一样。因清朝官员官服胸前都有一块方形的"补子"，人们将这种迎送的人墙戏称为"补子胡同"。其时有这样一首诗：

绣衣成巷接公衙，
曲曲弯弯路不差。
莫笑此间街道窄，
有门能达相公家。

补子

　　一种服饰。明清时官服上标志品级的徽饰，以金线及彩丝绣成。文官绣鸟，武官绣兽，缀于前胸及后背。
　　清朝时，亲王补子用团龙；
　　文一品补子用仙鹤，文二品补子用锦鸡，文三品补子用孔雀，文四品补子用云雁，文五品补子用白鹇，文六品补子用鹭鸶，文七品补子用鸂鶒，文八品补子用鹌鹑，文九品补子用练雀；
　　武一品用麒麟，武二品用狮，武三品用豹，武四品用虎，武五品用熊罴，武六品用彪，武七、八品用犀牛，武九品用海马。
　　另，御史、按察使、提法使均用獬豸。
　　也指品服之外随时依景而制的徽饰，如上元节穿"灯景补子"，七夕穿"鹊桥补子"等。

以此讽刺那些官员巴结和珅的丑陋嘴脸。由此可知，在那个朝纲败坏、贪腐成风的时代，王杰能够逆风直身挺立朝堂，是多么的难能可贵！

和珅不仅大肆收礼，还公开索贿。地方督抚为了息事宁人，每当给皇帝进贡时都要给他也带一份。久而久之，和珅积累起了巨额的家产。

其实，和珅的所作所为，乾隆心里一清二楚，但他为何依然宠幸重用和珅呢？因为和珅有一个过人之处，就是极其善于揣摩窥探乾隆的意图，能帮他办成很多别人办不成的事，能帮皇帝背黑锅，能为乾隆的奢侈挥霍提供大量钱财。

到了嘉庆初年，乾隆已经进入垂暮之年，身体状况越来越差。乾隆上朝时，就命令和珅站在他和嘉庆的旁边，因为只有和珅才能听明白乾隆在说什么。这样一来，每天在朝堂上，就相当于和珅摄政。满朝文武上奏什么，他就去"听"乾隆说话，然后自己做出决定，甚至于一些军国大事，不经和珅点头，皇帝的诏书也无法施行。可以说，在那几年里，和珅一手遮天，时人称和珅为"二皇帝"。而坐在一旁的嘉庆没有实权，只是个摆设罢了。

多行不义必自毙。嘉庆对和珅深恶痛绝，只是碍于他是乾隆的宠臣，而自己又手中无权，才忍气吞声，逆来顺受，但在心里早就给和珅记上了大大的一笔。

嘉庆元年（1796），举行归政大典，嘉庆即位，乾隆升为太上皇。禅位后，乾隆仍住在养心殿掌控朝政。嘉庆元年（1796）正月十九日，乾隆在圆明园召见属国使臣，对他们说："朕虽然归政于皇帝，大事还是我办。"

直到嘉庆四年（1799），乾隆驾崩，嘉庆亲政，才掌握实权。

刚掌权，嘉庆就迫不及待地拿执柄中枢多年的和珅开刀，亲自下诏逮捕了和珅。和珅虽被捉拿入狱，可是，他的儿媳是十公主，党羽又遍及朝野，封疆大吏也多为其用，朝中无人敢出任主审一职。此时，已是古稀之龄的王杰，挺身而出，慷慨请命，主动担此重任。和珅入狱后，依然倨傲不服，王杰铁面无私，秉公执法，查明了和珅贪污受贿的种种罪状，列出和珅所犯罪行；并按照其所犯之罪，判处死刑，查没全部家产，约值八亿两至十一亿两白银，所拥有的黄金和白银加上其他古玩、珍宝，超过了清政府十五年财政收入的总和。因此，有"和珅跌倒，嘉庆吃饱"这一说法。

乾隆死后十五天，嘉庆就赐和珅自尽，清朝第一大贪官死时年仅四十九岁。

嘉庆对王杰一直礼遇有加。王杰辞京还乡时，携带的东西只有几十箱书，再无其他。嘉庆便将乾隆的手杖赐给他，还特许他扶杖入朝，恩准他以原职原俸回乡，

并赠诗二首,以表尊敬和器重。现录其中一首:

> 屡蒙恩旨秉文衡,
> 艺苑群瞻桃李荣。
> 直道一身立廊庙,
> 清风两袖返韩城。

这首诗盛赞了王杰的做人和为官之道,写就了王杰才华熠熠、清正忠直的一生。

王杰生于雍正三年(1725),乾隆二十六年(1761)中状元,当值南书房,时年三十六岁,始入官场。

和珅生于乾隆十五年(1750),乾隆三十四年(1769)参加科举名落孙山,以文生员承袭三等轻车都尉,时年二十岁,从此踏上仕途。

王杰比和珅大二十五岁,比和珅早八年当官,两人同朝为官三十年。王杰从未屈服于和珅的权势之下,而是经过朝中三十年的风霜刀剑、暗潮汹涌、你来我往的斗智斗勇,终于扳倒了和珅,将其绳之以法。在与和珅斗法的过程中,他所表现出的敢于直言、刚正不阿的品格尤为可敬、可赞、可佩,是为后世直臣廉吏的楷模。

逆风直身的"陕西愣娃"

王杰中状元后,很快就被授为翰林院编修,不久又升为侍讲。一直秉承张载"为天地立心,为生民立命,为往圣继绝学,为万世开太平"的理念,在乾隆面前讲一些关学经典和治国之道,兼具论辩政事,让长年处在深宫的乾隆能够经常性地接受理论学习和时政教育。乾隆刚开始也只是赏识王杰的知识渊博、文采拔萃。然而,在后来的共事过程中,看到了王杰的"质直和尚义",由此,王杰在乾隆心中的分量就更重了。

张子祠楹联

王杰生于关中,长于关中,十分崇拜关学创始人张载。乾隆二十七年(1762),时值张子祠再次修缮告竣,故乡去函请他撰写楹联,王杰欣然写下两联:

道学振关中十六字渊源遥接,教泽留梓里千百年俎豆常馨。
三代可期井田凤愿经时略,二铭如揭俎豆能往阐道功。

经过考虑，乾隆让王杰在上书房任总师傅，学生中就有后来的嘉庆皇帝（皇子颙琰）。王杰性格耿直，在教皇子颙琰读书时，并不因为他的身份而放松或放宽学习的标准和要求，对皇子颙琰的课业要求极其严格，有做不好的便严加教训，甚至让未来的皇帝罚跪罚站。

有一天，王杰在上书房授课。颙琰读书时不在状态，非常懒散，王杰就教训了他，颙琰依然我行我素。王杰就领着颙琰到室外廊下，罚他跪在那里。

过了一会儿，乾隆散步路过，看到堂堂大清的皇子被罚跪，心中十分不快。走近后，颙琰见了乾隆，哭泣不已。乾隆让颙琰站起来，面对房子说："教者天子，不教者天子，君君臣臣乎！"

王杰从容反问："教者尧舜，不教者桀纣，为师之道乎！"

乾隆听后，心想：难得王杰有如此见识，令人震惊钦佩。从此更加器重王杰。便连忙让颙琰跪下，并叮咛："非你师之命，不得起也！"然后又继续散步去了。从这件事情中，可以直面感受到王杰耿直刚正的品行，相信这也是嘉庆成为皇帝后，对王杰信赖看重的原因之一。

敢这么怼皇帝，还敢这么对待未来皇帝的大臣，也只有王杰了。

嘉庆即位后，非但没有记仇，还秉承了王杰的治国理念，登基后的第一件事就是整肃吏治，收拾了巨贪和珅，又发起了反贪风暴，数百名大小贪官一一落马，贪腐成风的清朝官场为之焕然一新。

嘉庆即位之初，王杰就上书说：近年因战乱，川、楚、豫、陕四省百姓穷困，生产严重破坏，而地方官吏依然横征暴敛。请求朝廷减免这些地方的田赋，罢免骄惰将帅，取消乡勇编制，淘汰老弱士兵，只有这样，才可以实现强兵富民。

王杰把他终生践行的张载的思想理念与实际相结合，融入"实学"并大力推广，吸引了无数志在报国的青年才俊，使保守封闭的清代学风为之一变。诸如魏源、林则徐、左宗棠这些历史上的风云人物，都是"实学"门下的弟子，在开民风气、实业救国、禁烟抗英等方面大有作为。

每况愈下的大清朝，总算有了些起色。王杰虽是一个"工作狂"，但已是古稀高龄的身体却不是那么听话好用了，实在是力不从心，遂打算告老还乡。

嘉庆离不开老师的辅助，颁下谕旨挽留，特地准许他拄着拐杖上朝。王杰又苦干了三年，直到连拄着拐杖都走不动了，实在不堪重负，再次请辞还乡。嘉庆这才不得不放王杰回乡休养。

嘉庆八年（1803）春，王杰要离京返乡时，仍不忘朝事，专门向皇帝上书请求解决政治上的腐败问题，并提出通过整顿吏治堵国家财政上的漏洞的策略。

王杰不仅文才拔萃，且性情耿直，品德超群。在朝四十余年，历仕乾隆、嘉庆两朝，官至东阁大学士、军机大臣。虽身处官场，他始终不忘恩师孙景烈的教诲，节身有制，生活俭朴，以直道立身朝野。

他居住的房子只有两进，没有花园，而且还是自己出了七百五十两银子盖的。他经常告诉家人："吾先人严谨节约，予伊等以不饥，足矣！且吾亦无长物以贻子孙，若不自检制，吾不能斤斤为豢养计，亦非吾所能庇也。"王杰平时因私事出门，从来不带下属官员，也不乘坐官轿，更没有摆那些鸣锣开道、前呼后拥的排场。他只是骑着一头小毛驴，带上一个仆人。有时候，在街头闻避道声，王杰立马肃立道旁，和大街上普通百姓一样。"县令，也是我的父母官！"他是这样想的，也是这样做的。

王杰曾多次被皇帝任命去往各省主持乡试，或者是去地方做学政，还经常担任进士考试的考官。这些可都是肥差，只要动动手指头，就能够大捞特捞。可是，王杰却视这捞钱的大好机会于无物。而且在当时，做京官的老师接受学生的礼物被看作是天经地义的事，是被默许的，可他还是没有接受任何钱财礼物，他说："今若受馈，何为官？"

"天下熙熙，皆为利来；天下攘攘，皆为利往。""清酒红人脸，财帛动人心。"古往今来，有很多这样的话语，从一个侧面也说明了，钱财确实是检验一个人道德品性的试金石。在这块试金石面前，王杰经受住了考验。

王杰除了严格要求自己，还经常教育子孙："入仕则正途可也，不以宰相子孙炫耀于人。"他从不曾利用手中权力给子孙晋升提供任何方便。

据说，他的儿子回陕西参加乡试的时候，当时的陕西巡抚是王杰的门生，他专门去信让陕西巡抚别录取他的儿子。这样做，无外乎是不希望被人说，儿子考中是因为老爹的缘故，正是因为王杰将清廉看得比一切都重要，才会做出如此不近人情的事情。王杰的其他三个儿子，没有一个是通过父亲的人脉而进入官场的，更没有去用金钱开道买官。王杰的长孙王笃，亦是通过勤学苦练，用自己的实力和真本事，在道光二年（1822）考中了进士。

家风是什么？说白了，就是言传身教。王杰深谙此道，用自己的一生为子孙后代书写了一张"如何为人处世"的答卷。

嘉庆九年（1804），王杰过八十岁生日，嘉庆命陕西巡抚方维甸带着他的贺诗、题匾及赐给王杰的珍宝到韩城登门祝贺。王杰次年赴京答谢，不久，在京去世。后埋葬于韩城柿谷坡上。

嘉庆得知后悲不自胜，亲治祭文评其："先朝耆旧，久直内庭，忠清劲直，老成端谨。"祠联为：

> 文见长，清风两袖，不畏权贵；
> 端品高，言道一身，敢斥恶邪。

盖棺定论。这副祠联正是对王杰一生最贴切的评价。

王杰不光是学富五车的文人，更是暗潮涌动的朝堂上的中流砥柱。在公然行贿、徇情营私的年代，王杰虽居庙堂之高，却以直立身，忠言直谏，两袖清风，堪为百世楷模。

滚滚而逝的黄河水，日复一日、年复一年地哺育着这片黄土地。从这片黄土地上走出去的状元郎王杰，用言传身教书写的这幅答卷，不仅影响着家族子弟、乡邻好友，也印在了所有中华儿女的心头，如黄河之水，奔赴向前，永不停歇。

哲人鉴语

乾　隆／典学七闽，肃正士风。台湾民俗，颇悉心中。山海险夷，参画具通。有佐樽俎，图貌纪功。

陈康祺／公忠贞亮直，相业有闻，即此一端，亦可见两朝恩遇，有自来已。

王 鼎

抗英名相的百年家书

蒲城，地处黄土高原和渭河平原交界地带，历史悠久，是国民革命军上将杨虎城和清朝爱国名相王鼎的家乡，被誉为"将相故里"。

为迎接香港回归，纪念抗英名相王鼎尸谏一百五十五周年，1997年6月26日，王鼎纪念馆在其故居初步建成。纪念馆大门两侧有一副楹联：

血浓于水，道光愤庸失王土，丧主权，青史悲鸣文死谏；
叶系于根，共和鼎盛雪国耻，圆缺镜，香港回归告忠魂。

步入纪念馆大门，迎面看到的是一尊三米多高的王鼎半身立姿塑像。眼前的他，紧握拳头，皱眉注视前方，好似在担忧着什么……

王鼎（1768—1842），嘉庆元年（1796）进士。官至东阁大学士。嘉庆、道光两朝的国家重臣。

当时，官场腐败异常，潜规则盛行，陋习甚多，还充斥着诸如"多磕头少说话"之类的所谓"为官哲学"。周敦颐在《爱莲说》中的一句话，刚好能形容身处如此官场中的王鼎的品行操守：

予独爱莲之出淤泥而不染，濯清涟而不妖。

这就是王鼎，一生有守有为，始终洁身自好。面对官场中的污水浊流，他敢于抵制甚至勇于斗争，所以官声十分之好，可谓誉满天下。

王鼎不仅在改革河务、盐政、财政，平反冤狱上，颇有政绩；在整顿吏治、抗英戒烟、捍卫领土主权方面，也是呕心沥血；至于教导后代之事，更有一封封的家书，可为佐证。

靠自身能力上位

王鼎年少时，家里过得很艰难，有时一天只能吃上一顿饭。为了摆脱困境，也为了改变命运，王鼎"襟怀超旷，专力攻学"，年轻时便以广博的学识闻名乡里。

二十八岁，王鼎赴京参加科举考试。他的同乡、乾隆二十六年（1761）的状元王杰，时为东阁大学士、领班军机大臣。王杰早就听过王鼎的名号，就想邀请他到府中做客以畅叙乡情，但王鼎找了个理由回绝了。在旁人看来，王鼎也太不识时务了。毕竟作为朝中元老，王杰在朝堂上的政治能量是极大的，许多人都想与他攀关系，可王鼎面对这种天上掉下来的好事，竟然拒绝了。

外界的风言风语，根本就吹不进王鼎的心里，他的心中自有一杆秤。其实，王鼎对王杰是十分佩服和敬仰的。作为有清一代陕西籍的第一位状元，王杰不仅文采了得，还是一位大书法家，而且在官场中又不畏权贵，直言敢谏，关心百姓疾苦，确实称得上是一个好官。尤其是王鼎在求学时，老师就经常跟他聊同乡王杰的所作所为。在这样的聊天中，王杰在王鼎的心中就不只是一位才德俱佳的风流人物，更为重要的是，在不知不觉中，王杰就成了王鼎的偶像，他在心里默默立志，要以这位老乡为榜样，做出一番大事业。

来到京城，怎么可能不想去拜见自己心心念念了多年的偶像呢？可是，王鼎不愿让心中的偶像瞧不起自己，以为自己是一个靠关系上位的人。他要凭真本事打出一片自己的天地，他要让偶像以己为傲。

嘉庆元年（1796），王鼎考中进士，进入翰林院，成了一名庶吉士，后担任翰林编修。王杰让王鼎拿几篇自己的文章给他看。王杰身居要职，事务繁忙，突然要看自己写的文章，王鼎心知肚明，王杰是想举荐自己。换作其他人，知道领班军机大臣、当朝皇帝恩师要举荐他，肯定会抓住这千载难逢的机会往上爬。可是，王鼎却又一次拒绝了，他拱手施礼说："老大人的情意，我心领了，学生读书时就曾立下誓言，将来做官一切都要凭自己的真本事，无论何时何事都不受人请托，也绝不请托于人。现在我虽然只做了两年官，但这个志向并没有改变，还请老先生见谅。"王杰听后先是一愣，接着就微笑着说："你有如此志向，我心大慰。"

王杰对于王鼎不给自己面子的举动，不但没有生气，反而对王鼎的人品赞赏有加，对他另眼相看。王杰感慨地说："观此子人品，他日名位必继吾后。"果然，王鼎之后的仕途发展真如王杰当初所料。

就像一首歌中所唱的："长大后我就成了你。"虽荆棘丛生，但只要心怀梦想，便可披荆斩棘，一路向前。

清操绝俗的实干家

嘉庆十八年（1813），四十五岁的王鼎离开翰林院，外放任江西学政。嘉庆二十一年（1816），王鼎同时兼任礼部侍郎、工部右侍郎、吏部左侍郎、内阁学士。依照清朝惯例，身兼三部侍郎的王鼎极有可能会入主中枢，担任军机大臣。

看到王鼎飞黄腾达，而且有可能再进一步，江西省内的各级官员都纷纷前来送礼。送礼的形式各种各样，送的礼物让人眼花缭乱。

这个时候，王鼎才真正尝到了做官的个中滋味。面对各色官员的虚伪势利，人性的自私贪婪，王鼎是怎么做的？

他对请托者不假辞色，情节较轻的，厉声训斥，情节较重的，则上奏朝廷，告其行贿。大家都见识了王鼎的手段，知道糖衣炮弹这一套在他面前是没有用的，江西官场便再也没人敢去王鼎面前行贿。

嘉庆二十一年（1816）八月，王鼎在主持江西乡试时，奉公守法，按章办事，所以，这次考试所选的人才"素有文誉""清贫积学者多"，这一榜被誉为"清榜"。

王鼎在主政江西的四年时间里，以清廉著称。在他回京时，路边有人写了一句话："虎去山犹在。"王鼎看后，写下了："山在虎还来。"表现出誓与不正之风斗争到底的决心和勇气。

在任户部尚书时，王鼎先后两次对盐政进行大力整顿。道光八年（1828），王鼎到长芦盐场进行调研，在摸清盐场弊端后，有的放矢地提出缓旧税征新税、暂停征税三年、领盐补贴以补耗损等治理措施。

道光十年（1830），他又去了两淮盐场，在陶澍等人的配合下，采取简化管理、缩小浮收、稳定生产、打击私贩等一系列措施，又提出新章法十五条。经过大力整顿，朝廷的税收实现了增长，食盐实现了产销两旺，百姓生活用盐也得到了极大的保障。史书有载："淮纲至此渐振，鼎之力也。"

王鼎在刑部任职时，先后深入九省，审理了三十余起重大疑案，使贪赃枉法者得到惩处，冤假错案得以平反。

当时，有一个案件，嫌犯之间的关系错综复杂，而且还牵扯很多官员，甚至有封疆大吏插手干预，但王鼎顶住压力，照查不误，终至真相大白。

道光初年，王鼎赴浙江主持乡试，并奉旨查处浙江德清县徐仉氏害死徐蔡氏一案。徐仉氏与前房所生儿子通奸，为灭口杀死了儿媳徐蔡氏。徐仉氏奸猾非常，买通了各级官吏、仵作、狱吏，加之官官相护，以致虽三次开棺验尸，可是皆无结果。此案一直拖延了三年之久。当时任按察使的王惟恂，明知其情，却囿于案中所涉的层层关系网，被逼自缢，令朝野震惊。朝廷便派王鼎去复审此案，他经过寻访查证，厘清了受贿关系网，案中涉及巡抚一人、知府四人、同知二人、知县四人，以及县吏、仵作等一众官员，终使案情水落石出。《清史稿》评其："官吏多受赇，勾结朦庇，致狱情诪幻。悉发其覆，置之法，浙人称颂焉。"

从此，时人称王鼎为"王青天"。"青天"之称便是对王鼎最好的嘉奖。

修筑河堤，体恤民苦

王鼎不仅拥有铮铮铁骨，立志铲除时弊，而且生活俭朴，怜恤百姓，曾深入一线抗洪救灾。

道光二十一年（1841），黄河开封段决堤。当时的河督文冲因工作不力被免职。王鼎被任命为河东河道总督，奉命前往开封开展抗洪救灾工作。

当时的王鼎已经七十多岁了，况且还背患疮疾。有人劝他，让他以身体不适为由，辞去这个差事。王鼎是这样回答的：先不说这是皇帝的命令，就问问自己是否心安。人饥犹己饥，人溺犹己溺。以前黄河绝堤，大多在州、县局部，这次快要逼近省城了，城墙都快变成了河堤。此事事关重大，令人不胜忧惧。然后，带着大夫急急奔赴灾区。

洪水来势凶猛，所经之地，一片汪洋，村庄农田皆被淹没。王鼎一到开封，就亲自进入一线察看汛情。当时的形势非常严峻，大片房屋变成了泥沼，只能看到树梢的几寸绿色。浮尸遍地，哭声震天，惨不忍睹。

看到这种情形，他立即召开会议，商讨治河方案。在讨论中，有人提议先迁移省会，再堵决口。这个方案一提出，立马得到不少人的支持，但王鼎却极力反对。他认为，自古以来，从来没有放着堤坝决口不堵，还去顾虑其他的。如果要让洪水改变流向，必然要筑堤坝。先不说舍弃千百年的旧址，也不说开千余里的新江，工程之巨大，所投费用之多，只说灾区众多灾民流离失所，避走他乡，怎能忍心？只要坚持守住堤坝，水患就可平息，民心就能安定。如果轻举妄动，传出迁移省会的消息，那么，百姓肯定以为堤坝决口堵不住，往日生活恢复无望，就会仓皇逃离，更甚于有可能会出现无赖游民发生动乱。王鼎不但主张尽快堵塞决口，而且立下了军令状，言称在冬春之交时工程必须竣工。否则甘受处分。

王鼎正式宣布破土动工后，他不顾自己身体不适，昼夜参加巡护。他的手下不忍其辛苦，给他送来了燕窝，劝他保养身体。但王鼎拒不接受，吃饭时还是买民夫的食物，他告诫督工人员"大工之役，终日胼胝于风雪水口中""工程全赖若辈"，要大家爱惜民力，尊重干活的人。

这年的冬天，天气极为寒冷，就是穿着紫貂猞猁大衣还觉得难以出门，而王鼎却只穿一件旧羊皮大衣，每天一大早准时到达河岸督工。

有人劝他说："您这么大年纪了，身体又不好，何必要这么认真，有什么事让下面人多干干就是了。"

王鼎回答："这些终日迎着风雪，在水土中干活的工人，手足都已磨出厚茧，他们才是真正下苦的人。你看他们穿的是什么，吃的是什么。我只是坐在这里，还穿着皮衣，怎么能算辛苦。"

王鼎的言行使干活的人深受感动，劳动热情持续高涨，工作效率也得到很大提高。

一天，突然刮起了东北风，而且越刮越猛。水位上涨后冲击着堤坝，二门以及上下护堤的边缘都被大水撞击，东面堤坝上有人被大水冲走。王鼎见此情形心急如

焚，昼夜坚守在堤岸边，风餐露宿，工作紧张时，连着八天不回房间休息，困了就和衣睡在桥上。为赶工期，整个严冬，乃至春节，都在工地上度过。

由于大家的齐心协力，工程进展很快，王鼎估计第二年的二月初八堤岸即可竣工。合龙日期初定，但决口之处的水深有十多丈，宽也有数丈，然而河高于决口，排水十分困难。有人就让王鼎将合龙时间往后推，王鼎不同意，并发誓说如若不能按期合龙，水口便是他死之处。随后日夜督促，终于在二月八日准时合龙。整个治河工程费用之省、进度之快，在我国治河史上都是少有的。

铁肩担道义之尸谏醒君

王鼎从小饱读诗书，青年时深受张载的关学思想影响，最崇拜"关中三李"①。他注重修身养性，重视人格操守，树立了重气节、轻功利的行事准则，立下了为国效力的宏愿。

清嘉庆十六年（1811）二月，林则徐以殿试二甲第四名高中进士，任翰林院庶吉士。此时，王鼎已入翰林院十五年，就是在翰林院相处的四个多月的时光里，两人相交莫逆，一生的君子之谊从这里开启。

历史就是如此有趣又如此巧合。

原本，一个是北方三秦大地的硬汉，一个是南方沿海之滨的英雄，在历史的撮合下，跨越千里之遥，相遇相知，结成一对志同道合的忘年之交，以两颗精忠报国之心，面对三千年未有之变局，两人携手在抗英的征途中，无惧生死，一往无前，共谱一曲高山流水，同绘一幅大义真情。正如秦观在《鹊桥仙·纤云弄巧》中所描绘的：

金风玉露一相逢，便胜却人间无数。

他们所处的那个时代，清政府正处于内忧外患之际，百姓深陷水深火热之中。

英国不断地向中国倾销鸦片，以牟取暴利。许多爱国志士纷纷上书，痛陈时弊，要求禁烟。这时林则徐的一封奏折惊动朝野，军机大臣王鼎多次力挺林则徐，并向道光皇帝推荐，赞其"多谋善断，有为有守，堪当重任"。

于是，就有了后来震惊中外的禁烟运动。

---

① "关中三李"：清初以来学人和社会上对周至李二曲、富平李因笃、眉县李柏的尊称。

道光二十年（1840），鸦片战争爆发，王鼎同首席军机大臣穆彰阿为首的投降派进行了顽强的斗争。随着时局的变化，道光帝开始妥协，终将抵抗派的林则徐、邓廷桢等人革职充军。此时，王鼎上书道光，保护林则徐、邓廷桢，痛斥投降派。

自开展禁烟运动以来，琦善遵从穆彰阿的意思，屡次破坏禁烟，破坏抗英斗争。林则徐上奏说："不杀琦善，无以对天下。"以"守备不设，失陷城寨"之罪将琦善查抄家产，发军台，又惩治了琦善的党羽。此事狠狠地打击了投降派的气焰，有力地缓阻了投降派的卖国行为。后来，在王鼎被派去抗洪治河期间，鸦片战争已处于边打边谈之中。等他圆满完成抗洪任务，回到京城，失败已成定局，对英议和在即，割地赔款、丧权辱国的条约也马上就要签订。

鸦片战争失败后，道光帝为推卸责任，将林则徐革职，发配伊犁。王鼎接到消息后，不顾个人安危，想办法举荐林则徐治理黄河水患，以此给林则徐求得一个"戴罪立功"的机会，以便他日朝廷能够重新起用。没想到治河工程竣工之日，道光帝便急令林则徐"仍往伊犁"。王鼎十分悲痛，两人抱头痛哭，林则徐给恩师呈诗二首，以为告别。

道光二十二年（1842）的三月，时任总办河务大学士的王鼎将手头工作料理完毕后，不辞辛劳，以病弱之躯日夜兼程奔赴北京。回京之后，他做的第一件事就是力挺林则徐，即刻进宫向道光帝陈述林则徐的贤能之处，说他一心为公，毫无私心，有才有德应该重新起用，并怒斥投降派首领、首席军机大臣穆彰阿为祸国的秦桧、严嵩之流。这位七十四岁高龄的副国级老官员，完全抛下个人安危，面对道光帝，慷慨陈词，说到痛心处涕泪交流。可是，道光帝却根本听不进去。

四月三十日，王鼎上朝时又旧话重提，向道光皇帝痛陈签订协议对国家民族的长久危害。道光帝仍不听劝，抽身欲走，王鼎拉着皇帝的衣角苦谏。道光帝大怒，甩袍下殿。王鼎回到寓所后，悲痛至极。此刻，他的脑海中浮现出一位古人——春秋时卫国大夫史鱼，他曾尸谏卫灵公。

两千多年后，王鼎力劝道光帝坚持抗英。由于道光帝妥协求和的主意已定，他在廷谏、哭谏均告失败的情况下，报国无门，然后决定效法史鱼，决心以"尸谏回天听"。王鼎下定决心后，便写下了遗书："条约不可轻许，恶例不可轻开，穆不可用，林不可弃也。"再次劝说道光帝要坚持抗英，不可再用穆彰阿，要重用林则徐。

道光二十二年（1842）六月的一个深夜，他将遗书放在怀中，然后自缢，享年七十四岁。王鼎死后八十一天，清政府便签订了丧权辱国的《南京条约》。

王鼎晚年为维护中华民族利益，捍卫国家领土主权完整，与林则徐一道，同穆彰阿、琦善为代表的投降派进行了殊死斗争。他尸谏殉国、以血醒君的壮烈之举，使他成为后代仁人志士心中永远的英雄。

王鼎死后，林则徐亲往蒲城为恩师守"心丧"三个月，还写下诸多楹联以为纪念。一个惜才如命，不论顺、逆、荣、辱，对林则徐都信任如初；一个则把这份信任转化为动力，决心用行动回报师恩。这种真情大义令天地动容，这种担当精神堪为后世楷模。

六尺巷背后的家训

王鼎不仅一生为官清廉，以"端方正直"著称，而且他那一封封的家书中蕴涵的家风家训，对后世的影响也是非常深远。

蒲城的达仁巷流传着一个"捎信让墙"的典故。王鼎的弟弟在家乡因为界墙的事情与邻里发生了纠纷，于是写了一封信给王鼎，让他给想个办法，出个主意。王鼎便把明朝诗人林瀚的《戒子弟》一诗稍加修改，附在信中：

千里捎书为一墙，让他几尺又何妨？
万里长城依然在，不见当年秦始皇。

弟弟收到书信一看，明白了王鼎是让他以谦让的态度解决与邻里的宅基地纠纷。他一想，也觉得哥哥说得非常有道理，欣然让出庄基三尺。邻里知道个中原委之后，深受感动，也让出界墙三尺，于是，就形成了今天别具一格的六尺巷——达仁巷。这件事情也被传为美谈。

王鼎故居东边祠堂的界墙处，现在依然能看到"墙外离

史鱼尸谏

史鱼，名佗，字子鱼。春秋卫国人，官太祝。春秋时期，卫国有位贤人蘧伯玉，为人正直且德才兼备，但卫灵公却不肯重用他。另一位叫弥子瑕的，作风不正派，卫灵公反而委以重任。史鱼对于这种情况很忧虑，但屡次进谏都不管用。后史鱼得了重病，临死嘱咐家人："我死之后，将我的尸体放在窗下，不要出殡。我要尸谏君王。"卫灵公来吊唁时，见此情景细问缘由之后，采纳了史鱼的建议。

戒子弟

何事纷争一角墙，让他几尺也无妨。
长城万里今犹在，不见当年秦始皇。

——明代林瀚

地三尺栽树五株"的字样。巷道旁边有一株国槐，历经岁月，依然枝繁叶茂。清风拂过，似乎在向人们陈述着历史变迁中王鼎百年家书的传承故事。

王鼎出身于书香门第，受家风影响，刻苦攻读，才学日进。幼年时，由于连年受灾而致家道中落，生活十分艰难。有一天，家中没有米，王鼎便出去向乡邻借粮食，奔走半日数次碰壁，最后只借来了半斤黑面。回家后，王鼎深知生活艰难，便更加用心读书。他还在一本书的醒目处写下了"半斤面"三个字，用以自励。

王鼎供职于翰林院时，自然少不了应酬，要应酬就要置办相应的一套东西。比如，见客的衣服、出行的车马等物。王鼎曾经咬牙买过一辆骡车，可是，最后竟然被偷了。后来，他在给四弟的书信中这样写道："京中拮据难堪，本月初二又将车骡被人盗去，至今无踪。若另买一牲口，总得七八十金，大非易事。且京况太苦，养车费力，不如其无。现在兄出入拜客总是步行，上馆上衙门则雇一小驴车而已。"

在朝为官期间，王鼎同乡同族的王杰当时任宰相，他从未让王杰帮助自己升迁，堪为自律的表率。虽长期在外为官，但治家严谨，对子弟家人要求很严，多次去信要求子女家人不许与地方官员来往，更不许仗势欺人。多次写信给在老家主持家务的四弟，告诫他："吾弟在家务要自守，地方间事万不可管，公事更不可沾，公门更万万不可入。"

有一次，王鼎知道了四弟对地方捐款一事有些犹豫，便写信严责："弟所见殊欠老成。此等义举……弟当毅然行之……"态度鲜明又诚挚感人。

道光十五年（1835），王鼎已六十八岁，他的儿子王沆从北京回陕西参加科考，他唯恐儿子利用他的权势行不法事，便叮嘱其在考前不许"见客""见长官"，并且和家人"勿上街"，极力杜绝嫌疑，以正自身。他曾经写过一副对联：

观天地生物气象，

学孔颜克己功夫。

王鼎以孔子、颜回的德行，教育儿子做人做事；同时又以风云的多变比喻官场的险恶，要儿子事事斟酌。

王鼎在训子《到家四要》中说："少见人，多读书，遇众谦，出言慎。"以此训诫子女族人，家书中每每不忘嘱托家人厚道做人，谨言慎行。

就是这样，在一封又一封的家书中，于行为的细微之处，良好家风渐渐形成了。

王鼎一生，爱国为民，风骨傲立，用铮铮铁骨挺起了中华民族的脊梁，以身示范树起了高尚人格。那一封封穿越百年的家书，谆谆教导着世代族人子弟，尤将王鼎的浩然正气和清正家风继承、发扬，一代一代传承下去。

推开历史的大门，凝望这穿越百年时空，依然熠熠生辉的王鼎家书，总能给人们一种热血沸腾、浩气长存的感触。若以一腔爱国忧民之心拂去时光的灰尘，以一缕正身律己之风吹散衣衫的尘埃，必能使这光辉逐渐沁入国人骨髓和血液里，凝聚起传统文化与家庭教育的信仰。

哲人鉴语

林则徐／伤心知己千行泪，洒向平沙大幕风。

林则徐

民族英雄的传家宝

提起林则徐,就想到虎门销烟,说到虎门销烟,就想起林则徐。纵观林则徐的一生,最令人难以忘怀的就是虎门销烟。

他不仅仅是一位禁烟英雄,更是一个凭着一腔孤勇,为了实现心中的梦想而百死不悔的痴人。

在父母的教诲和林家忠孝、仁爱、勤俭家风的熏陶中,林则徐最终以清正廉洁、勤奋严谨、亲民爱民的工作作风这种显性形式表现出来。林则徐自己也深深体会到了家风的好处,于是结合自己一生的阅历和感悟,写下了"十无益"格言,将这个传家宝传给子孙后代,培育了一代代的林家后人,影响了一批批的后来人。

清俭家风养成察民疾苦作风

每个人都有专属于自己的原生家庭,原生家庭对人一生的影响之巨大、之深远,是不可想象的。

林则徐生于一个贫穷但非常温馨的书香之家,父亲志节清高,开明仁爱;母亲温纯贤惠,勤勉持家。家里充满了浓浓的亲情和奋发进取的风气。

林则徐的父亲林宾日,嘉庆侯官(今福建福州)岁贡生①,一

---

①贡生:科举制中地方生员经考试升入国子监读书者。明代贡生有岁贡、选贡、恩贡和纳贡,清代则分为岁贡、恩贡、副贡、拔贡、优贡、例贡六种。明清两代,一般每年或两三年,从府、州、县学中选送廪生升入国子监读书,因称岁贡。

生都奉献给了当地的教育事业。林则徐的母亲陈帙出身于书香门第，知书达理，淑惠仁德。十八岁，在一个女子最美好的年华，她嫁给了林宾日，陆续生育了十一个孩子：长子林鸣鹤（早夭）、次子林则徐、三子林霈霖和八个女儿。

因为家境贫寒，婚后的生活并没有在娘家做女儿时那般轻松。虽然林宾日是一个私塾先生，中了秀才后又可以领取公粮，但家里人口实在是太多了，大小十几口人要吃饭，饿肚子的情况时有发生。林母是一位具有中国传统美德的妇人，她看到孩子们吃不饱饭，难受之极，不得不用做女红的活计换取银钱贴补家用，还将这门手艺传给了女儿们。虽然生计不用林则徐操心，但林则徐每天到学校之前，都会先将母亲和姊妹的手工活拿到店铺寄卖，等放学后，再到店铺收钱交给母亲。一直到林则徐中举，成为进士，生活才有所好转。在那些年里，林母没有一天是不做女红的。

邻居常常能听到林家吃饭时的欢声笑语。一看之下，不过是十多个人吃着一大盘豆腐，他们想不通如此贫困的生活有什么可高兴的。后来，林家以此事教导子孙要知足常乐。

林氏家族中一直流传着"一灯在壁"的故事。相传，当时林则徐家里只有一盏油灯，到了晚上，只好将灯放在短几上面，父亲指点男孩子在灯下读书，母亲和女

林则徐的名字

林则徐（1785—1850），字元抚，又字少穆、石麟，福建侯官（今福建福州）人。他名字中的则，是学习、效法的意思；徐，指的是福建巡抚徐嗣曾。字——元抚，是以巡抚徐嗣曾为榜样的意思。

一说：缘于林则徐出生时的一个巧遇。八月三十那天，天气非常炎热。林宾日因妻子分娩在即，便去镇上买了补品准备回家。当时，福建巡抚徐嗣曾从乡下察看灾情回衙，半路上突下大雨，徐嗣曾立即吩咐众人找地方避雨。环顾四周，只有山岙边有间破旧小屋，众人便去屋檐下避雨。这时，屋内传出一阵婴儿的哭声，正巧林宾日也在此时赶了回来。他见一位二品红顶花翎的大官站在自家门口，大吃一惊，匆匆跪拜。徐嗣曾将其扶起，说："古人云：'天生万物，唯人为贵。'你为大清生了一个好子民，说不定将来还是栋梁之材，本官应该祝贺你才是！"林宾日见这位巡抚大人和蔼可亲，没有一点儿官架子，内心十分感动。为纪念这次巧遇，便给儿子取名为则徐，字元抚。

一说：据程恩泽《题林旸谷年丈饲鹤图遗照》诗及注的解释记载，林则徐出生那天晚上，林宾日"梦到了凤凰在飞"，便联想到被誉为"天上石麒麟"的南朝才子徐陵（字孝穆），因此，在给儿子取名"则徐"之后，又取字"少穆""石麟"。

孩子在灯下做女红。平常油灯里只有一根灯芯,到了大年夜,会在油灯里加点一根灯芯,一家大小围坐一团,一起津津有味地吃着唯一的一道菜——一大盘素炒豆腐。而这盏油灯和那盘炒豆腐成了林家过年的保留曲目,一直传承了下来,也成了教育子孙后代的一个最好的媒介。

后来,林则徐写了一篇《先妣事略》,里面回忆了童年的生活:"逾年,家君入学,旋食廪饩。此后馆谷虽视前稍充,而食指渐繁,贫窭益甚。先妣工针黹,又善为草木之花,大者成树,其小至于一茎一叶皆濯濯有生意,可以逼真。遂资其直,以佐家计。不孝姊妹八人,皆以先慈之教,备传其妙。不孝幼随家君之塾,每夕归则矮屋三椽、短几一檠,读书于斯,女红亦如斯。不孝夜分就寝,而先慈率诸姊妹勤于所事,往往漏尽鸡号尚未假寐。其他困苦之状,类非恒情所能忍者。不孝见而愀然,请代执劳或让饮食,辄正色曰:'男子务为大者、远者,岂以是琐琐为孝耶?能读书显扬,始不负吾苦心矣!'"

贫苦而又温暖的童年生活和严格而又开明的家教家风,深深地影响着林则徐的三观,使他日后升至高官时,都保持了清俭的习惯和察民疾苦的作风。

林则徐在含冤流放新疆的三年时间里,表现出了不凡的心理素质与人格力量。他随身带着一方寿山石章,上面刻着四个字:"宠辱皆忘。"

《小窗幽记》中有这样一副对联:

宠辱不惊,闲看庭前花开花落;
去留无意,漫随天外云卷云舒。

相对于联中的"宠辱不惊",林则徐的"宠辱皆忘"已经达到另一个境界,因为他只需坚守本心去做人做事,已无关宠辱。

林则徐虽年高体衰,但依然勤勉认真,从伊犁到新疆各地"遍行三万里",实地勘察了南疆八座城池,摸清了南疆的真实情况,对西北边防的重要性有了更深的认识。林则徐根据自己多年在新疆的考察,结合当时沙俄胁迫清廷开放伊犁,认识到了沙俄对中国的威胁。这一系列的认识,促成了他抗英防俄的国防思想,亦使其成为近代"防塞论"的先驱。

他明确地向伊犁将军布彦泰提出"屯田耕战"的建议。布彦泰在向道光皇帝密报的奏折中,称赞林则徐"赋性聪明而不浮,学问渊博而不泥""诚实明爽,历练老成""能施诸行事,非徒托空言"。

林则徐看到当地百姓吃水困难,心有不忍,便决心解决这个难题。他开始在当

>
>
> 七十二峰楼
>
> 林则徐中进士后，住在文藻山。他早年以"东壁图书府，西园翰墨林。颂诗闻国政，讲易见天心"为志，潜心搜罗了前朝及当代各类书籍。藏书楼有"七十二峰楼""云左山房"，积三十余楹。被贬去伊犁时，以大车七辆，载书二十篋。临行前赋诗："纵使三年生马角，也须千卷束牛腰。"

地挖井建渠，兴修水利，发展农业，推广坎儿井和纺车。他在新疆做了大量利国为民的好事，当地百姓为表达对林则徐的感激和怀念之情，把"坎儿井"称为"林公井"，龙口水渠称为"林公渠"，把他推广种植的树林称为"林公林"，纺车称为"林公车"。

其实，那时林则徐是被发配新疆的，是一个"罪臣"，但他依然能够发挥自身的光和热，尽己所能为当地百姓做一些实实在在的有益于老百姓的事。虽颠沛流离，但从小根植于心中的信念，让他在任何际遇、任何位置，首先考虑的都不会是自身，入目所及之处只有百姓和国家。这就是林氏家风的魅力之所在。

父亲的言传身教

林则徐童年时家境寒苦，但他不仅得到了开明的父亲的教导，还有一个温馨的家庭。童年时光在林则徐的感知和记忆中，是清苦的，但更是快乐和幸福的。

林宾日的祖上曾是官宦人家，到了他父亲这一代已经衰落，到他这一代，更是"家无一尺之地，半亩之田"。林宾日幼时家贫，到十三岁才入学堂，经常被同学嘲笑。虽曾读书多年，后因家境贫寒，他不得已之下只能放弃科考之路，做了一名私塾先生，赚取家用。因他一生都未能参加科举，后来儿子出生，便把全部的希望寄托在儿子身上。

林宾日和当时一般的老师不一样，教学方式非常开明。他不只看重学问的精进，还十分注重学生品格的修养。在他教书的五十年当中，学生中中举和考上进士的多达数十人。当然，其中最杰出的还是他的儿子林则徐。

在林则徐四岁时，林父就将他带到私塾，教他认字。四岁的小孩子怎么可能长时间坐在教室里一动不动，更不用说认真读书了。林父讲课时，就让儿子自己去玩，在教完学生的功课后，就把儿子抱在腿上，一句一句地教他诵读文章诗词。不论儿子如何淘气，林父从不打骂，一直耐心地引导。

就是在这样深深的父爱和愉快的气氛中，林则徐学到了许多知识。这种教育方法给林则徐留下了极为深刻的印象。他曾回忆父亲："府君之教，谆谆然，循循然，不激不厉，而使人自乐于向学……讲授书史，必示以身体力行……务使领悟而已，然未尝加之笞挞，即呵斥亦绝少。"

经过三年的时间，林则徐已经能够熟练地背诵出许多文章诗词。在林则徐七岁时，林父便开始教他做文章。有一年，林则徐写出了"海到无涯天作岸，山登绝顶我为峰"的诗句，震惊四座。

因为家里的日子一直过得很贫苦，有人好心劝导林父，让林则徐不要读书了，可以出去做工谋生，还能补贴家用。但林宾日不同意，他认为儿子在学习上有天分，日后必有一番成就。林父当时绝不会想到，他的儿子其后的成就远高于他的期许。

林父生活在社会底层，这使他得以接近继而同情劳动人民，在对林则徐的教育中，时常有意无意地有所流露，这也是林则徐能够以国家民族利益为重的原因之一。

林雨化，是林则徐的同族长辈，为人正派，不畏权势。他揭发当时的福建按察使钱士椿营私舞弊，遭到报复，被诬陷致罪。但他拒不认罪，钱士椿就逼迫林雨化父亲代儿子签字画押。后林雨化遭监禁七个月后，被遣戍新疆，六十岁时获释回乡。

林则徐在少年时就从父亲口中听说过林雨化的事情，对其遭遇感到无限愤慨，希望能够见一见林雨化。他在父亲的引见下拜见了林雨化，与之一番恳谈，又读其著作。这使林则徐对吏治的腐败加深了认识。这件事也对他日后改革吏治起到了重要作用。

林父在教导儿子读书时，还非常注意培养他们吃苦耐劳的好习惯，规定每天读书至深夜。伴着一盏油灯，每晚读书到深夜，姊妹在旁做女红，这样的场景对林则徐的影响极深。林父总是告诉孩子们要努力读书，将来为国家效力。他曾在家中贴了一副对联：

> 粗衣淡饭好些茶，这个福老夫享了；
> 齐家治国平天下，此等事尔曹任之。

父母姐妹的艰辛，以及父亲的殷切希望，就是林则徐的最大原动力。

为了儿子的前程，后来父亲送林则徐入读鳌峰书院①。在那里，林则徐遇到了一个对他仕途上产生重大影响的人。

---

① 鳌峰书院：康熙四十六年（1707）由巡抚张伯行建，位于福州，书院广置书籍，校勘五十五种儒家著作。

> **鳌峰书院**
>
> 鳌峰书院是当时福建的最高学府,能够进入书院读书的人都不是一般人。书院以弘扬程朱理学为宗旨,以教、学、研、编为经,以出当世名士为纬,定期从全省择优录取秀才,聘各方名士讲学。
>
> 每年二月初旬,书院就会贴出"招生简章"。招收对象为全省九府一州品学兼优的生员(秀才)、监生和童生。有"日给廪饩,岁供衣服"的待遇。
>
> 每逢月初或中旬,由山长主持学习和测试。山长高坐堂上,命题宣讲或讨论经义,学生环坐静听共学。后改为以八股文章和试帖诗①作为主要学习项目。书院每年例于二月十五日以前,由督、抚亲临院中举行甄别试。生员、监生和童生的试题形式都是八股文一篇,五言六韵试帖诗一首。考卷评定后,会取一定名次的学生,按照等次颁发不同的奖学金,当时叫膏火钱。

这个人就是书院主讲陈寿祺。他对社会问题和官场有深刻的认识,在实务方面对林则徐多有指导和帮助,对林则徐产生了很大的影响。

即使是当官后,林则徐与陈寿祺之间依然保持着联系。林则徐除了向陈寿祺介绍情况外,还向其请教为官之道和从政见解,而陈寿祺每一次都会给予热切的支持和鼓励。可以说,林则徐的学问之广博,受益于陈寿祺的教导良多。

林父为人正直,他不仅对儿子言传,更加注重身教。有一年春夏之交,正是青黄不接之时,林家的日子就是"泥菩萨过江,自身难保",顾好自己一家人都很困难。就在如此艰难之时,林父的三哥林天策托人到家中借粮。林父叮嘱孩子们:"一会儿你们伯父来,不许说咱们家还没开火做饭。"他毫不犹豫将家中仅存的一点儿粮食给了三哥。结果,林则徐和姐妹们吃了一天剩饭,而林氏夫妇却饿着肚子。这种对手足之情的珍视,以及舍己为人、扶危济困的精神,深深地印在了林则徐幼小的心中,使他终生难忘。

林父虽未中举,但学问非常不错,在当地很有名望。

有一次,一个财大气粗的人用重金贿赂林宾日,希望他能够出面保送自己的儿子入县学读书。林父断然拒绝。当时年幼的林则徐不理解父亲为何要如此做,林父乘机教育儿子:"不妄与一事,不妄取一钱。"

林则徐高贵品质的养成,与其父林宾日的循循善诱、言传身教是分不开的。

---

① 试帖诗:科举考试文体之一。因诗须紧扣题意,类似帖经,故称试帖诗。其诗大都为五言、七言、六韵、八韵。限韵脚,并冠以"赋得"二字,亦称赋得体。出题必有出处,或用经、史、子、集,或用前人诗句。

嘉庆二十一年（1816）的一天，林则徐被派往江西南昌任考官。林父得知后，专门给儿子写了一封信，让林则徐慎选人才。林则徐此后多次任考官，始终能够公正严肃地开展工作，因此，在士人之间博得了良好的名声，甚至有一些落第的考生，都写信向林则徐讨论请教。林则徐后来在记述自己对担任考官工作的态度时，写道："则徐典试江西，府君自以踬于场屋，倍知科名之难，屡谕衡文当慎之又慎。已荐之卷，首场三艺当通阅到底，逐篇分评；未荐之卷，亦必逐卷有朱笔批点。"

林父希望儿子做一个正直的官员，从为官之日起，林则徐就牢记父亲"不妄取一钱"的家教，并奉行终生，终不负父亲所望。林则徐也像父亲教导他那样，教育儿子勤俭，不要被金钱迷惑心智，从而忘记当初的艰苦。于是，他写下了一副有名的对联：

> 子孙若如我，留钱做什么？贤而多财，则损其志；
> 子孙不如我，留钱做什么？愚而多财，益增其过。

林则徐的玄孙林崇镛在《林则徐传》中这样评价他："任事而不牟利，尽瘁而不热衷。"这既是对林则徐为官品行的概括，也体现了良好家风的传承。正可谓："忠厚传家久，诗书继世长。"

亲赴一线救灾的"林青天"

嘉庆二十五年（1820）二月，林则徐被任命为江南道监察御史。当时，河南南岸河堤决口，河南巡抚琦善办事不力，由此引发了大水灾，导致百姓流离失所，背井离乡。林则徐并没有因为琦善满洲贵族的身份而有所迟疑，直接向嘉庆参了琦善一本。因为林则徐为官清廉，不畏权势，行事果敢，不假情面，导致同僚的猜忌和冷嘲热讽。林则徐也因此更加厌恶官场的歪风邪气。

道光三年（1823）正月初七，林则徐任江苏按察使，在任期间下真功夫整顿江苏官场吏治，改革审判程序，亲自裁决案件。在必要时，甚至黑夜潜行，想方设法明察暗访，验尸时也是亲自动手，不假手于人。在短短的四个月时间里，就把江苏官场积压的案件基本上都处理清楚了，被当地百姓尊为"林青天"。

在这一年的夏天，江苏发生了大水灾，很多房屋和农田都毁于一旦，由此引发了社会动荡，百姓无安身之处，无果腹之物，生存面临困境。然而，面对灾情，官府丝毫不顾惜百姓生死，照样让百姓交税，矛盾进一步被激化，马上就可能发生民变。江苏巡抚韩文琦力主用兵镇压，林则徐极力反对，他不顾自身安危，毅然乘船前往事发一线，赈济灾民，平息民愤，解决了百姓的生存问题，恢复了社

会秩序。

从道光十年（1830）六月到次年七月，林则徐先后任湖北、河南、江宁布政使，面对关系河道民生的重大问题，林则徐决心"力振因循"。他顶着寒风，步行几百里，查看沿河地势、水流情况，掌握真实可靠的第一手资料，从而保证了治黄工程的顺利进行。

在任湖广总督时，他了解到湖北境内每年一到夏季，大河经常泛滥成灾。为保障沿河居民和下游百姓的生命财产安全，林则徐采取了"修防兼重"的有力措施，使"江汉数千里长堤，安澜普庆，并支河里堤，亦无一处漫口"。从此，江汉沿岸州县百姓再不用担心发大水了。

林则徐用实际行动告诉了我们，什么是心中有民。

主政陕西对决刀客

从道光二十五年（1845）开始，朝廷重新起用林则徐。次年四月，任命林则徐为陕西巡抚。林则徐遂收拾行囊，前往陕西。经过漫长的跋涉，在七月初九这一日抵陕上任。

当时，陕西境内刀客云集。刀客就是那些背扛大刀、任侠尚武的侠客一般的人物。《陕西省志》记载：刀客会是关中地区下层人民中特有的一种侠义组织。其成员通常携带一种临潼关山镇(今属陕西阎良)制造的"关山刀子"，刀长约三尺，宽不到二寸，形制特别，极为锋利，故称之为刀客。而清政府在文件中将其称为"刀匪"。

刀客大约产生于咸丰初年，其成员多为破产农民、失业手工业工人及其他城市劳动人员和游民，没有固定的组织形式与严密的纪律，有一个类似首领的人物，大家都称之为某某哥，在他以下的人都是兄弟，围绕首领活动。

《诗经·秦风·无衣》有云：

岂曰无衣？与子同袍。王于兴师，修我戈矛，与子同仇！
岂曰无衣？与子同泽。王于兴师，修我矛戟，与子偕作！
岂曰无衣？与子同裳。王于兴师，修我甲兵，与子偕行！

朱熹在《诗集传》亦评其为："秦人之俗，大抵尚气概，先勇力，忘生轻死，故其见于诗如此。"这首诗形象地反映了秦人的尚武精神。

班固在《汉书·赵充国辛庆忌传》赞中写道："民俗修习战备，高上勇力，鞍马骑射。故秦诗曰：'王于兴诗，修我甲兵，与子偕行。'其风声气俗自古而然，今之歌谣慷慨，风流犹存耳。"

《汉书·地理志》云："安定、北地、上郡、西河，皆迫近戎狄，修习战备，高尚力气，以射猎为先。"

这些都描述了秦人的尚武之风，而这尚武之风"至后世民俗犹存"。在林则徐任陕西巡抚的年代，秦人的尚武之风主要体现在"刀客"上，关中刀客名噪一时。

鸦片战争时，清政府为解决军费困难，除了调拨陕西征收的盐税外，还强行下令陕西捐银一百多万两。鸦片战争后，清政府给外国侵略者的赔款也摊派到了陕西，仅西安府咸宁、长安两县的赔款额，年征收就在两万两以上，相当于上缴的三分之一。再加上各地接连发生灾荒，底层的平民百姓生活极其艰难。于是，渭南、富平、三原、大荔、蒲城等地的"刀客"联合起来，反抗官府的斗争此起彼伏。

林则徐上任后，了解到这一情况，上书皇帝说："（陕西）东北毗连晋豫，西南壤接川甘，道路纷歧，奸宄易于出没。如佩执凶器之刀匪，此拿彼逃，最为民害。"要把"除暴安良""严缉捕以靖地方"作为新官上任后的第一把火烧起来。

当时，刀客主要在关中地区活动，尤其是渭南、富平、大荔、蒲城一带最为盛行，"有窝巢以为藏身之固，有器械以为抵御之资"。

林则徐上任后，针对地方官吏兵勇的所谓"锢习"，首先是"剖析开导，务令极力破除"，增强他们"缉匪"的勇气和信心。然后以"马得讽纠众夺犯伤差案"为入口，从渭南刀客下手，不仅判首犯马得讽斩刑，还将一些刀客发配到云贵两广边境的烟瘴之地充军。到了年底，林则徐又相继缉获一百四十六人，其中明确称为"刀匪"的有四十六人，都给予了严惩。

在惩治了"刀客"后，林则徐又采取了一系列赈灾措施，救济百姓。一方面，把西安府等地的一百多万石存粮以平价出售，对于那些无力购粮的百姓，由官方收养照管，省城西安即收养极贫百姓三四千人。又积极劝勉当地绅商富户出钱出粮救济他们所在村子的贫困户。另一方面，向朝廷连上《被旱各属分别缓征折》《咸宁等十二州县应征粮石展限奏销折》两道奏折，请求朝廷缓征钱、粮。为从根本上免除灾荒，林则徐打算兴修关中水利，让陕西督粮道张集馨对《关中胜迹图志》一书加以研究，提出兴建方案。但是，这一计划因为费用太大而没有实施。林则徐通过这些办法，暂时稳定了陕西局势，让老百姓过上了一段相对安稳的日子。

苟利国家生死以

道光十八年（1838）冬天，滴水成冰的时节，林则徐受命钦差大臣，入广州禁烟抗英。

到广州后，林则徐先查找各家烟馆，掌握了大量的第一手资料，弄清了广州受鸦片毒害者的真实情况。次年的二月初，林则徐和邓廷桢等人一起传讯十三行洋商，命令外国鸦片贩子限期缴烟，并写下保证，写明以后永不夹带鸦片。林则徐还郑重声明："若鸦片一日不绝，本大人一日不回，誓与此事相始终，断无中止之理。"

然而，事情并不像想象的那么简单，外商拒绝交出鸦片，也不同意写保证书。面对这种情况，林则徐果断发布命令，禁止外国人离开广州，查拿英国鸦片贩子颠地。经过艰苦卓绝的斗争，最终挫败英国驻华商务监督义律和鸦片贩子，收缴全部鸦片近两万箱，约二百三十七万六千余斤。于六月三日在虎门海滩上当众销毁。这就是闻名于后世的虎门销烟。

林则徐在广州开展的禁烟工作，得到了道光帝的充分肯定。

道光帝称虎门销烟："可称大快人心事！"并在林则徐过五十五岁生日时，亲笔书写"福""寿"二字的匾额，差人送往广州，以示嘉奖。

《老子》有云："祸兮福之所倚，福兮祸之所伏。"时隔不久，事情便急转直下。道光二十年（1840）的六月，英舰队封锁珠江口，进攻广州。在林则徐的严密布防下，英军的进攻未能得逞。受阻后英军沿海北上，八月九日抵达天津大沽口，威慑北京。此时，道光帝又急又怕，赶紧让直隶总督琦善前去"议和"，然后又让两江总督伊里布查探英军攻占定海的原因。此时，已有让林则徐当"替罪羊"的意思了。

大家都明白皇帝的意思，于是，各种诬陷、指责都对准了林则徐。琦善告诉道光帝，英国只是对林则徐一人有意见，只要朝廷惩治林则徐，所有问题都会迎刃而解。虽然，林则徐两次上奏陈述禁烟抗英的合理性和正义性，但道光帝翻脸不认人，指责林则徐是一派胡言。

在九月二十九日这一天，道光帝下旨，将林则徐革职查办，后降为四品卿衔，速赴浙江镇海搞海防建设。然而不久，接替琦善的靖逆将军奕山在率军与英军作战中打了败仗，为了开脱罪责，造谣说其实英方是愿意议和的，只要再次惩办

太极芋泥

相传道光十九年（1839），林则徐为钦差大臣到广州禁烟时，英、德、美、俄等国的领事为了奚落中国官员，特备了西餐凉席"招待"林则徐，企图让林则徐在吃冰激凌时出丑。事后，林则徐也设丰盛筵席"回敬"这些领事。几道凉菜过后，端上了一盘颜色暗灰而发亮的菜。其似两条鱼卧于其中，不冒热气，犹如冷菜。一位外国领事拿起汤匙舀了一勺，往嘴里一送，烫得两眼发直，另一位领事的嘴唇也被烫红了，其他客人都给惊呆了。这时，林则徐才介绍说："这是中国福建的名菜，叫作太极芋泥。"

林则徐，英方就会罢兵议和。道光帝求和心切，便把广州战败的责任也归罪于林则徐，说他在广州任职时没有积极筹划防务，以致英军发起进攻后，奕山招架不住。六月二十八日，道光帝下旨，革去林则徐"四品卿衔"，发往新疆伊犁，效力赎罪。

林则徐在《致夫人书》中说道："夫余生逢盛世，明智禁烟，妨碍英夷大利，必有困难，而毅然决然，不敢稍存畏葸之心者，盖以身许国，但求福国利民，与民除害，自身生死且尚付诸度外，毁誉更不及计也。"

林则徐抗英有功，却遭投降派诬陷，被道光帝革职。他忍辱负重，无奈踏上戍途。在赴戍途中，他仍忧国忧民，并不为个人的坎坷际遇而唏嘘，在西安与妻子告别时，写下了"苟利国家生死以，岂因祸福避趋之"的诗句。这不仅是他爱国情感的抒发，也是其人生信仰的写照。

人生十无益的教子格言

中国文人自古倡导"修身、齐家、治国、平天下"，特别重视家教、家风，流传下来的家训、家书数不胜数。与其他家训告诫后人的模式不同，林则徐的"十无益"，不仅陈述原则，还点明了道理，让人耳目一新。

道光十九年（1839）九月，林则徐在巡视澳门后，针对世风日下的现状，写下了"十无益"格言：

一、存心不善，风水无益
二、不孝父母，奉神无益
三、兄弟不和，交友无益
四、行止不端，读书无益
五、心高气傲，博学无益
六、作事乖张，聪明无益
七、不惜元气，服药无益
八、时运不通，妄求无益
九、妄取人财，布施无益
十、淫恶肆欲，阴骘无益

"十无益"讲述了一些朴素的人生道理，包含自身修养，人与家庭、社会的关系，将一些常被人们看作有益的东西，分别做了界定。也就是说，如果不满足某种条件，一些看起来有益的事情，很可能没有益处。因此，能够全方位地对人的身心起教化作用。"十无益"不仅是林则徐修身做人的准则，是他以德存世的范本，

也是他教育孩子的原则，而且对后人的行为处事具有极大的借鉴和指导意义。

林则徐是一个家教很严的人，小时候受到了父亲精心的教导。成年后，林则徐就像自己的父亲那样用言传身教教导孩子，传承家风。

当年，左宗棠被派戍守新疆，途中路过林则徐家。其时，林则徐已被免职，林则徐送给左宗棠一副对联，以示勉励：

> 海纳百川，有容乃大；
> 壁立千仞，无欲则刚。

有意思的是，林则徐在《答陈恭甫前辈寿祺》中有两句诗与送给左宗棠的那副对联内容相似，虽是分别从正反两方面所写，却有殊途同归之妙：

> 有欲刚则无，此际伏病根。

这两句诗中，明明白白地指出"贪欲"是腐败的根源。

林则徐的一生是与腐败贪污绝缘的一生。林则徐故居地势低洼，洪水季节常被水淹，这片地区历来是平民聚居之处。只有林则徐以高官显赫之身，与全家居住在这块低洼地带。官府也曾提出要给林则徐重新选址，修建一座新房子，但他拒绝了。林则徐没有现银分给儿子，只有价值三万两银子的田屋产业，每个儿子只分得价值一万两银子的不动产。曾国藩评价说："闻林文忠公三子分家各得六千串，督抚二十年，家私如此，真不可及，吾辈当以为法。"林则徐在给儿子们分家产时特别嘱咐："各须慎守儒业，省啬用度，并须知此等薄业，购置甚难。凡我子孙，皆当念韩文公'辛勤有此，无迷厥初'之语，倘因破荡败业，即非我之子孙矣。"教育后代必须谨守家业，懂得创业艰辛守业难的道理。

林则徐童年得到开明父亲的教导，受母亲勤勉的生活态度影响，一家人虽然生活困苦却也温馨和睦。林则徐及后人均以此事来教诲子孙，让子孙知晓"家和万事兴、人穷志不穷、乐观豁达"的道理。

林则徐时刻不忘叮嘱儿子要清白做人，谨慎做事。在写给儿子的一封信中，这样写道："有一言嘱汝者：服官时应时时作归计，勿贪利禄，勿恋权位；而一旦归家，则又应时时作用世计，勿儿女情长，勿荒弃学业，须磨砺自修，以为他日之用，是则用舍行藏，无施不可矣。吾儿其牢记之！"告诫当官的儿子，要明事理，知进退，不为个人小家算计，要服务国家社会。进中知退，退中知进，预存退归之心，而后

才能作最奋发有为的进取之计。不追求私利，不留恋权位，不顾虑个人利益得失。

林则徐告诫子孙："宜守三戒：一戒傲慢，二戒奢华，三戒浮躁。尔既奉母弟居京华，务宜体我寸心，常持勤敬与和睦。凡家庭间能守得几分勤敬，未有不兴；能守得几分和睦，未有不发。若不勤不和之家，未有不败者也。"

道光十九年（1839），五十四岁的林则徐到广东禁烟时，给妻子写了封家书："做官不易，做大官更不易。我是奉命唯谨，毕恭毕敬。夫人务嘱咐二儿须千万谨慎，切勿仰仗乃父的势力，和官府妄相往来，更不可干预地方事务。"

林则徐不仅身体力行，严于律己，更是在这样的谆谆教导和严格要求中，将其优良家风传给子孙后代，留下了著名的家教箴言，影响和培育了一代代杰出的林家后人。

在林则徐的一生中，其家训、家风不仅承载着祖辈对后代的希望和鞭策，更体现了中华民族的文明风范，穿越百年历史，依然光华永驻。

1996年6月7日，中科院北京天文台陈建生院士发现了一颗小行星。按照国际小天体命名委员会的规定，谁发现了小行星，谁就拥有命名权。陈建生院士领导的施密特CCD小行星项目组和国际小天体命名委员会成员、北京天文台朱进博士，提议将新发现的这颗小行星命名为"林则徐星"。林则徐的禁毒和治水业绩，得到了国际社会的公认，因此，国际小天体命名委员会批准了中科院的建议。"林则徐星"在火星与木星之间，沿椭圆轨道以4.11年的周期绕太阳运动。

哲人鉴语

左宗棠 / 附公者不皆君子，间公者必定小人，忧国如家，二百余年遗直在；庙堂倚之为长城，草野望之若时雨，出师未捷，八千里路大星颓。

咸丰帝 / 答君恩，清慎忠勤数十年，尽瘁不遑，解组归来，独自心存军国；殚臣力，崎岖险阻六千里，出师未捷，骑箕化去，空教泪洒英雄。

左宗棠

化私为公的"散财童子"

他有一个耳熟能详的名字,他是无可争议的晚清传奇人物。

他三次参加会试,三次名落孙山,是科考的失败者。然而,就是这个败走科举之人,于乱世挺身而出,挽狂澜于既倒,扶大厦于将倾,成为与曾国藩、李鸿章、张之洞并称的"晚清中兴四大名臣"之一。

他是洋务派代表人物之一,践行实业救国的理念,创办了被誉为舰船制造和造船、培养航海人才的中国近代海军之基——福州船政局。

他一生廉俭,《清史稿》评价他说:"廉不言贫,勤不言劳。"

他治家甚严,教子有方,化身"散财童子"教导子孙如何花钱,让子孙"宜早自为谋"。

他就是左宗棠(1812—1885)。左宗棠,字季高,湖南湘阴人。晚清重臣,曾任陕甘总督,谥文襄,有《左文襄公全集》传世。

三试不中,依然心忧天下

嘉庆十七年(1812)暮秋的一天,左宗棠出生了。他自幼聪颖,少负大志。四岁开始随祖父在家中书塾读书,六岁开始攻读"四书""五经"等儒家经典,九岁开始学作八股文,十四岁参加湘阴县试考了第一名,十五岁参加长沙府试考了第二名。

他喜好读书,不囿于"四书""五经",常常研习经世致用之学,把那些涉及中国历史、地理、军事、经济、水利等内容的书籍视若至宝。十八岁时，左宗棠已经开始读顾祖禹[①]的《读史方舆纪要》、顾炎武的《天下郡国利病书》和齐召南[②]的《水道提纲》。这对他日后产生了很大的影响。

道光十年（1830），左宗棠拜访了长沙著名的务实派官员、主张经世致用的学者贺长龄[③]，贺长龄"以国士见待"之。贺长龄的弟弟贺熙龄[④]是左宗棠在城南书院的老师，他也非常喜爱左宗棠，称其"卓然能自立，叩其学则确然有所得"。

这一年，左宗棠进入了长沙城南书院读书，次年转到湖南巡抚吴荣光在长沙设立的湘水校经堂读书。他学习刻苦非常，成绩优异，在一年的考试中，七次都考了第一。

湘水校经堂

湘水校经堂原址在湖南长沙。清道光十一年（1831），由湖南巡抚吴荣光创办。初创于岳麓书院内，以经史、治事、辞章分科试士，以研习汉学为主，培养通经史、识时务的经世致用人才，树立新的学风。

光绪五年（1879），迁建于城南天心阁下。山长成孺重经济之学，要求遍读经世之书，以研究农桑、钱币、仓储、漕运、盐课、榷酤、水利、屯垦、兵法、马政之属，以征诸实用。光绪十六年（1890），学政张亨嘉于长沙湘春门外另建院舍，改名校经书院，亦称"湘水校经书院"，专课经史和当世之务。

培养的著名学生有郭嵩焘、左宗棠等。

道光十二年（1832），左宗棠以监生身份参加湖南乡试，一开始，他的试卷就没有被考官看中。眼看着就要与举人失之交臂，幸好这是专门为庆祝道光五十大寿所开的恩科，主考官又从五千余张考卷中选了六份，左宗棠便名列增补的这六人之首。

他的科举之路前面都很顺利，可是，在临门一脚时却屡屡不中。在之后的六年时间里，左宗棠三次进京赶考，均未考中。有一次落榜的原因十分可笑，竟然是因

---

① 顾祖禹（1624—1680）：字复初，明末清初江南无锡人。著《读史方舆纪要》一百三十卷，考订古今郡县变迁，详列山川险要战守利害。是重要的古代历史地理、兵要地志专著，被称为千百年绝无仅有之书。

② 齐召南（1703—1768）：字次风，号琼台，晚号息园，浙江天台人。清代地理学家。

③ 贺长龄（1785—1848）：字耦耕，湖南善化（今长沙）人，祖籍浙江会稽（今绍兴）。清道光时历江苏按察使、布政使，后官至贵州巡抚。主张查禁私种罂粟和吸食鸦片。

④ 贺熙龄（1788—1846）：字光甫，湖南善化（今长沙）人。官至四川道监察御史，曾提督湖北学政，归后任城南书院山长。

为湖南人多中了一个进士,湖北人少了一个,就硬是把左宗棠撤下,换了一个湖北人上。不能通过走大道进入官场的现实,并没有让他颓废消沉。他转而留意农事,遍读群书,钻研舆地、兵法。后竟因此成为清朝后期著名大臣。人生有时候就是这样,有心栽花花不开,无心插柳柳成荫。

道光十二年(1832),二十三岁的左宗棠完成了一件人生大事,他结婚了。他在新房写下了一副广为流传的对联:

身无半亩,心忧天下;
读破万卷,神交古人。

一语成谶。这副对联不只是他对自己的勉励,也成了他一生的写照。

道光十七年(1837)春,两江总督、经世致用派代表人物陶澍①回乡省亲,途经醴陵,县公馆的一副对联引起了他的注意:

春殿语从容,廿载家山印心石在;
大江流日夜,八州子弟翘首公归。

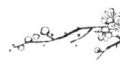

陶澍看到后大为赞赏,想要见一见写这副对联的人。于是,就有了陶澍与左宗棠的彻夜长谈。两人虽然相差三十岁左右,然而,年龄从来都不是问题,他们一见如故,成就了一段佳话。这次会面的结果是,左宗棠拜陶澍为师,以举人之身做了两江总督府的幕僚。从这里开始,左宗棠第一次接触到了军国大事。

道光十八年(1838),左宗棠第三次落第回乡途中,拜见了陶澍。陶澍让他的独子陶桄与左宗棠的长女定亲,结成儿女亲家。其后不久陶澍去世,左宗棠从道光二十年(1840)到道光二十七年(1847),一直在安化陶家教导陶桄八年。其间,他遍读陶家藏书,经营柳庄,钻研农学、舆地,编成《朴存阁农书》;并且开始对鸦片战争予以关注,提出了"更造火船、炮船之式"的应对方针。

太平天国起义后,左宗棠先后成为湖南巡抚张亮基、骆秉章的幕僚,为抗拒太平军多方筹划。当时,为抓住展示才能的时机,他经常为一些小事而与人大吵大闹。但是,在他当上巡抚,官至三品时,脾气却越来越小。有人就问他,为什么脾气与官职的高低成反比。左宗棠回答:"穷困潦倒之时,不被人欺;飞黄腾达之日,不

---

① 陶澍(1778—1839):字子霖,湖南安化人。历官给事中,安徽、江苏巡抚,两江总督。

被人嫉。"

咸丰二年（1852），太平军从广西入湘，长沙告急。左宗棠在郭嵩焘等人的劝勉下，接受了湖南巡抚张亮基的邀请，到巡抚衙门参赞军事。在他的"昼夜调军食，治文书"中，太平军围攻长沙三月而不下，只好撤围奔岳州而去。张亮基因此战功升任湖广总督，后又调至山东任一方大员，左宗棠始终一路相随。

后来，张亮基遭胜保①弹劾被罢官。左宗棠回到湘阴，过着半耕半读的悠闲日子。

咸丰四年（1854）三月，左宗棠应湖南巡抚骆秉章②之邀，第二次入佐湖南巡抚幕府，长达六年。

其时，太平军驰骋湘北，长沙周围城池多被占领，而湘东、湘南、湘西广大贫民连连举事。当此时局，左宗棠殚精竭虑，日夜谋划，辅佐骆秉章革除弊政、开源节流、稳定货币，大力筹措军械、船只等军事物资。骆秉章对他十分信任和倚重，事无巨细，皆听之，"所行文书画诺，概不检校"。不久，湖南"内清四境"，石达开被逼出湖南，又"外援五省，为在鄂、赣、皖等省前线作战的清军调拨粮饷、军械、船只"。

整风选贤

骆秉章在担任湖南巡抚和四川总督期间，大力整顿吏治。担任湖南巡抚初始，弹劾茶陵知州李光第、湖南拣发知州长惠等人，湖南官场风气为之一新。在四川期间，骆秉章对不守军纪、贪生怕死的将领给予严厉处罚。骆秉章的整顿取得了实效，他任职的湖南、四川两地吏治清明。

他不拘一格任用贤能，一批有才能、有抱负的官员得以快速升迁，如左宗棠、王鑫、胡林翼、刘蓉、蒋益澧、江忠源、萧启江、刘长佑等一大批精英人才，他们日后大多成为独当一面的封疆大吏。

咸丰十年（1860），太平军攻破江南大营后，左宗棠随同钦差大臣、两江总督曾国藩襄办军务。他在湖南招募五千人，组成湘军，赴江西、安徽与太平军作战。后一路升迁，封二等恪靖侯。

在镇压太平天国运动后，左宗棠倡议减兵并饷，加强练兵。同治五年（1866），又上疏朝廷，奏请设局监造轮船，被批准试行。于是，就在福州马尾择址办船厂，派遣人员出国购买机器、船槽，并创办船政学堂，培养造船技术骨干和海军人才。一年后，福州船政局正式开工，中国第一个新式造船厂就此诞生了。

① 胜保（？—1863）：字克斋，苏完瓜尔佳氏，满洲镶白旗人，清末将领。
② 骆秉章(1793—1867)：原名俊，号儒斋，广东花县（今广州花都区）人。封疆大吏，功绩卓著。

刚直不阿的"左骡子"

咸丰二年（1852），太平军进攻长沙，眼看长沙马上沦陷。此时，湖南巡抚张亮基想起了大名鼎鼎的左宗棠，于是急忙派人去请。

在长沙幕府，左宗棠个性强硬，得一绰号"左骡子"。他帮助两任湖南巡抚整饬吏治，罢免惩办了一批贪官污吏，得罪了一大批人。

当时，湖广总督官文有一亲戚樊燮，任湖南永州总兵，贪赃枉法。樊燮自恃身为满人，又是湖广总督的亲戚，拒不服罪。面对咆哮公堂的皇亲国戚，左宗棠凛然呵斥："纨绔子弟，国之硕鼠，有何面目见你家列祖列宗？"遂将其绳之以法。官文向咸丰帝诬告左宗棠，把他的话篡改为"八旗子弟，国之硕鼠"，说他"头上有反骨"。咸丰帝下令湖广总督查明情况，若属实，则可将其就地正法。

知道消息后的曾国藩、胡林翼等人一面上书解释情况，一面让在京好友郭嵩焘等人帮忙营救。郭嵩焘时任南书房翰林院编修，他有个同事叫潘祖荫①，乃是名门之后，文采卓然。郭嵩焘不便直接替左宗棠求情，便委托潘祖荫写个救人折子。在这道奏折中，潘祖荫讲述了事情缘由，写下了被后人称为"千古佳句"的"国家不可一日无湖南，湖南不可一日无左宗棠"。就是这句话打动了咸丰帝，左宗棠才躲过这场生死大劫。

对于手握大权的左宗棠来说，想发财易如反掌，但他却一生清廉。他与胡雪岩交情很好，胡雪岩为左宗棠筹措粮饷，左宗棠任命其为军中总理粮台，还保荐他为候补道，后更奏请皇帝，给其加授布政使衔，赏穿黄马褂，胡雪岩成为显赫一时的红顶商人。左宗棠在东南用兵顺利，都是得益于胡雪岩的支持。两人可谓典型的官商合作。有人就说，他俩官商勾结，共谋私利，向朝廷告发。于是，朝廷派人彻查，结果却让有些人大失所望。慈禧知道后非常高兴，随即对满朝文武下了一道口谕："三十年不准参奏左宗棠。"

胡雪岩在同治十三年(1874)创建了胡庆余堂，在这个被誉为"北有同仁堂，南有庆余堂"的药堂里流传着许多耕心制药的故事。

局方紫雪丹，是一味镇惊通窍的急救药。按古方制作，要求最后一道工序不宜用铜铁锅熬制。为了确保药效，胡雪岩不惜血本，特地请来能工巧匠，铸成一套金铲银锅，专门制作紫雪丹。现金铲银锅被列为国家一级文物，并被誉为中华药业第一国宝。

---

① 潘祖荫(1830—1890)：字伯寅，江苏吴县(今苏州)人。清代官员、学者、藏书家。

赏穿黄马褂

被赏穿黄马褂有两种情形。一种是打猎、射箭比赛时所赐。一般只允许在行围或比武时穿，平时不能穿，违者一律以觊觎皇权罪论处。另一种是奖赏有功的高级武将，有时也赐给统兵的文官。凡是得到的人，任何庄重的时刻都可以穿。

"自古功名振世之人，大都早年备尝辛苦，至晚岁事权到手乃有建树，未闻早达而能大有所成者，天道非翕聚不能发舒，人事非历练不能通晓。"

也就是说，自古以来，事业大成的人都早年不顺，久经磨炼，到后来才有建树，很少有早发达而成就很大的，天道是先收聚后勃发，人事要经过历练才能明白。

左宗棠四十岁才出山做事，年近七十才有不世之功业，是真正的大器晚成。所以，他写信教导儿子要沉潜历练，戒骄戒躁。

《易经》里有句话："君子终日乾乾，夕惕若厉，无咎。"

君子一方面自强不息，一方面对处境心存警惕，要有忧患意识，才有望免除荣耀带来的灾祸。左宗棠将这句话刻在心头，两相对照，时常反省。

左宗棠为儿子才不及位而担忧。经过深思熟虑，他劝儿子左孝威不要去考进士，因为他知道，儿子天资只是中等，之所以十七岁就考中举人，估计是湖南主考官冲着自己的面子。他认为，儿子没有高水平，就不要靠关系去侵占寒门子弟的科考指标，与他们争夺上升的通道。一个人想要身居高位，就要靠自身的真本事，这样才是真正对后代负责。

为官清廉、克己奉公是左宗棠一生所推崇和践行的理念。他身体力行，言传身教，并将此作为家风家训发扬光大，不仅激发了他身上的天地正气与家国情怀，也留下了宝贵的精神文化遗产。

世代累积，沉淀家风

古人说："道德传家，十代以上；耕读传家次之，诗书传家又次之；富贵传家，不过三代。"

《易经·坤·文言》中说："积善之家，必有余庆，积不善之家，必有余殃。"左宗棠从小就受传统文化的熏陶，他所秉持的"积德累善"观念，皆由此而来。

左宗棠出身于湘阴左氏。湘阴左氏的始祖叫左志远，南宋时从江西迁到湖南，以后世代居住在湘阴东乡左家塅。

左志远有一个叫左汤盘的儿子，读书很好，在宋朝嘉定年间考中进士，曾在浙江做采访使。

到了明万历年间，家族中又出了一个显赫的人物——九世祖左天眷。左天眷做过唐县知县，后升任辽东监军道，直接对总督负责。左天眷因政绩突出，被提拔为辽东经略熊廷弼的"军事参谋长"。

在这一代人中，左天眷的堂弟左任庵也是一个出色的人物，他身上最醒目的特点就是骡子脾气，倔强清高。谁知赶上张献忠杀进长沙府，威逼左任庵出山做官。他因严词拒绝而被张献忠当场杀死。此后，湘阴左氏寂默于乡野。

左宗棠的曾祖父左逢圣是一名秀才，以教书为生，十分孝顺慈善。有一次，他在外教书，爷爷病重，饮食起居完全不能自理。左逢圣便将爷爷的脏衣服拿到河边洗，边洗边想爷爷受病痛折磨的情景，不禁痛哭流涕，恨不能替之。

教书也挣不了多少钱，一家人的日子过得紧紧巴巴。但经济上的拮据阻挡不住心中的慈善，左逢圣在县城人口流动频繁的高华岭设立了一处茶室，自己掏钱买茶烧水，免费供往来行人解渴。

乾隆年间，湘阴发生了一场大水灾，百姓一年辛苦却是颗粒无收，多无以为生。左逢圣找到一家富户，经过劝说，一起合伙在湘阴袁家铺开了一个粥厂，免费救济灾民。为了这桩义举，他不惜将唯一的一件好衣服典当换钱。

左宗棠的祖父左人锦是国子监生，一等秀才。子承父业，继续舌耕为生，家境依然不宽绰，却继承了左逢圣的慈善家风，曾仿照社仓①，在县城修建"族仓"，以应对灾荒年月。在左宗棠的记忆里，祖父为了帮助邻里乡亲和睦，救济村里那些难以维持生计的人，总是不遗余力。

父亲左观澜留给左宗棠最深的印象，便是一个穷困的好人。左观澜为人勤恳，爱好慈善，养活一家人，养大六个子女，便已经花光了他所有积蓄。遇到庄稼歉收时，家里便要等着赚钱买米下锅。

左宗棠与二哥左宗植特别勤奋，道光十二年（1832），兄弟二人双双考中举人，成为湘阴左氏家族中近两百年来从未有的荣耀。此前，到左宗棠父亲一代，湘阴左家已历七代秀才，他们家被乡邻称为"七代秀才之家"。

七百多年的家风传承，左宗棠继承得最好的是孝顺与慈善。受家风熏染，左宗

---

① 社仓：南宋朱熹首创的一种储粮制度。在祠堂庙宇储藏劝捐或募捐而来的粮食，存丰补歉。

棠的慈善义举，在二十一岁那年便表现出来。左宗棠第一次进京赶考缺钱，新婚妻子周诒端将娘家带来的金银首饰卖了一百多两银子给他做路费。临行前夕，左宗棠的姑妈家里穷得揭不开锅，找上门寻求帮忙，左宗棠就把钱都给了姑妈。后来，还是亲戚朋友给凑齐了上京赶考这笔钱。

道光二十八年（1848），湘阴遭遇洪灾，全城被淹，乡亲举家逃难。左宗棠不忍看乡亲们流离失所，衣不果腹，便发出义务捐赠的倡议。这一次的救灾捐助活动比较成功，募集了五千多两白银，办了粥厂救灾。然而，对于左宗棠全家来说，就只剩下了光秃秃的四堵墙。左家原本家境丰裕，伴随着历代家人开展的各种慈善活动，钱不断地花出去，而致家道中落。

相传，左宗棠幼时随祖父和父亲外出施粥，别人逗他："饥民把你家的粮食吃完了，你要饿肚子了。"左宗棠竟然回答："祖父教我念过杜甫的诗'穷年忧黎元，叹息肠内热'。我饿一两顿没什么。"

生长在仁善之家，左宗棠耳濡目染，秉承崇俭广惠、惜福行善的家教家传。青年时期，左宗棠除了和父亲兄长们一起在出生地左家塅接济贫民外，还倡导兴办了义学，免费教育穷苦子弟。

因左宗棠与家人分隔两地，家里人准备在异地给左宗棠庆祝六十岁生日。他得知消息后，立即写信："养口体不如养心志，何况是在数千里外大摆筵席庆祝。"最后，在左宗棠的强烈干预下就没有庆祝。他用自身行动给儿女们上了一堂生动而又印象深刻的节俭课。

有一年，左宗棠妻子到福州探望他，途经崇安，知县按例给予接待。后来，他奉调陕甘时经过崇安县，便将当时接待妻子的费用如数还给那位知县。他的族人同乡、世谊亲友及部下，凡有请托带来礼物者，他一概不收，并以"不欲以一丝一粟自污素节"自勉。

左宗棠的长女左孝瑜能干又孝顺，后嫁给陶桄，闲居安化，小日子过得非常悠然清淡。可是，在终日漫长悠闲的日子里，左孝瑜渐渐地看不惯老公的清寂，开始吹起了枕头风，终于让老公同意去当官，于是便花钱捐了个道台。在当时那个年代，朝廷是允许买官的。可后来被左宗棠知道了，他虽然很生气，但面对朝廷这个政策，也很无力。

他开始考虑，怎样才能不让子孙成为官迷？他用长女做反面教材，写信告诫儿子们："我不知道你们大姐是咋想的，一心怂恿她老公去当官。当官就真那么好？

真有她想的那么好？我看不见得。她是不知道当官的难处与苦恼，等着看吧，将来有她后悔的时候。"

从这件事情，左宗棠发现，随着家大业大，家族人口增多，子孙繁盛，如果只是一味地为了过日子而过日子，没有精神寄托，只是活在安乐窝里，终会消磨掉锐气而没有勇气走出舒适区。那么，自己辛苦打下的基业，很快就会走向毁灭。

经此事后，左宗棠开始反思，对国家虽是问心无愧，可是却没有把家治理好，心有所愧。自己还活着，儿孙们就已经开始各想各路，家族眼看着有了衰落的迹象。自己死后，又不能再活回来指着子孙骂不肖。

那么，就只能靠家风熏染这一长久之法。家风胜于家教、家规、家法，就在于它潜移默化的影响力和渗透力。

回想一生所见，有太多的富贵之家衰败于一夜之间。看看他身边这些亲朋故旧的家族变迁，就会明白治家的重要性。

岳父周衡，是以"财政部副部长"这一级别退休的，当年的周家是何等荣耀！可是现在，两个外甥是典型的纨绔子弟，书没读好，游手好闲，还抽鸦片。就算家里有再多的钱财，也经不起这样的折腾。

亲家陶澍位居两江，然而，在他死后陶家骤然萧条。虽留下了几万两银子，但陶家为争夺家产，闹得四分五裂，还要应付各类募捐，致使陶桄只能靠田租养家糊口。

再看曾国藩，拜相封侯，名震朝野。他一生清廉，挣的钱全用于公事，死后只留下一万多两银子，办完丧事几乎没剩下多少。曾纪泽、曾纪鸿两兄弟非常重情，吊丧者所赠礼金多数返还。还好兄弟二人争气，能独当一面，挑起担子。

身边这么多活生生的事例，如走马灯般往来穿梭于左宗棠的脑海。左宗棠陷入深思：自己死后，给儿孙留下什么，才能保左家百年荣光？

同治五年（1866），太平天国战火彻底熄灭，身为闽浙总督的左宗棠将家眷接到福州，打算过一段一家团聚的日子。然而，朝廷发下三道急如星火的圣旨，急调他任陕甘总督。左宗棠只好让家人回老家去。

在临别之际，左宗棠经过深思熟虑，提笔写下了两副楹联：

> 要大门闾，积德累善；
> 是好子弟，耕田读书。

纵读数千卷奇书,无实行不为识字;

要守六百年家法,有善策还是耕田。

这两副楹联就是左宗棠思考得出的答案。耕读传家、知行合一,便是他为家族找到的出路,亦是退路。

他认为,要成为显门望族,就要靠多做善事;要培育出好儿孙,就要靠种地读书。只有这两方面都做好了,家族才能百年兴旺,屹立不倒。耕读之家,最符合中庸之道,进可做官,退可为民,即使不进不退,依然可以温饱度日。对于子孙后代来说,不论是高官显达还是平庸守常,逢乱世,无倾覆之祸,在治世,无衰退之忧,这就是耕读之家最大的好处。可见,左宗棠为了家族,为了后人,真可谓用心良苦。

简简单单、普普通通的这些字眼,是左宗棠为家族长远兴盛所谋划的一条进可攻退可守的出路,后成为左氏家风的灵魂所在,滋养孕育了数代子弟。尤其是左宗棠本人的表率作用,对子女产生了极大的影响。

当时人们称赞说:"公立身不苟,家教甚严。入门虽三尺之童,见客均彬彬有礼。虽盛暑,男女无袒裼者。烟赌诸具,不使入门,虽两世官致通显,又值风俗竞尚繁华,谨守荆布之素,从未沾染习气。"

亲爹开启花钱如流水模式

左宗棠有四个儿子,起名为孝威、孝宽、孝勋、孝同。他得子较晚,老大出生时,左宗棠已经三十五岁了。老大七岁时,他离家到长沙当幕僚。此后戎马一生,与家人聚少离多,甚至一连六年都不能与家人见面。但是,他深知教育的重要性,从不放松对子女的教导。

左宗棠在做浙江巡抚时,年收入大概是四万两白银。随着官越做越大,品级越来越高,挣的钱也越来越多,仅陕甘茶马使一职,便为他累积了许多家底。

俗语有云:"人为财死,鸟为食亡。"

现实生活中,有因为没钱或钱少而发愁的,此类人居大多数。少有为钱多而发愁的。左宗棠便是这小部分人中的一个。面对七百年来,祖辈从未有的财富,左宗棠不但没有因此欢喜,反而很忧虑。他忧虑的是如何处置这些钱财。

《周易·丰》有云:"日中则昃,月盈则食,天地盈虚,与时消息,而况于人乎?"

左宗棠／化私为公的"散财童子"

《周易·乾》有云:"天行健,君子以自强不息;地势坤,君子以厚德载物。"

左宗棠在想透了其中关窍,又受到林则徐说的"子孙若如我,留钱做什么?贤而多财,则损其志;子孙不如我,留钱做什么?愚而多财,益增其过"这句话的影响。得出了"富贵怕见开花"这一结论。因为,花开之后便是凋谢。

然后,他给孩子们写了一封信,说:"我廉金不以肥家,有余辄随手散去,尔辈宜早自为谋。"从此,左宗棠便开始扮演"散财童子"的角色,到处散钱。

左宗棠认为,世上最大的悲剧是后人"蠢而多财"。子孙从小含着金汤匙长大,没学一点儿本事,却滋生一堆不良嗜好,只会坐吃山空。如果有人觊觎家里的财富,子孙自己又没本事守住,当他死后,家族面临的便是倾家荡产,乃至断子绝孙。从这一点来说,财富就是摧毁家族的慢性毒药。

"三年清知府,十万雪花银。"清朝公务员的报酬除了年俸、禄米以外,还有养廉银。此外,还有很多其他名目的"例规①"和"饷银"。

左宗棠官历浙江巡抚,闽浙、陕甘、两江总督,三任钦差大臣,两任军机大臣,身为东阁大学士。以任陕甘总督为例,每年有高达两万多两的养廉银,再加上年俸和"例规""饷银",一年能挣不少钱。然而,左宗棠每年只给家里寄回两三百两银子,养活十几口人,导致家用拮据,妻子周诒端长年患病都无钱买药。

其余的钱大都被左宗棠拿去救济穷苦百姓或做公益事业了。同治五年(1866),福州船政局经费吃紧,左宗棠把他的六万两养廉银全部拿出,无偿公用。同治八年(1869),湖湘水灾,他捐养廉银赈灾。光绪二年(1876),左宗棠把自己积攒的"茶马使饷银"三十八万四千五百一十八两,全部捐给陕甘。光绪三年(1877),陕西、甘肃大灾,他再度慷慨解囊……在左宗棠家书中仅提及"助赈之事"就有六十余处之多。

这个世上,绝大多数人在面临"蠢而多财"与"贤而寡财"两个选项时,都会选"蠢而多财",而左宗棠果断选取了后者。因为他知道,只要子孙争气,有本事,就不怕没钱花,就会实现"贤而多财"。

在世时散财行善,内可以正家风,外可以广人缘,这才是治家的苦口良药,是真正的发家强族之道。

---

① 例规:按照惯例给的钱物。

相隔两地书信教子

左宗棠教子严格，对子女的教诲主要是通过写信的方式来进行的。在给子女的信中，他多次告诫："人生读书得力只有数年。十六以前知识未开，二十五六以后人事渐杂，此数年中放过，则无成矣，勉之！"尤为值得注意的是，左宗棠并不支持为扬名而读书，而是勉励他们要治有用之学，成经世之才，特别强调"耕田读书"这两件事都不可偏废，把"勤耕读"作为传家之本。

左宗棠出山前，曾度过一段很长的耕读时光，所以，对耕读有着很深的认识和体悟。他一再要求后代继承祖辈的耕读家风，保持农家子弟的本色，勤耕田，好读书。同治六年（1867），他担心孩子在城市闲居太久，而沾染了不良习气，特意写信叮嘱妻子："秋收后还是移居柳庄，耕田读书，可远嚣杂，十数年前风景，想堪寻味也。"读书耕田，并不是要子弟学会种庄稼，获得更多粮食，左宗棠更深刻的用意在于，培养子孙艰苦奋斗、自食其力的能力。

他在信中教导儿子："读书要目到、口到、心到。""读书做人，先要立志，多想一想古来圣贤豪杰在我这般年纪时，是何气象？是何学问？是何才干？我现在哪一件可以比他？"

当年，二十三岁的左宗棠在新婚之日写下对联："身无半亩，心忧天下；读破万卷，神交古人。"三十年后，左宗棠在福州寓所给儿女写家训时，写下的依然是这副对联。

在旧居柳庄的门楼两侧，左宗棠题撰了这样一副楹联：

慎交友，勤耕读；
笃根本，去浮华。

短短十二个字，体现了左宗棠谨慎交友、勤奋耕读、安于寒素、力克浮华的家教思想。这是他高度概括的人生体悟，也是对子孙后代的深深期许和谆谆告诫。

对于子女交朋友，左宗棠也非常重视。对沾染吃喝嫖赌等恶习的纨绔子弟深恶痛绝，严厉警告子侄，万万不能与这些人交往。当听说儿子与纨绔子弟结交时，他急忙去信严厉斥责："至子弟好交结淫朋逸友，今日戏场，明日酒馆，甚至嫖赌、鸦片无事不为，是为下流种子。"就是对自己的侄子，左宗棠也一点儿不敢放松，

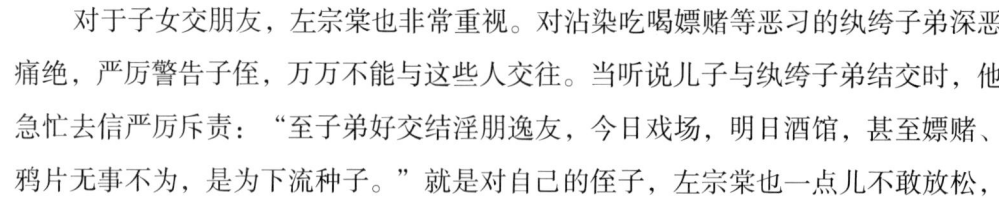

> **宫保袖**
>
> 　　一次，有个官员前来拜见左宗棠，看到左宗棠夹袄的袖子上套着一副套袖，就问他是怎么回事。左宗棠笑着说："我每天只要有空就要练字，长此以往，衣服的袖子早早就磨破了。就特意让家人做了一副套袖套在袖子上，这样清洗也方便，衣袖还不容易磨破，又能省去缝补的衣料。"这个官员听后，对左宗棠更加敬佩。
>
> 　　因左宗棠加太子少保衔，于是，此套袖便被称为"宫保袖"。

提出一样的要求："侄移居省城，迥不若从前乡居僻静，切宜从严约束，勿令与市井为伍，致惹闲事学坏样，是为至要。"

　　良好的家教家风，使左宗棠从小养成了吃苦耐劳的品格和节俭质朴的生活习惯。尽管他后来功成名就，出将入相，但仍保持着昔日的作风。

　　他不仅自己做表率，还经常告诫子女："子弟欲其成人，总要从寒苦艰难中做起，多酝酿一代多延久一代也。"

　　同治十一年（1872），他的次子左孝宽因家中人口增加，长沙旧居已经不够用了，于是在未征得父亲同意的情况下，加盖扩建房屋多用了六百两。左宗棠得知此事后，对儿子进行了严厉的批评和训斥。

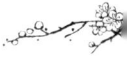

　　即使是在妻子周诒端去世时，他也写信嘱咐要从俭治丧："所不当用，即一文亦不可用。"

　　"惟崇俭才能广惠"，这是左宗棠一生信奉的原则。他还多次强调不能借上辈余荫坐享其成，更不能倚仗权势作威作福，"断不可恃乃父，乃父亦无可恃"。他一生从来没有为子孙谋过一官半职，子侄辈、妻舅辈人丁很多，但没有一人被他安插为官。很多族人和乡邻求事，都被他一一打发回去。光绪六年（1880），他写信给继任陕甘总督杨昌濬说，亲戚同族如有逗留兰州一带请求收录的，"决不宜用"。

　　因不能陪在子女家人身边，左宗棠只能采取写信的方式遥控治家，他不同于一些家长，只会说教指责，不允许干这，不能干那，而是用身教，用自己的一言一行，给孩子们做一个好榜样，让孩子们以父亲为傲。

　　左宗棠虽然位高权重，但后代并未沾染官场习气。孩子们都受到左宗棠"谨慎交友""力克浮华"等治家理念影响，虽出身显赫，但并无骄横之气。

　　长子左孝威，曾跟随左宗棠在军中做了一名随军文书。行军中，左孝威衣食住行与普通军士一般无二，没有丝毫特殊。次子左孝宽立志学医，经过潜心研读医书和经年累月的实践，终于成为一位颇有名望的医生。四子左孝同勤学苦练，成了著名的金石书法家。左宗棠治家有方，在他的身教言传中，延续了左家耕读传家、知行并重的家风。在清末乱世出了不少治国能臣，到了第四代以后，学者名医辈出，清白家风令后世称道。

百余年来，左宗棠嫡系后裔人丁兴旺。他们秉承祖训，大多投身于教育、科研、医疗、文化、艺术等领域，潜心研究，勤奋耕耘。左宗棠所倡导的家规家训，还深深地影响着左氏族人。时至今日，左氏族人还在用实际行动传承和诠释着左氏家风。

哲人鉴语

曾国藩 / 论兵战，吾不如左宗棠；为国尽忠，亦以季高为冠。国幸有左宗棠也。

李鸿章 / 周旋三十年，和而不同，矜而不争，唯先生知我；焜耀九重诏，文以治内，武以治外，为天下惜公。

梁启超 / 五百年以来的第一伟人。

蓝田四吕

移风易俗的弭地"学霸家族"

周封弭氏于蓝田，故其地亦称"弭"，为宗周之畿内地。这是有史以来，蓝田最早的名字。

"玉之美者为蓝。"蓝田山雄水秀，川美岭阔，历史悠久，是唐代宫廷画家韩幹、宋神宗时代的"四吕"兄弟、近代理学家牛兆濂等杰出人士的故乡，是唐代诗画双绝王维的隐居之地，留下了大量的文物古迹和宝贵的人文精神。

2010年，蓝田北宋吕氏家族墓园入选"全国十大考古新发现"。蓝田吕氏家族再一次进入公众视野。

吕氏家族的先祖，乃是鼎鼎大名的姜尚（即姜子牙），因其祖封地在"吕"，以国为氏，故又名吕尚。

姜太公归周后，改封地于齐，其子孙入齐者为姜氏，留吕者便为吕氏。秦汉至隋唐以来，吕氏家族以书香传家，世代为官。

北宋中期，汲郡人吕通去长安当官，途经蓝田，因爱其山水，决定举家迁往蓝田桥村定居，后繁衍显达，是为蓝田吕氏。成为蓝田吕氏始祖的吕通，其次子吕蕡有六个孩子，除一人早夭外，其中四个儿子皆登科，即吕大忠、吕大防、吕大钧、吕大临，世称"蓝田四吕"。

吕氏兄弟学识丰厚，品行出众，以变化风俗为己任。他们在家庙中开学授课，教化乡民，还编撰了中国历史上最早的成文乡约《吕氏乡约》。明人冯从吾赞扬之，关中风俗因《吕氏乡约》为之一变。

龙虎斗京华之"牛人出没"

天下利出一孔。自从有了科举考试,士子们便将其视为鱼跃龙门的康庄大道,视为出仕正途。放眼望去,历届科考中因金榜题名而名扬天下的不在少数。

纵观中国古代历届科考,有一届科考的榜单可谓是"前无古人,后无来者",光耀千年。

让我们穿越时光之门,一睹当年科考之盛况:

这一年,一位三十七岁的关中籍贯的青年,在汴梁(今河南开封)城中开坛讲《易》。

这一年,一位来自蓝田的二十八岁青年,将拜开坛讲《易》者为师。

这一年,主考官是驰名天下的文坛盟主,"唐宋八大家"之一、"千古文章四大家"之一,官至翰林学士、枢密副使、参知政事的欧阳修。

这一年,点检试卷官是被誉为宋诗"开山祖师",任国子监直讲,累迁尚书都官员外郎的梅尧臣。

这一年,榜单上人才济济,群星争辉,上榜之人在文化、政治、思想、军事等许多方面,都对后世产生了巨大的影响。

这一年,就是北宋嘉祐二年,就是诞生了被后人称为"千古龙虎榜"的1057年。先来看看,都有哪些历史牛人在这一年的榜单上出没:

苏轼、苏辙、张载、程颢、程颐、曾巩、曾布、吕惠卿、章惇、王韶、吕大钧。

这一榜进士中,唐宋八大家中的宋六家就有苏轼、苏辙、曾巩三人名列其中。同时,洛学鼻祖程颢及其弟子朱光庭,关学的开山祖师张载及其高徒吕大钧,蜀学创始人苏氏兄弟,均在这一榜中崭露头角。

这一榜进士中,苏轼、苏辙、张载等二十四人在《宋史》中有传。其中,有九

唐宋八大家

又称"唐宋古文八大家"。是唐代韩愈、柳宗元和宋代苏洵、苏轼、苏辙、王安石、曾巩、欧阳修八位散文家的合称。其中,韩愈、柳宗元是唐代古文运动的领袖,欧阳修及"三苏"等四人是宋代古文运动的核心人物,王安石、曾巩是临川文学的代表人物。韩愈是"古文运动"的倡导者,他们先后掀起的古文革新浪潮,使诗文发展的陈旧面貌焕然一新。

八家之名,起于明初朱右编选的《八先生文集》。明中期唐顺之编纂《文编》,唐宋文也仅取这八家。明末茅坤沿袭了这种观点,选辑了《唐宋八大家文钞》一百六十四卷。后来,这本书流传甚广,"唐宋八大家"之名渐渐为人们所熟知。

人任宰执。

这一榜进士中,苏轼、苏辙兄弟齐上榜,而他们的老爹苏洵此时亦在京城陪考,当此之时,"峨眉三苏"齐聚京城。在北宋一朝,能与"峨眉三苏"一较高下的,也就只有"蓝田四吕"。

吕氏四兄弟集官宦、学者、文人于一身,著述宏富,无论是在经学、史学、文学,还是在金石学、地理学等方面都表现突出,部分著作还具有开创之功,对当时及后世的文化学术产生了极为重要的影响。

千古文章四大家

多指唐代的韩愈、柳宗元和宋代的欧阳修、苏轼四位文章大家。出自清代张鹏翮为四川眉山三苏祠撰写的楹联:"一门父子三词客,千古文章四大家。"

上联说的是"三苏",即苏洵、苏轼、苏辙父子三人,他们同出一门,既是散文家,又长于诗词。下联指的是韩愈、柳宗元、欧阳修和苏轼,认为这四人堪称千古文章大家,亦从侧面又一次盛赞苏氏一门。言外之意是,四家文章苏门占其一,四家不是四个人的意思。此外,北宋文坛,欧阳修堪称领袖,苏门是主力,所以四家里没有王安石,直到"唐宋八大家"的说法中才加上了曾巩和王安石。

相传,当年阅卷之时,梅尧臣感觉这届考生都很优秀,有很多试卷让人无法分出高下,有几个更是意采俱佳。然后就让欧阳修评卷,欧阳修看后,觉得有一篇极好的卷子可能是自己徒弟曾巩写的,不想让别人觉得自己徇私,所以就没有点为状元,后来才知道,那卷子是苏轼的。

不论是榜单中的人名,还是故事传说,都可以看出,这一届学生的实力是多么雄厚。

这一年的榜单青史留名,是当之无愧的千古第一龙虎榜。此后,再无超越。

就是在这场科考中,"蓝田四吕"之一的吕大钧跻身"龙虎榜",在历史的舞台上正式登台亮相。

在这场科考中,吕大钧与张载虽然是同年进士,但他在得知张载学识渊博远胜于自己之后,便拜张载为师,从其学习。张载创建关学,十分重视"礼",强调要"通经致用,躬行礼教"。在张载的教导和影响下,吕大钧进一步将其发扬光大,改变了以往"礼不下庶人"的格局,创立了《吕氏乡约》,用以推行礼仪,教化乡民,建立了中国最早的乡村自治制度。

诗礼故土养育吕氏四贤

从皇祐元年（1049）至嘉祐六年（1061）这十二年中，吕大忠、吕大防、吕大均、吕大临兄弟四人，先后考中进士，入朝为官。虽在以后的人生中，他们道路不同，际遇各异，然而，相同的是，他们在各自的领域里均一鸣惊人，功成名就。

天禧四年（1020），吕大忠出生。皇祐五年（1060），考中进士，任华阴尉。

熙宁年间，王安石为确保变法顺利，派出多人出使辽国议和。吕大忠接到使命，认为此举不妥，觉得此时不可主动前去议和，便写奏章指出：此时议和不好把握，处理不当，反而会损坏国家利益。后被派往辽国商议代州（今山西代县）以北的土地划分问题，恰逢父亲吕蕡病逝，吕大忠急忙奔回蓝田。在其丧期未满之时，又被皇帝召回知代州。

当时，辽使到代州没有去坐专门给其安排的次席，故意坐到了主席上，吕大忠勃然大怒，后辽使只能听从吕大忠安排。在讨论土地划分问题时，辽使提出把代州割让给他们，就不再侵犯宋朝，从今往后两国和平相处。宋神宗都准备同意这个条件了，而吕大忠站出来说："彼遣一使来，即与地五百里，若使魏王英弼来求关南，则何如？"然后，宋神宗就不高兴地问："卿是何言也？"刘忱便帮吕大忠说话，说他的意见关乎国家大事，请皇帝一定要三思而行。最后这件事的结果是：宋辽以分水岭为界，刘忱被召回三司，吕大忠被赶回家乡为父守孝。

这件事情让宋神宗觉得吕大忠不讨喜。然而，就如其名字一样，他志在为国尽忠。这个忠，不是单单对皇帝个人的，而是对国家、对天下、对百姓的忠。这份忠，在其一言一行中化为家风，吹进了族人的心田，也影响了弟弟们的三观。

吕大忠当官时，有超前的文物保护意识，他做了一件泽被后世的事。正是因为他的一个举动，成就了今天的西安碑林。

碑林，因碑石丛立如林而得名。它坐落于十三朝古都西安，是一个著名的旅游景区，全国十八个特殊旅游景观之一，中国古代文化典籍刻石的集中地点之一，是一个闻名于世的历代著名书法艺术珍品的荟萃之地。

元丰三年（1080），吕大忠将文庙和府学的一部分迁至西安碑林现址。到了元祐二年（1087），吕大忠任陕西转运副使，因看到保存在唐尚书省西隅的石经"地杂民居，其处洼下"，便去与京兆府学商量，然后将石经及柳公权、欧阳询、颜真卿等所书的著名石碑移至"府学之北墉"，并修建了碑亭、碑廊，对其统一保管。这就是后来天下闻名的西安碑林的雏形，这里藏石数量颇具规模，陈列规范有序，为日后进一步发展奠定了基础。

吕大忠，也因此成为碑林的正式创始者。

后经历代收集，碑林规模逐渐扩大。现收藏历代碑石、墓志、石刻造像、画像石等石刻文物和书法、绘画、碑拓等其他文物万余，尤以碑刻墓志、历代拓本为特色。藏品时代序列完整，时间跨度达两千多年，有着巨大的历史和艺术价值，为普及和弘扬中国经典文化提供了一个重要窗口。

吕大忠当官，尽忠尽责；做学生，潜心求学。受弟弟影响，也拜张载为师。张载去世后，吕大忠还想继续提升学问，于是东赴洛阳，拜更年轻的"二程"为师，一生勤学不辍。

程门立雪

> 宋代进士杨时，为了提升学问，放弃高官厚禄，跑去河南颍昌拜程颢为师，虚心求教。程颢死后，他虽已四十多岁，但仍然立志求学，又去洛阳拜程颢的弟弟程颐为师。
>
> 这一天，他和朋友游酢一起去拜见程颐，不巧的是，程颐正闭目养神。这时候，天空开始下雪。二人求师心切，便恭敬地侍立一旁，不言不动地等了大半天，程颐才睁开眼睛，看到杨时、游酢站在面前。此时，门外的雪已经积了一尺多厚，而杨时和游酢却并没有一丝不耐烦的样子。

吕大防，从小端肃稳重，是宋哲宗时期的宰相，也是四兄弟中官当得最大的一位。皇祐元年（1049），二十三岁的吕大防进士及第后，调任冯翊主簿，不久升任永寿县令。

当年的永寿县没有井，当地百姓要到很远的山谷去打水。吕大防便发挥创新能力，开发了一个"自来水"工程。而这种使用了近千年的"自来水"设施，永久地停留在了永寿县老百姓的记忆深处，至今还被人津津乐道。

让时间回到九百多年前。那是一个酷暑的午后，永寿县城北绿荫掩盖的蜿蜒山路上，有几人正边走边欣赏沿途风景，其中有一位操着蓝田口音的男子，便是永寿县新任县令吕大防。那天午饭后，吕大防带了一个衙役到他工作的那座山城以北的山沟里游览。当时，这里还处于原始状态，绿草如茵，杂树丛生，令人心旷神怡。向上又走了一会儿，他发现有一股清流从山上蜿蜒而下，水流处，青草繁茂，二人兴致勃勃，沿着水流一路向上，终于发现清流的源头是石崖下的一泓山泉。

看着如此清洌的泉水，吕大防忍不住蹲下了身子。一捧清泉下肚，暑热顿消，全身舒泰。到任伊始，他就发现永寿县城，以及城区附近大小山头的庄户人家，用水都是从又陡又深的沟底肩挑畜驮而来。看到这眼泉水，他大喜过望，只因泉水在山上，县城在山下，便可将泉水引入城中，让老百姓方便用水。

回去后，经过深思熟虑，并与下属认真商讨，众人都持怀疑态度，认为这样的操作是不可能成功的。吕大防没有因为大家的质疑就放弃，他想尽办法，后采用《考工记》①中水地置泉法来测量，遂决定引水入城。但是，永寿县小民穷，财政收入很少，没有多余的钱去开展这项工程。他率先拿出工资，并动员乡绅百姓有钱出钱，有力出力。随后，他带人多次仔细勘测敲定了引水入城的路线。可是却存在一个难题，就是泉水流量小且沿途多有渗漏，根本到不了县城。为了解决这个难题，他反复琢磨，并与当地的能工巧匠几番商讨，终于研制出一种一头大一头小的无底陶罐，将其逐一衔接，才解决了这个难题。

从此，永寿县有了"自来水"，人们在家门口就能饮用到清冽甘甜的山泉，再也不用去深沟里挑水了。为了纪念这位勤政爱民的好县令，这眼泉水被当地百姓亲切地称为"吕公泉"。

由于主政永寿县政绩突出，吕大防被调到蜀地任青城（今四川都江堰）知府。古代的官僚士大夫一般都有国家分配给他们的"圭田"，其产出收入名义上用作他们四时祭祀的开支，因此也叫"祭田"。其实，是属于他们的私田。在吕大防来青城任职之前，当地官员常常将自己的圭田租给百姓耕种，但在收取地租时，他们是大斗收进，公斗放出，中间差可使其获利三倍。当地百姓虽然心怀不满，但也不敢公然反抗。吕大防到任后立即下达了一条禁令：圭田地租，无论出入一律用公斗。此举大大保护了老百姓的切身利益。

元丰元年（1078），宋夏边境战事频繁，吕大防调任永兴军。有一天，天空出现彗星，宋神宗不知吉凶便询问大臣。吕大防抓住这一时机，上书说：要养民、教士、重谷，要治边、治兵，要广开言路，要宽恕诽谤的罪行，要宽容不同的、相同的意见……他以长达数千言的上书，得到了朝廷的高度重视。

他还一度负责边境作战的粮草供应。当时，对西夏用兵，有很多调度需要落实，吕大防都尽可能地为百姓着想，能够向朝廷报告申请的都上报，务在宽民。等到兵事解除后，华州的民力比其他几路都要富饶，军需供应也从未缺乏。由于调度有方，在一定程度上减轻了老百姓的负担，得到家乡父老的衷心拥戴。

吕大防不只政绩突出，而且还积极与兄弟们一起致力于教化民风。他曾为《乡约》提供智力支持："凡是同约者，德业相劝，过失相规，礼俗相交，患难相恤，有善行就写在册上，有过失如违背乡约的也写上，三次犯过就实行惩罚，

---

①《考工记》：手工业技术文献，记述了木工、金工、皮革、染色、刮磨、陶瓷等六大类三十个工种的内容，反映了当时的科技及工艺水平。

不改过的人绝迹。"

吕大钧，一生为人朴实厚道，他和张载是一起参加科考的，在发现张载学识渊博后，便第一个拜张载为师。有人第一个吃螃蟹，后面的就好办了。于是，很多关中学者便都学吕大钧向张载求学，一时横渠声名鹊起，形成了"关学之盛"的大好局面。

但是，很少有人能将张载所教授的知识融会贯通，只有吕大钧坚持苦学，亲身践行儒家仁爱礼教，将所学用到日常生活中。吕大钧还在张载的支持和自家兄弟的共同努力下，编写了《吕氏乡约》。后经推行，对教化关中风俗起到了实际功效。张载赞誉其："秦俗之好化，和叔有力。"朱熹称《吕氏乡约》："今为令申。"

榜下捉婿

宋代的一种婚姻文化，即在发榜之日，各地富绅们全家出动，争相挑选登第士子做女婿。坊间便称其为"捉婿"。

吕大临，是张载的门下高足，始终牢记老师的教诲，一生致力于学术研究。因其学识文采出众，被张载之弟张戬看上了，成了自家女婿。他高兴地说："吾得颜回为婿矣。"张载去世后，吕大临曾求学于程颐，与游酢、杨时、谢良佐并称"程门四先生"。

吕大临晚年时，对古器物学情有独钟，开始研究金石之学。他是最早将青铜器铭文作为一门学问进行系统研究的学者之一，编著了金石学扛鼎之作《考古图》，被称为"中国考古学之父"。他们几兄弟喜好都差不多，吕大忠、吕大钧亦在碑石学领域有着深厚的造诣。

吕大临通六经，尤其是在"礼"这方面非常精通。在与吕大防一起居住时，便时常切磋古礼，自谓所施冠昏丧祭诸礼一本于古，当时已有"关中言礼学者推吕氏"之称。还与吕大防合著了《家祭仪》，将礼仪教化融入生活细节之中。

吕大临的德行、学问、才能均为上乘。所以他逝世后，许多人都哀悼其不幸早逝。苏轼晚年游蓝田时，有《吕与叔学士挽词》曰：

言中谋猷行中经，关西人物数清英。
欲过叔度留终日，未识鲁山空此生。

议论凋零三益友，功名分付二难兄。

老来尚有忧时叹，此涕无从何处倾。

蓝田这块诗礼热土，以其浑厚的诗礼积淀，滋养了吕氏兄弟的精神世界，为其创建村民自治制度提供了肥沃的文化土壤。

《吕氏乡约》与保甲法的"爱恨纠葛"

熙宁元年（1068）四月的一天，宋神宗召见王安石，问他："如何才能化解朝廷面临的政治、经济危机，摆脱辽、西夏不断侵扰的困境？"王安石就提出：要确定革新方法，要进行变法。后王安石写了《本朝百年无事札子》呈送神宗，说："大有为之时，正在今日。"

然后，神宗让王安石当宰相，开始实施变法，在财政方面推行的新法有均输法、青苗法、市易法、免役法、方田均税法、农田水利法，在军事方面推行的新法有置将法、保甲法、保马法等。震古烁今的"熙宁变法"开始推行。

保甲法就是将乡村民户加以编制，十家为一保，民户家有两丁以上抽一丁为保丁，农闲时集中接受军事训练。夜间轮换巡查，维持治安。虽然说，实施保甲法最主要的目的是建立全国性的军事储备，节省大量的训练费用；但是，还有一个目的，就是维护农村的封建统治秩序，保障农村社会治安。

保甲是乡兵，北宋朝廷在实行时主要采取"上番"和"教阅"两项措施。上番在全国推行，其任务是在巡检管辖下"教习武艺"。但是，各地上番不做统一规定，陕西的上番时间是"旬上"，即十天为一期。而教阅则仅限于在禁兵主要集结地，也就是开封府界和北方的河北、河东和陕西推行，其任务是在每年十月至来年正月农闲时操练。

历代中原王朝政府实行的户籍制度。规定凡政府控制的户口都必须按照姓名、年龄、籍贯、身份、相貌、财富情况等条目一一登记，载入户籍。被正式编入政府户籍的平民百姓，称为"编户齐民"。

不论是上番，还是教阅，都给保丁带来了非常深重的苦难，严重影响了家庭的农业生产和生活。他们还要受尽一众大小领导的指使、欺凌和勒索，同时对文化传

统造成了极大的破坏性影响。广大贫苦保丁或为逃避供养军队的高额赋税，或为逃避被抽去当兵，或是为逃避二者双重威胁，民间发生了许多自残事件，严重的甚至直接砍下了自己的胳膊，逃亡事件更是层出不穷。

吕大钧出身名门士族，书香门第之家，从小就胆识过人。

在北宋这个时代，儒者都怀有一个理想，正如杜甫在《奉赠韦左丞丈二十二韵》一诗中所说的：

致君尧舜上，
再使风俗淳。

他们希望将自己对儒学的解释，通过皇帝推行天下，实行仁政，教化百姓。

可是，王安石的变法却打破了他们所有的努力，让马上就能够变成现实的理想又变回了理想。然而，在无法通过顶层设计实现理想之后，在通过争取皇帝支持失败后，在阻止王安石变法无望后，这些儒者们只能换一条路去走。他们开始从民间着手，开始搞实验，试图走出一条新路子。

当时，保甲法一开始就遭到了苏轼、司马光等人的反对。他们认为，这种用国家权力直接控制乡村的保甲法不合理。但是，他们也没有更好的办法替代保甲法。

就是在这种情形下，吕大钧有了一个初步构想，虽还不够成熟，却已有了应对之法。

熙宁九年（1076），吕大钧和他的兄弟们在张载的指导下，反复讨论，编撰了《吕氏乡约》。而《吕氏乡约》就是儒者实现理想的一块试验田，也是回应王安石保甲法的一件锐利武器。同时，他们开始在家乡蓝田建立了乡约组织，期望以此敦风化俗，重建乡村社会。

《白鹿原》里飘出《乡约》的背读声

当晚，徐先生把《乡约》全文用黄纸抄写出来，第二天一早张贴在祠堂门楼外的墙壁上；晚上，白鹿两姓凡十六岁以上的男人齐集学堂，由徐先生一条一款，一句一字讲解《乡约》。规定每晚必到，有病有事者须向白嘉轩请假；要求每个男人把在学堂背记的《乡约》条文再教给妻子和儿女；学生在学堂里也要学记《乡约》，恰如乡土教材。白嘉轩郑重向村民宣布："学为用。学了就要用。谈话走路处世为人就要按《乡约》上说的做。凡是违犯《乡约》条文的事，由徐先生记载下来；犯过三回者，按其情节轻重处罚。

——节选自《白鹿原》

中国当代著名作家陈忠实曾说："我创作的《白鹿原》，里面有一个完整的道德体系。"书中朱先生所拟的《乡约》，就是源于我国最早的成文乡约——《吕氏乡约》。

陈忠实将《吕氏乡约》中的"德业相劝"与"过失相规"两部分照搬到《白鹿原》里，皆源于一个不经意的发现。

1986年，陈忠实到蓝田查阅县志时，发现了《吕氏乡约》。经仔细研读资料，他发现，乡约将传统文化和道德准则相融合后，凝练为条理分明、通俗易懂的"金科玉律"，成为生活在这片土地上祖祖辈辈教化子孙的专用教科书。而这也就是《吕氏乡约》之所以能在白鹿原上经久流传的原因。

《吕氏乡约》的主创人吕大钧是张载的学生，深受张载及其思想的影响。自从有了张载，关中地区就变成了关学的发祥地。从开山立派的张载算起，到吕氏兄弟、冯少虚、吕柟、李二曲，再到牛兆濂，这些关学信奉者们，皆以躬行礼仪为本。

而这其中，对社会最为有影响的还要算是吕氏兄弟创制、推行的《吕氏乡约》，它开启了中国历史中成文乡民自治的先河。可以说，《吕氏乡约》是"蓝四四吕"对关学"身体力行"的具体表现。

乡约由村民邻里自愿加入，推举乡里德高望重、有威信之人主事，定期开会商议事情，评判是非，以使乡人间和睦相处。

《吕氏乡约》将中华文明的结晶化入其中，其内容十分丰富，包括四条大纲，即德业相劝、过失相规、礼俗相交、患难相恤，共计三千多字的行为"细则"，涉及当时社会形态下人们生产、生活、学习、处世、做人、立德等方方面面。按照儒家伦理中的推己及人准则，由血缘宗法范畴扩展至地缘乡里范畴，以礼义道德规范为主要内容，引导教化乡民守德行善，抑恶扬善，移风易俗。

《吕氏乡约》中明确规定乡邻应互助互爱，"患难相恤"，在发生水火、盗贼、疾病、死丧、孤弱、诬枉和贫乏等情况时，按照情况的不同采取不同的帮助措施。对贫困守本分的乡人，要"众以财济之，或为之假贷置产以岁月偿之"。

如遇水火之灾要"小则遣人救之，大则亲往，多率人救之，并吊之"。遇到小偷要"居之近者同力捕之。力不能捕，则告于同约者及白于官司，尽力防捕之"。

生病了要"小则遣人问之。稍甚，则亲为博访医药。贫无资者，助其养疾之费"。可以看出，"患难相恤"是典型的民间自发相互救助。

而乡约制度，其本质就是一种民间的自治制度。也就是说，这种制度是需要乡村之间互为需要救助的一种自发救助方式。

《吕氏乡约》推行后，很好地改进了地方治安，促进了社会稳定。它以关中为中心，浸润了三秦大地，传向天下。朱熹编写了《增损吕氏乡约》，教化天下。王阳明以《吕氏乡约》为蓝本，在江西推行《南赣乡约》。梁漱溟在山东推广"乡村教育"时，还是以《吕氏乡约》为范本。不仅如此，《吕氏乡约》影响范围覆盖到了东南亚汉文化圈，十五世纪开始传入越南及朝鲜等地，被有识之士大力推崇。

穷家难舍，故土难离。中国的老百姓总是喜欢并习惯生活在世代居住的地方而不愿迁徙。也正因如此，这些生于斯、长于斯的老百姓，在日常的琐碎生活中，在长期的教化和约束中，乡约早已渗入他们的血脉，融入他们的根骨，成为生命中不可分割的一部分。

这就是《吕氏乡约》的力量和魅力之所在。

哲人鉴语

萧公权 / 《吕氏乡约》于君政官治之外别立乡人自治之团体，尤为空前之创制。

汉阴沈氏

四星齐辉的"两高"家族

陕南汉阴,地处我国地理中心地带的秦巴山区,北枕秦岭,南依巴山,汉江、月河、观音河、洞河蜿蜒而过,是中华民族的发祥地,亦是汉水文化的发源地之一。

其历史久远,文化灿烂,从新石器时代的阮家坝村落遗址,到明清时期的文庙和文峰塔,从子贡赞抱瓮,到唐诗、宋词、元曲的传承遗风,其人文禀赋"既含北方之粗犷豪爽,更兼南方之钟灵毓秀",处处都映现着深厚的文化底蕴。

就是在这片人杰地灵的秀美山川之中,世代居住着一个家风纯朴、人文厚重、影响深远的"两高"家族——汉阴沈氏。

《庄子·天地》曰:"子贡南游于楚,反于晋,过汉阴,见一丈人方将为圃畦,凿隧而入井,抱瓮而出灌,搰搰然,用力甚多而见功寡。子贡曰:'有械于此,一日浸百畦,用力甚寡而见功多,夫子不欲乎?'为圃者卬而视之曰:'奈何?'曰:'凿木为械,后重前轻,挈水若抽,数如泆汤,其名为槔。'为圃者忿然作色而笑曰:'吾闻之吾师,有机械者必有机事,有机事者必有机心。机心存于胸中,则纯白不备;纯白不备,则神生不定;神生不定者,道之所不载也。吾非不知,羞而不为也。'"汉阴老人抱瓮而灌,不愿用提水的机械,这是因为他自甘恬淡,愿意过古朴的生活,避为机巧之心。他认为,一为机巧,便失去了所谓心地的纯正,从而违背了古道。后多以"抱瓮"比喻淳朴的生活。

"两高""三沈"与故宫

汉阴沈氏的所有故事，皆源于五百多年前其先祖的一次迁徙。明天顺五年（1461），祖籍浙江吴兴（今湖州），在四川泸州为官的沈株山，也就是后来汉阴沈氏家族的始祖，在致仕返乡途中，被汉阴的美景深深吸引，遂决定以后全家都住在这里。相传，沈株山三兄弟分别时，把家里的锅拿去，铸成了三尊铜牛，每人一尊，相约"后裔若相会，必用铜牛对"。现今，只留有沈株山的一尊铜牛，另两尊不知去向。

在人杰地灵的月河川道上，这个修身为本、耕读传家的氏族已历经五百五十多年，繁衍子孙二十余代，现有人口三万。纵观沈氏家族的发展，其人口繁衍速度高，人才养成效率高，是汉阴县当之无愧的"两高"家族。产生这样一个结果的最根本、最核心的原因就是，沈氏家族拥有独一无二的传家宝典。

这个传家宝典，就是《沈氏家训》。

汉阴《沈氏家训》是清乾隆五十四年（1789），在八世祖沈祖烈的主持倡导下，在与原居民和外来居民的交流互鉴中，融合了巴蜀文化、秦文化和外来居民文化，族人遍阅祖宗碑文，搜集族史资料，凝聚全族之力而定立的。家训共二十条，一千九百三十三个字，从孝悌、亲情、修身、齐家、睦邻、济贫、教子、嫁娶、志节、德行、为官、奢望等方方面面提出规范和要求，倡导"忠、孝、节、义"，强调"勤、俭、正、廉"。尤其是"事亲不可不孝""持家不可不勤俭""志节贵乎坚贞""出仕不可不清"等家规，已广为传颂，是沈氏家族治家兴业、育人成才的根基，更是沈氏家族延绵不绝的灵魂和精神支柱，亦是陕南地区传统家训的典范。

翻阅《沈氏家训》，不难发现它有一个特别之处，就是多从日常生活的细微之处着手，并将其融入生活的点点滴滴之中，恰似微风拂面，润物无声。

在家风家训的熏陶下，汉阴沈氏群星闪耀。他们虽处于不同领域，却都做出了自己的贡献，成就了一番事业。从这里，走出了无数影响中国近现代进程的人物。其中，就包括学贯中西的"三沈"昆仲[①]和一位开国将军。

[①] 昆仲：称呼别人兄弟的敬词。昆古义为哥哥，胞兄；仲则是弟弟的意思。昆仲指兄和弟，比喻亲密友好。

> **昆仲**
>
> 《三国演义》第十五回，提到孙策与周瑜结为昆仲的相关语句。原文是："当先一人，资质风流，仪容秀丽，见了孙策，下马便拜。策视其人，乃庐江舒城人，姓周，名瑜，字公瑾。原来孙坚讨董卓之时，移家舒城，瑜与孙策同年，交情甚密，因结为昆仲。"

十九世纪末，沈氏三贤，也就是与鲁迅兄弟齐名的"三沈"昆仲——沈士远、沈尹默、沈兼士先后在这座优美宁静、世外桃源般的陕南小城汉阴出生。

纯朴的民风和谨严的家训，对沈氏三兄弟的影响无疑是积极而深远的。他们少小立志，勤学苦读。弱冠之后，游学中外，学贯古今，因其在国学、教育、书法等方面的非凡成就，被尊为"北大三沈"，成为我国五四新文化运动的先驱和享誉国际的文化大师。这样的三峰并峙、三星齐辉，是我国近现代文化史上的一个奇观，也是我国传统"一门数杰"佳话的一种传承和延续。

大哥沈士远的一生，从国学起步，拥护新学，以教育得名，直接参与组织领导五四爱国运动，为保护营救被捕爱国学生和保护北大不被迁校解体而做了大量工作，是新文化运动的接受者、宣传者和捍卫者。

20世纪20年代初，北洋政府财政极为困难，拖欠教师工资的现象很常见，教育事业难以为继。不论是北京中央政府的各部门，还是安徽、福建、河南、湖南、四川等地方省份，都因为拖欠薪饷，而发生了索薪事件。而其中，教育界的索薪在社会上造成了极大反响。教育部直属的国立八校①，因北京政府短缺教育经费，严重拖欠教师工资，爆发了声势浩大的"索薪运动"。

到1921年3月的时候，北大的教职员工已经近三个月没有发工资了。无奈之下，北大教师决定罢教，有了"榜样"的引领，其后其他国立学校步其后尘，也开始罢教。到了4月初，索薪依然没有结果，八校教师宣布集体辞职。然而，政府只是给他们开了一张空头支票，教师并没有领到工资。于是，开始二次罢教。

这一年的春夏时节，沈士远已经带领师生们开展了长达四个多月的"索薪运动"。他积极奔走，为学校争取教育经费。6月3日，教师、学生和教育次长

---

① 八校：北大、高师、女高师、法政专门学校、医学专门学校、工业专门学校、农业专门学校、美术专门学校。

马邻翼一起去总统府请愿，被门前军警用枪柄肆意殴打。李大钊昏迷倒地，不省人事；马叙伦、沈士远头破额裂，血流满身，被打成重伤。但他们没有害怕退缩，仍坚持不懈地去抗争。这一天发生的事情，在历史上称为"六三事件"。

家风的力量是无形又强大的，能够使人从中获得很多连自己都难以置信的力量，使人变得勇敢无畏。《沈氏家训》中，不仅包含着厚重的家国情怀，而且通过对生活细节的各种规定和要求，培养家族子弟勤勉、忠恕、正直、清廉的品格。这种品格不仅体现在老大沈士远的身上，也一样成了沈氏兄弟们的高洁品性中一个非常重要的部件，为他们铁肩担道义而提供源源不绝的能量。

别号"鬼谷子"的二弟沈尹默，原名君默。因为他在北大工作时比较沉默，很少说话，同事调侃他，说："你要嘴巴做什么？"建议他改君为尹，他随后便改名为沈尹默。沈尹默从日本回国后，先后执教于北大、北京女子师范大学，与陈独秀、李大钊、鲁迅、胡适等共同主办《新青年》，传播进步思想。

1932年，沈尹默因不满政府遏制学生运动、随意开除学生而辞职，南下上海任中法文化交换出版委员会主任。抗战开始后，应监察院院长于右任之邀，去重庆任监察院委员。后因弹劾孔祥熙未遂，不满政府打内战和贪腐之风，愤然辞去北平大学校长和监察院监察委员职务。他拒领薪水，以鬻字为生，即使会"字同生芹论斤卖"，也依然自甘清贫。

《孟子》有云："富贵不能淫，贫贱不能移，威武不能屈，此之谓大丈夫。"

沈尹默的坚辞拒绝，不只展现了中国文人的风骨，其背后依然闪耀着家风家训的光芒。大丈夫，舍沈尹默其谁。

1912年的秋天，三弟沈兼士来到北京，受聘于北京大学。当年的北大，正趋全盛之时，真是名流云集、群星灿烂，时有"五马①""三沈""二周②""一钱③"之美称。

1922年初，溥仪以经济困难为由，打算把故宫珍藏的《四库全书》卖给日本，已派人与日本人商定了一百二十万的售价。这件事情被沈兼士知道了，他致函民国教育部，并号召知识界，"竭力反对，其事遂寝"，成功地阻止了文溯阁《四库全书》的外流，避免了国宝流落异邦。

---

① 五马：马裕藻、马衡、马鉴、马准、马廉的合称。
② 二周：周树人、周作人的合称。
③ 一钱：指钱玄同。

沈兼士还是一位爱国教师，非常痛恨特务、侦探进入学校监视学生和教师。有一次上课时，他正在给中文系一年级学生讲课，突然有人闯进来，把礼帽随手放在桌上，用点名册开始点名。沈兼士以为他是特务，把那人的帽子摔到地上，大声说："这是放帽子的地方？这是放东西的地方？"那人捡起帽子戴上，说："沈先生太过分了！我以前还听过你的课！"然后离开了。原来那人是注册科的工作人员，到班级是抽查学生上课考勤的。北大主张"自由研究"，凡是不愿听课的，可以自己回去研究。但是，对于一年级学生要严格一些，要抽查点名，以致有此误会。

沈兼士的一生，都忠实地践行着"我饿死也不给日本人干事"的誓言。抗战开始后，沈兼士仍在辅仁大学执教，与英若诚之父英千里、张怀等人秘密组织"炎社"，后改名为"华北文教协会"，进行抗日斗争。但是，这些人的抗日行为，还是让日本人知道了，他们被列入黑名单，遭到了追捕。1942年12月16日，沈兼士潜出北平，几经辗转，去重庆中央大学师范学院担任名誉教授。抗战胜利后，负责接收平津文化教育机构。当时，别的接收大员贪污腐败，趁机大发国难财，他却不贪不占，致使其在中年丧子时，家中一贫如洗。

1947年病逝于北平，享年六十岁。在沈兼士的追悼会上，金息侯先生亲笔撰写挽联：

三月纪谈心，君真兼士，我岂别士；
八年从抗战，地下辅仁，天上成仁。

此联真实地概括了沈兼士为民济世爱国的一生，让我们看到了一位民族志士的正气与大节，其国士风骨令人肃然起敬。家国天下的情怀、正直廉俭的家规家风，深深地影响了他的一生，影响了他们三兄弟的一生，成就了"北大三沈"的美誉，成就了汉阴沈氏的荣耀。

北京故宫，在小说中多被称为紫禁城，历史上曾有二十四位皇帝住在那里。而"三沈"却与"皇家"渊源颇深，不仅先后都在故宫工作过，而且为创办北京故宫博物院立下了"汗马功劳"。

1925年，故宫博物院成立时，有文献馆和古物馆两大馆，沈兼士任文献馆馆长，后又兼任图书馆馆长；沈尹默善鉴别晋唐以来书法名迹，任古物馆专门委员；中华人民共和国成立后，沈士远任档案馆（原文献馆）主任。"三沈"为故宫博物院的

发展做出了重要的贡献，成就了中国文化发展史上的一段佳话。

沈尹默晚年回忆，说："汉阴山居生活印象至深，几乎规定了我一生的性格。"每个人从一出生开始，就受到家庭教育的启蒙和影响。我们所有为人处世的方式方法，都是在小时候逐步形成的。

家风就是家庭教育凝结而成的一种表现形式，即规矩、要求，进而提炼总结生成家规、家训。它虽无形，却拥有巨大的影响力，能惠及子孙。"三沈"自小便受到沈氏家训家风的熏陶，不仅以学术造诣领标时代，更以其高洁的品行成为学界之楷模。

开国少将的军旅生涯

汉阴沈氏不仅在"文治"方面群星闪耀，在"武功"上也是功勋卓越。从这里，走出了一位新中国的开国少将。

1911年6月，沈氏家族的第十四代孙沈启贤出生了，他八岁开始就读于本村私塾，十四岁去县立高级小学读书。青少年时，他对国民党的黑暗统治和腐败无能就看不下去。1930年参加西北军，受到进步思想的影响，树立了献身民族解放事业的初心。

1936年6月，面对艰难的革命局面，沈启贤带领队伍武装起义，在陕南举起抗日旗帜，成立了陕南人民抗日第一军，自任参谋长。后率部加入红军，为中国工农红军增加了有生力量。中央领导非常重视这支生力军，专门派任弼时前往慰问。

1937年2月，对于沈启贤来说，是永生难忘的时刻，他如愿地加入了中国共产党。从此，他的一生都奉献给了民族解放事业。

抗战初期，沈启贤被派往延安抗日军政大学学习。面对当时严峻的抗战形势，沈启贤给毛主席写了一封信，请求上阵杀敌。信送出的第二天，毛主席就派警卫员送来回信，让沈启贤在没有被批准上前线之前，安心工作，安心学习，并让他带着这封信找王稼祥请示。随后不久，沈启贤就接到了去前线的命令。

红军改编为八路军后，沈启贤任一一五师三四四旅教导营营长，后随三四四旅挺进敌后，鏖战苏皖。在此期间，沈启贤直接参与指挥了一系列的重大战役，歼灭了大批日伪军，为抗战胜利和民族解放事业做出了突出贡献。

抗战胜利后，按照进军东北的战略部署，沈启贤奉命率领新四军的先遣部队，

日夜兼程，克服重重困难，终于抢得先机，在国民党主力部队到达之前，挺进东北，为十万大军进军东北扫清了障碍，创造了夺取解放战争胜利的有利条件。

解放战争时期，东北土匪为患，民不聊生，根据地难以稳固。沈启贤亲自率军剿灭悍匪，以至东北受苦的老百姓都踊跃参军，壮大了武装力量，巩固了东北根据地。此后，又相继参加了辽沈战役、平津战役、渡江战役，及解放湖北、湖南、广西等重大战役，为新中国的建立做出了重大贡献。

1950年，沈启贤调任三十九军参谋长，率部北上，备战抗美援朝。同年10月，抗美援朝战争爆发，三十九军作为第一批入朝参战部队，首战告捷，在朝鲜云山地区，取得了全歼美军王牌骑一师第八连队的重大胜利。后参加了朝鲜一、二、三、四次战役，直接参与指挥了追歼美军第二师、突破临津江全歼美伪军守敌等一系列战斗。后又临危受命调任志愿军空军参谋长，为空军培养了大批的优秀指挥和参谋人才。

2010年1月24日，沈启贤在京逝世，享年九十九岁。他的一生，历经抗日战争、解放战争和抗美援朝战争，因军功卓越，1955年被授予少将军衔，荣获三级八一勋章、二级独立自由勋章、一级解放勋章和一级红星功勋荣誉章。

不忘初心，方得始终。在当年参加西北军时，他就立下献身民族解放事业的宏愿。一路走来，面对艰难困苦，面对枪林弹雨，面对生离死别，沈启贤从未忘记，从未退缩，从未放弃。铭记家族教诲，以爱国之心，身先士卒之行，兑现了当年的诺言。这就是他交给党和人民的答卷。

出仕不可不清的沈家人

汉阴虽地处偏远，但沈氏家族从始祖沈株山开始，便秉持着"修身为本，耕读传家"的精神。五百多年来，在这里艰苦创业、顽强拼搏，修建堰塘、灌溉农田，为家族的持续发展奠定了基础，带动了当地农业生产和人口发展，不断为陕南的开发乃至国家的建设贡献着自己的力量。

清乾隆年间，沈氏族人先后开辟了四条大河堰渠，为表彰其卓越功绩，时任知府题赠的"泮水钟灵"匾额，现今依然高悬于沈氏宗祠，以为后人榜样。

《沈氏家训》倡导忠、孝、节、义，强调勤、俭、正、廉，堪称修身做人的一面镜子。特别是第十七条，"出仕不可不清"，可谓至理名言。

汉阴沈氏族人将正直清廉当成一面镜子。纵观历朝历代的汉阴沈氏族人,作为普通百姓的鲜有违法犯罪,当官的少有贪污腐败,彰显了家训在人文熏陶上的强大影响力。

二世祖沈从儒,家庭条件很好,有钱却不吝啬。

明嘉靖年间(1522—1566),汉阴连年遭遇灾荒,颗粒无收,百姓都没有饭吃。沈从儒心怜百姓,做出了一个决定,连续三年免费发放粮食救灾,并出钱替百姓纳税。因其赈灾有功,朝廷给予奖励,授其任四川巴州同知。

沈从儒在巴州任职期间,始终牢记家训,以清廉为镜,为百姓做实事。经常下基层体恤民情,善于倾听民意,后又驱逐盗匪,使当地百姓过上了安定的生活。巴州百姓感念其功绩,就立祠以为纪念。

沈从儒退休回家后,依然乐善好施,打算为家乡做一些事情,就出资为百姓在汉阴城东修建了三座桥,极大地方便了百姓日常出行。现今还余一座,位于城关镇月河村五组,这座桥被称为龙洞桥,就是沈从儒当年修建的。

沈氏家训,是沈氏族人骨子里的精神烙印,与血脉相连,具有传承的神力。

沈氏族人沈天祥,由吏员出任县丞。清康熙十九年(1680),沈天祥任洵阳县知县,在这里一当就是十五年,其间,屡署汉阴、白河等县知县。

西安书院门的牌楼对联"碑林藏国宝,书院育人杰",以及华清池门匾、钟楼的长联、西安莲湖公园大门匾,均是出自汉阴沈氏家族十五代孙——沈兰华之手。他是一位地道的农民书法家,在他和一批书坛前辈的带动影响下,汉阴数十名书法家和数百名书法爱好者脱颖而出。

康熙十九年(1680)九月,秋风飒飒,落叶飘零。此时吴世璠攻打四川,清政府派兵前往镇压,洵阳县奉令采买军粮。康熙二十一年(1682),洵阳县又奉令征调,并转运镇安军粮到阳平关,当地百姓深受其累。沈天祥怜惜百姓愁苦,以兴安州属六县"地瘠民贫,不能供应"为由上奏,请求减免征粮数目,后被朝廷批准。

洵阳县自清顺治七、八两年(1650—1651),因灾荒请求减轻粮赋后,每年仍然要交纳两千二百七十多两。当地山僻民贫,所需赋银常常难以收齐。于是,沈天祥再次请求减免赋银,上级官员就派人来洵阳调查情况,看其所报是否属实。在当时的朝代，上面官员要来视察，下面这些当官的是要负责接待的，而其中就涉及接待所需费用的问题。沈天祥没有用公款招待，接待所需一切费用，都是沈天祥自己支付的，结果薪俸不够用了，他就去借债，甚至还变卖了妻子的首饰。后经沈天祥力争，洵阳县全县每年得以减赋一千七百余两。因此之故，即使到了光绪年间，洵阳人仍"每饭不忘天祥"。

清朝的姚步瀛曾写过一副对联：

淡如秋菊何妨瘦，
清到梅花不畏寒。

上联以秋菊明志，警策自己要淡泊名利；下联以梅花为喻，激励自己要清身洁己。将其作为自己为官做人的座右铭。正如姚步瀛所自励自勉的一样，沈氏族人中亦不乏其人。沈天祥就是这样的一位好官员，他多次为百姓减免田赋，最后因积劳成疾死于任上，但家里人却拿不出钱安葬，也无钱回乡。于是，便留居洵阳，以农为业。

代代相传的精神宝库

初夏的汉阴，山花漫野，绿荫飒飒，溪流淙淙。从那里，走出了一代代名臣廉吏和他们的后人——在汉阴生活、学习了二十余载的"三沈"昆仲和开国少将沈启贤。他们的风骨就像奔腾不息的汉江，永远关照着后来人。

参天之树，必有其根，怀山之水，必有其源。在古朴庄重的沈氏宗祠的石牌上，镌刻了《沈氏家训》二十条的首句，整齐有序地一字排开：

一、祭祀不可不殷也。
二、事亲不可不孝也。
三、天显不可不念也。
四、身不可不修也。
五、持家不可不勤俭也。
六、尊卑不可不辨也。
七、择师不可不慎也。

八、教子不可不严也。

九、养女不可不训也。

十、择配不可不谨也。

十一、交友不可不审也。

十二、志节之贵乎坚贞也。

十三、志行不可刻薄也。

十四、邻里不可不和也。

十五、输粮不可不先也。

十六、穷难不可不周也。

十七、出仕不可不清也。

十八、忍耐之不可不讲也。

十九、奢华游惰之当惩也。

二十、赌博不可不戒也。

自始祖沈株山定居于此，沈氏家族世代严家训、正家风。在人杰地灵的月河川道上，这个修身为本、耕读传家的氏族，延绵不绝。探其根源，正是源于《沈氏家训》的力量。

沈氏族人在与当地居民和外来居民相互交流借鉴中，不断修订丰富家训。乾隆五十四年（1789）修订后的家训，沿用至今已有二百余年。

二十条家训，对族人在祭祖孝亲、教子择配、持家睦邻、志节行操、出仕交游等方面，都做出了明确规范，已全然融入当地的文化传承。笔墨纸砚就是日常生活，读书习字成了最寻常的风景。作为沈氏族人共同遵守的行为准则，《沈氏家训》成了一代代沈氏族人的根，成了他们的魂，成了他们的精神支柱，陪伴着他们走上漫漫人生路，引领着这个家族在历史长河中一路前行。

家风无形，永留心间！

后来，《沈氏家训》不再仅仅是沈氏家族成员遵守的规范，对其他家族也产生了非常大的影响。很多从外地迁来的家族不一定每家都有家训，但是，当他们接触过沈家人之后，他们就会发现《沈氏家训》的魅力，然后就会去学习。因此，《沈氏家训》影响的范围一步一步扩大，由家族扩至乡里，再及社会。

2014年底，沈氏族人续编了《沈氏家谱》，修缮了沈氏祠堂，于每年的春节、清明、重阳等传统节日，都会隆重祭祀，重温家训。

"祭祀不可不殷也，事亲不可不孝也，持家不可不勤俭也……"《沈氏家训》的诵读声言犹在耳，深深地根植于每一位沈氏族人的心里，警醒着一代代后人。

以廉为镜正己身。回首历史，风流人物灿若群星。在顾盼浏览之时，在进退俯仰之间，那些从汉阴沈氏走出的杰出人士，无不是家族风尚得以代代相传最直接的受益者。他们受益又传道，与这悠远的文化传统一起交相辉映，光彩夺目。

哲人鉴语

阴 劼 / 汉阴《沈氏家训》有一个明显的特点，就是家训中不仅有厚重的家国情怀，而且注重从日常生活的小节培养子弟勤勉、忠恕、正直、清廉的品格。

白河黄氏

学仰从心的黄庭坚后裔

"清清的汉江东流过,拐弯的地方叫白河。"白河在陕西的东南端,汉江之畔,与山水相依。它三面环楚,曾是历史上重要的水上贸易集散地,享有"小汉口"之美誉。

在这里,生活着一个人文厚重、家风淳朴的大家族——白河黄氏。其原居洪州分宁(今江西修水)双井乡。清乾隆十五年(1750),黄存仁举家迁徙,他们从湖北英山沿汉江逆流北上,途经白河,被当地的青山碧水吸引,遂决定定居此处。

作为黄庭坚后裔的一脉,黄氏自清朝迁入白河后,在二百多年的历史中,世代坚守和传承着修身立德、风正行远的家规家风,涌现出一批杰出人士。

缘何一个外来家族,能够在他乡落地生根,日益昌隆?究其原因,就是他们在秉承先祖留下的家规时,又能在与当地居民融合中创立新家规,不断增益完善。

白河《黄氏家规》的前世今生

"天下无双双井黄",黄庭坚的曾祖父黄中理制订了《黄氏家规》,共二十条,对行孝、为友、从业、求学等方面进行了详细规定。尤其强调读书乃戒身之本、显扬宗祖之要务,后生学子务必典籍精通、文章通晓。不仅黄氏一族将其奉为祖训,也被当地百姓奉为学习的典范，世称"黄金家规"。

黄中理还在江西修水创办了"樱桃洞书院"和"芝台书院"，招收四方学子。宋郊、宋祁兄弟和黄庭坚等人就曾在这里读书。宋代理学家周敦颐曾开办濂溪书院，徐、祝等大姓亦办有书院。因此，修水的文化教育逐渐兴盛。

在黄金家规的熏陶和影响下，黄中理及其兄弟的十三个儿子中，就有十人高中进士，时号"十龙"，声动朝野。而双井黄姓家族在有宋一代，中进士者多达四十八人，他们大都道德高尚、廉洁奉公，黄庭坚便是其中的杰出代表。

黄庭坚出生于"华夏进士第一村"，少时便聪颖过人，宋治平四年（1067）考中进士，后以诗名震动四方，终成盛极一时的江西诗派开山之祖。黄庭坚与杜甫、陈师道和陈与义一起被称为"一祖三宗①"，生前与苏轼齐名，世称"苏黄"。

黄庭坚为更好地教育儿子，给黄相留下了一篇《家戒》。黄庭坚说，自己从小读书识字到现在已经四十年了，在这期间，看到许多豪门大姓、高官厚禄之家开始往往是金玉满堂、家业丰厚，可是，才过了数年就变成了"特见废田不耕，空困不给。又数年，复见之有缧绁于公庭者，有荷担而倦于行路者"。究其根源，皆是因为家族成员之间的不和睦。

黄庭坚以他一生的见闻，向儿孙们说明了一个道理：家族之间不能齐心协力，不能和睦相处，必然会导致衰败。然后，告诫儿孙：家族成员之间相处要以诚相待、宽容大度，"无以小财为争，无以小事为仇""无以猜忌为心，无以有无为怀"，要互相谦让、互相照顾、和睦相处、齐心协力地维护好家族的传承与发展。

可以这样说，黄金家规和《家戒》，为黄氏家族培养人才、兴旺家族提供了思想指导和制度保障。

涤亲溺器

黄庭坚秉性至孝，侍奉父母无微不至。因为母亲有洁癖，他从小就每天亲自倾倒、清洗母亲所使用的马桶，数十年如一日。即使日后身居高位，也始终如故。母亲病危时，他更是衣不解带，日夜侍奉在床前，亲自尝汤喂药。苏东坡赞叹他："瑰玮之文，妙绝当世；孝友之行，追配古人。"

---

① 一祖三宗：以杜甫为唐诗之冠，是为一祖；黄庭坚、陈师道俱师法杜甫，陈与义嗣于后，是为三宗。

而作为黄庭坚后裔的白河黄氏家族，在其迁居陕西白河后，秉承其先祖留下的治家规范，在借鉴王士晋、陆世仪、张履祥、朱柏庐等名人先贤的家规基础上，于嘉庆元年（1796）制定了二十四条家规。光绪八年（1882），白河黄氏族人对家规进行修订，以"豫蒙养""崇勤俭""务职业"等为主要内容，形成了《黄氏家规》二十条。2009年，黄氏后人对家规再次进行修订，在家规二十条的基础上，新增"戒忤逆""戒欺弱""戒斗殴"等《家戒》十条。至此，白河黄氏形成了家规和家戒相辅相成、互为一体的家规家训体系。

翻开白河《黄氏宗谱》，可以看到《家戒》《黄氏家规》等内容，详细记载了祭先祖、睦宗族、敦孝悌、豫蒙养、务职业、崇勤俭、供赋役、和兄弟、择交游、禁邪巫等内容。黄氏家族修身立德、勤俭持家、重教兴业、胸怀大义的优良家风跃然于纸上，激励着一代代黄氏后人不忘祖训、砥砺奋进。

黄氏家规家训在与时俱进中不断得以完善，不仅保有着悠久辉煌的历史，而且还被赋予了新时代的内涵，日臻完善。相信，无论世事如何变迁，黄氏家规家训将历久弥新。

唐代皎然在《兵后与故人别，予西上，至今在扬楚，因有是寄》中写道：

> 温温独游迹，
> 遥遥相望情。

坐落在群山之中的黄氏祠堂，穿越了风雨沧桑，与青山绿水遥遥相望。驻足而视，透过岁月的痕迹，在黄氏祠堂中永恒闪耀着的，在黄氏族人记忆中永不褪色的，在黄氏后裔人生道路中传承践行的，就是那在幼年时已牢记心头的一条条的家规家训。

黄氏家规家训以道德教育为核心，以艰苦创业、勤俭廉洁、和睦邻里为重点，为族人构建出严谨的行为准则和行为规范。南宋朱熹在《观书有感》一诗中说：

> 半亩方塘一鉴开，天光云影共徘徊。
> 问渠那得清如许？为有源头活水来。

而黄氏家规家训的所有内容，就好似黄氏家族长久兴盛的活水之源，在时间的消逝中，历经沧海桑田，一直滋润着这个家族。同时，也一起滋润着这个家族所生活的这片土地,和在这片土地上生活的人们。

义学堂:青春奋斗的加油站

少年,是家庭的支柱、国家的未来、民族的希望。言传身教、潜移默化的家风是教育孩子最好的方式。

黄氏迁居白河已有两百多年,通过建祠堂、立族规、续宗谱,白河黄氏一族枝繁叶茂、兴旺昌盛,如今已逾万人。

黄氏族人非常重视教育,《黄氏家规》中规定:"七岁便入乡塾,学字学书,随其资质。渐长有知识,便择端悫师友,将正经史书,严加训迪,务使变化气质,陶镕德性。" 意思是说,孩子七岁时就要送入乡里的私塾,遵循因材施教的原则,教育孩子学认字、学书法。等到孩子们逐渐长大,有了一定的知识积累之后,就要为他们选择端庄正派、诚实谨慎的人来做他们的师长和朋友。同时,将儒家经典和经史子集等优秀传统文化作为重要的学习内容,培育品德和性情。

诗书传家、耕读立世是黄氏家族兴旺发达的重要原因。白河黄氏家族将子孙教育写进家规,并多有实绩,推动了教育事业的发展。

家规是这么要求的,白河黄氏一族也是这么做的。在清朝嘉庆三年(1798),黄庭坚第三十世孙、白河黄氏先祖黄存仁的堂兄黄存谟出资修建校舍十八间,在白河县创办了第一个"义学堂",不仅让黄家的孩子,也让别家的孩子到这里读书,并对贫困学生资助钱财,对成名学生给予奖励。

自从黄氏族人迁居白河后,因其非常重视子孙教育,而其良好的教育又使黄氏一族人才辈出,仅在清代就有太学生、廪生、贡生、秀才七十余人,周边成才者多出其门下。除此之外,黄光燮于光绪元年(1875)、黄玉堂于光绪二年(1876)、黄凤鸣于光绪十五年(1889)陆续在乡试中中举。

义学堂极大地发挥了它的教育功能,为家族和周边家庭培养了大批优秀的知识分子。有鉴于此,黄氏后人始终对教育事业非常上心。

黄氏后人黄统,幼读私塾,后加入孙中山创立的"同盟会",与钱鼎、张钫、孙岳、何叙甫、黄实等人创立了"陆军同袍社"。1927年,任陕西教育厅厅长及城市建设委员,兼西安中山大学校长。其间正值北伐战争,再加上两年大旱,陕西财政入不敷出,教育经费拨付困难。当时,西安只有一所大学、一所中学、一所职业学校、

一所师范学校、一所女子师范学校。陕北、陕南唯一的省立学校绥德师范和南郑师范均已停办。

黄统上任后，到省政府积极争取，排除重重阻力，恢复了绥德师范和南郑师范这两所省立学校。同时，还在榆林、南郑分别增设高中、女师各一所，在延安、米脂、宝鸡各增设中学一所，在安康增设中学（今安康中学）、师范（今安康师范学校）、职业学校各一所，在凤翔增设师范学校一所，并资助榆林、南郑设立职业学校，将西安私立成德中学改为省立中山中学。除此之外，还充实完善了西安、三原、大荔原有的学校。因其经常穿着青衫布鞋，深入考察、推进教育工作，为教育事业发展做出重大贡献，人们亲切地称他为"布衣厅长"。

南宋爱国诗人杨万里在《晓出净慈寺送林子方》一诗中写道：

毕竟西湖六月中，风光不与四时同。
接天莲叶无穷碧，映日荷花别样红。

诗中描绘了夏日西湖的美景：一片密密层层的荷叶铺展开去，与蓝天白云相接，望去是无边无际的青翠碧绿，亭亭玉立的荷花绽蕾盛开，在阳光映衬下，格外红艳。西安的"莲湖公园"也广种莲花，这里便是由黄统一手营造。他还参与了"革命公园"的建设。又在原抚署①之南院门开设文化院，设教育、实业、科学、美术、历史、地理、图书等馆，将隙地辟为民众公园，在钟楼设天文馆、文庙设图书馆、武庙设体育馆、鼓楼设革命纪念馆，不遗余力地推动着陕西及西北文化教育事业的发展。

家族兴衰，树人为本。白河黄氏重教兴学的家风源远流长，数百年间，白河黄氏秉承家训，以"义学堂"为基地，开展教育工作，在黄氏后人成长成才的道路上为其加油充电，不断滋养和激励着他们奋发向上，培养了一批批优秀的人才。

重教须兴学，风正可行远。这句话早已成为白河黄氏的共识且代代相传。

清白之色铸就人生信条

修身是做人做事的基础，而兴家立业也要以德为基。

黄氏家规第十一条"豫蒙养"强调，"若做秀才、做官，固为良士、廉吏；为

---

① 抚署：指巡抚衙门。

农、为工、为商者，亦不失为醇谨君子"。要求黄氏族人身怀学问就要回报社会，当了官员就要为政清廉，即使身为普通百姓，也要做一个淳厚谨慎、品行高尚的人。就像黄存谟父子一样，在清嘉庆年间发生战乱，父子两人不忍百姓受苦，捐粮三百余石，将院房腾给难民居住，并开仓放粮，免费提供粥饭。

在所有的色彩中，相信也只有以"清白"作为一个家族的底色，才能让家族成员的人生更加精彩炫丽，进而才能使家族长盛不衰。

黄氏家规中有一条是"尚廉洁"，要求"士者，则须先德行，次文艺；士宦不得以贿败官，贻辱祖宗；农者，不得窃田水，纵牲畜作践；工者，不可售敝伪器什；商者，不得酒色浪费。"就是说，读书人首先要修养道德操行，然后才是提升文艺水平，做官不能因为贿赂而身败名裂，给祖宗丢脸抹黑；务农的人，不能非法占据他人的土地，不能放纵牲畜随意糟蹋别人的庄稼；做工匠的人，不能出售假冒伪劣产品；经商的人，不能花天酒地浪费钱财。

黄光燮，字弼臣，于清朝光绪年间先后任河南邓州、长葛、商水、西平四地知县。他时刻牢记祖训家规，给自己准备了一副"学仰从心"的牌匾作为人生信条。他在任内勤政爱民，清廉为官，深受百姓拥戴。六十八岁告老还乡时，西平百姓依依不舍，含泪相送。还乡后，他写了一本名为《东坝风土人情记》的地方志，以清乾隆至光绪年间的白河县为主要内容，事无巨细，皆载于书，让人不由得感叹其对传承族群记忆和家风的自觉担当。

数百年来，一代代的白河黄氏后人无论身处何方，无论从事何种职业，都始终牢记并谨遵祖训家规。身为平民安分守己，少有违法犯罪；身为官员清正廉明，常怀律己之心。

侠之大者，为国为民

《孟子》称：

> 天下之本在国，国之本在家，家之本在身。

《大学》称：

> 古之欲明明德于天下者，先治其国；欲治其国者，先齐其家；欲齐其家者，先修其身；欲修其身者，先正其心；欲正其心者，先诚其意；欲诚

其意者，先致其知，致知在格物。物格而后知至，知至而后意诚，意诚而后心正，心正而后身修，身修而后家齐，家齐而后国治，国治而后天下平。

在中国传统文化中，"家国情怀"自古以来便被国人视为最重要的道德理想和行为法则，个人、家庭、社会、国家已经连接成一个密不可分的整体。在外敌入侵之时，在国家危难之际，保家卫国就成了中华儿女的自觉行为。

1842年8月，林则徐因主张禁烟而被贬到伊犁充军，他在与家人分别时，写下了《赴戍登程口示家人》其二：

> 力微任重久神疲，再竭衰庸定不支。
> 苟利国家生死以，岂因祸福避趋之。
> 谪居正是君恩厚，养拙刚于戍卒宜。
> 戏与山妻谈故事，试吟断送老头皮。

"苟利国家生死以，岂因祸福避趋之。"这句百余年来广为传颂的名句，淋漓尽致地体现了林则徐的家国情怀。这份情怀哺育了许许多多的仁人志士，激励他们以天下为己任，置生死于度外，挽家国于既倒，救生民于危难。

翻开白河《黄氏宗谱》，第一条就是爱国家，上书：

> 皮之不存，毛将焉附？覆巢之下，岂有完卵？国之不存，何以为家？
> 卫国御敌乃吾族之责也。

保卫祖国、抗击敌人，是黄氏家族历来的神圣职责。

黄氏后人黄统，早年加入"同盟会"，开展革命活动，成为辛亥革命的先驱。"七七事变"前后，他撰写了《开国政略》，上呈《彻底抗战策》，并在重庆歌乐山组建"服务草堂"，积极开展慰问出征将士、宣传防空常识等活动，进行战地救护、难民救济等工作，展现了国家兴亡、匹夫有责的责任担当。1950年，他毅然从香港回到北京，投身于新中国的建设事业。

黄统在国家危难时能够积极作为，竭尽全力为抗战做贡献，这与他从小接受的家庭教育和家风熏陶有莫大的关系。

黄统的侄子黄正甫受黄统的影响，早年加入中国共产党投身革命，和自己的学生，后来成为著名作家的魏巍一起去延安，编排、演出革命文艺节目，积极宣传抗战。解放战争期间，黄正甫在陕鄂交界的白（河）竹（山）边境一带，秘密开展革命活动。1948年春，调任白河县中共地下党负责人，其间，在白竹边境发展党的组织，为白河、竹山的顺利解放奠定了坚实的基础。1980年，黄正甫病故，魏巍在唁电中写道：

　　星落楚天，江风飒飒，怀尔前驱战士；
　　云横燕山，海浪漫漫，哭我益友良师。

　　走进白河革命烈士陵园，长眠在这里的黄氏后人有十六位之多。青山埋忠骨，翠柏颂英烈，它们共同见证着黄氏家族的家国情怀。

　　有国才有家。上下五千年的家国情怀，就像我们奔腾不息、浩荡行远的母亲河，滋养着一代代中华儿女，孕育出星辰大海般的民族英雄，铸造了自强不息、同舟共济的民族之魂。这种情怀历来被世人所赞颂，被中华儿女所推崇，家国情怀中内嵌的家风已深深地融入中国人的骨血，成为中华民族的精神脊梁。

　　走进白河黄氏家族，我们会发现，正是由于其传家训、守家规、正家风，方能行远。就会发现，黄氏后人正是在"修身立德、风正行远"这种精神的激励下，人人恪守，代代践行，才涌现出一位又一位可歌可泣的仁人志士。

魏殿松／　　白河《黄氏家规》指出"国之不存，何以为家？"要求后人在国家出现危难时，挺身而出，卫国御敌，这是一种民族大义的责任担当。

房日晰／　　"遗子千金，不如遗子一经"，白河黄氏修宗祠，立家规，以《黄氏家规》训导族人，教育子孙后代修身养德，筑牢安身立命的根基，使得黄氏家族能够历经数百年而生生不息。

岚皋杜氏

巴山岚水中的家庭志书

山翠如玉，云轻似岚。

岚皋，一个别有韵味的名字，总是引人无限遐思。

位于陕西南部的岚皋县，坐落在群山之中，沿着山脚、顺着岚河一路铺开，山抱着城，城拥着山，山清水秀，人杰地灵。

岚河一路东来，冲积沉淀出一片片或是平川或为缓坡的台地。这些台地大多是良田厚土、肥美之地，岚皋人就是在这片乐土上繁衍、生活。据考古发现，早在六七千年前的新石器时期，岚河两岸就已有人类居住。

沿岚河而上二十公里处有一个叫作红日村的地方，还有一处名叫耳扒的小山坡。这里便是杜氏家族迁徙至岚皋后的祖居地。

陕西岚皋杜氏，与唐朝的大诗人杜甫同出京兆堂杜氏一脉，原居住在山西平阳府，后辗转迁徙多地。清乾隆四十六年（1781），岚皋杜氏始祖杜有识，爱其风景秀美，物产丰富，于是在岚皋花里安家落户。

每个家族都有自己的起源史和发展史，从中可以清楚地触摸到，根植于家族文化中的家训、家规、家风。它们是一个家族发展的最重要的内动力和航标，也是家族特色的一种标志。

岚皋杜氏在岚河花里两岸，用智慧和坚韧给后人留下了珍贵的精神财富——岚皋杜氏《阖族公议齐家条规十则》。

岚河之畔的杜甫遗风

唐朝人说:"城南韦杜①,去天尺五。"

这里的"杜",就是京兆杜氏。它是中国古代一个以京兆郡为郡望的士族。南北朝时期,京兆杜氏成为关中郡姓之一。其世系可追溯至西汉御史大夫杜周。杜周本居南阳(今河南南阳),以豪族迁于茂陵(今陕西兴平),子杜延年又迁于杜陵(今陕西西安南)。

京兆杜氏历朝为官者众多,杰出者不乏其人,以东汉的杜笃,曹魏的杜畿、杜恕,西晋的杜预,唐朝的杜如晦、杜佑、杜牧等为代表。其中,在唐朝任宰相的就有十一人,任刺史、郡守的就更多了。

杜甫就出身于京兆杜氏。

太极元年(712),杜甫出生于一个世代"奉儒守官"的封建士大夫家庭。他自小好学,"七龄思即壮,开口咏凤凰"。

"致君尧舜上,再使风俗淳",是杜甫一生执着追求的政治理想。杜甫生活在唐朝由盛转衰的历史巨变期。他的诗中多描写社会动荡、政治黑暗、百姓疾苦,反映当时的社会矛盾和民情民心,表达了强烈的忧国忧民之情,可以说,是"乐以天下,忧以天下"。

春 望

国破山河在,城春草木深。
感时花溅泪,恨别鸟惊心。
烽火连三月,家书抵万金。
白头搔更短,浑欲不胜簪。

《春望》一诗中,反映了杜甫热爱祖国、眷恋家人的感情,这是其"家国情怀"最生动的体现。

岚皋《杜氏家乘》在讲述其祖先根脉时写道:"系皆京兆统。"京兆杜氏在历史变迁中有不少分支向外迁徙,几乎遍及全国。杜甫所属的襄阳杜氏即源出京兆杜氏。岚皋杜氏与杜甫同出"京兆"杜氏一脉。他们在繁衍生息中,订立家规,

---

① 韦杜:指京兆韦氏和京兆杜氏。

> **杜甫死因**
>
> 杜甫给后人留下的最大疑惑是他的死因，文学界、史学界提出了五种死因：病死，赐死，自沉于水而死，食物中毒而死，消化不良而死。

谨守家风，于巴山岚水之滨，生动演绎了一个家族的兴旺史。

杜甫一生心系苍生，胸怀国事。受其影响，历代岚皋杜氏儒士贤达也创作了许多优秀诗歌。

嘉庆二十年（1815），岚皋杜氏始祖杜有识的三世孙杜继安出生了，后成为贡生。同治四年（1865），岚皋花里有识之士自发捐款、捐地，用以修建忠义讲所。经众人推举，杜继安为忠义讲所写下了名为"公置义田序"的碑文。《公置义田序》全文四百三十余字，文采俱佳，为当地文学之华章，存留至今。

他的弟弟杜继仲，在写诗上颇有先祖遗风，曾各以"渔、樵、耕、读、琴、棋、书、画"为题写了一组七言绝句。其中，以"樵"为题的诗中写道：

> 樵罢归来斧在腰，
> 行歌缓缓下岩峣；
> 夕阳远照轻风送，
> 满河烟霞一担挑。

此诗非常有画面感。我们似乎能从中感受到杜继仲对岁月静好、现世安稳、国泰民安的向往和祈愿。

岚皋杜氏族人继承了杜甫的家国思想，杜氏家规从报效国家、忠孝仁义、家族团结、兴学重教、和睦乡邻等方面，给族人立下了规矩。虽然条规是从细微处着手，但是，每一条都契合家国大道。

杜氏家规第一条"完粮土以省催科"："凡我同姓国稞早完，不作欠粮之刁户，堤费时出，无若抗土之顽民。"首先就要求族人积极主动地为国家交粮纳税，使每个人都能自觉承担责任。

在杜氏家规这根线上，"家国情怀"串接的上链是"修身"。杜氏家规开宗明义，以修身为本。家规在总纲里就提出了核心思想，说得非常清楚："凡我同姓务宜亲九族、振三纲、张四维、重五常。业儒、业渔、业耕，横经不防网罟；为工、为商、为贾，游艺皆能生财。毋许不忠不孝、不和不友、不信不睦、不仁不义；毋许欺孤欺寡、欺贫欺贱、欺老欺死、欺愚欺善；毋许聚赌比匪，毋许酗酒贪花，毋许狗盗鼠窃，毋许马骗鲸吞，毋许屠牛宰犬，毋许偷鸡攘羊，毋许笔刀墨剑，毋许烟灯银枪，此皆王法所不容，家规所宜惩也。"由此可见，《阖族公议齐家条规十则》是将个人修养，也就是道德教育放在第一位的。

家规第五条"隆学校以端士习"中说："盖必小子有造，而后成人有德，教以人伦，修其天爵，圣功也！"意思是从小培养后代成为有用之才，长大成人后有好的品行，叫他懂得尊卑长幼的人情伦理，培养高尚的道德情操，这是成就圣人的方法。

中国的传统文化历来就非常重视家文化，有"教先从家始""正家而天下定"的主张，认为家庭和谐的基石在于良好的家风和严格的家教。历史上，几乎每族、每姓都有自己的家谱、家规、家训，从张载"四为"家训到岚皋杜氏《阖族公议齐家条规十则》，其核心价值观都是"家国天下"。而这种本在家族层面的家风延续最终都实现了推己及人，从一家到一乡，从一乡到一国，最终上升为家国情怀。

一个家族的文化，核心是一种家风经过演变而形成的精神尺度。

杜甫的人品和才华，不只是增强了岚皋杜氏族人的荣誉感和自豪感，也让岚皋杜氏后人在享受祖上荣光的同时得到教化和启迪，教化他们继承先祖遗风，启迪他们拥有一颗为国为民之心。

"智者见于未萌"的家族管理智慧

岚皋杜氏是如何崛起、进阶，最终成为名门望族的呢？

相信《阖族公议齐家条规十则》能给我们一个答案。

岚皋杜氏始祖杜有识的儿子杜官廉，在清乾隆末年考中举人，后出任知县、知府。他一生为官清廉，胸怀天下，退休归田后，看到家族人口日益壮大，在高兴的同时，也在思索着家族的发展和未来。

清同治七年（1868），在那个金秋时节，岚皋稻谷金黄，桂花飘香。杜官廉请来了家族里德高望重之人，围坐一处，共同商议，修家乘，订家规，经过了重重讨论，最终形成了《阖族公议齐家条规十则》：

第一条：完粮土以省催科；
第二条：敦孝弟以重人伦；
第三条：笃宗族以昭雍睦；
第四条：重农桑以足衣食；
第五条：隆学校以端士习；
第六条：和乡党以息争讼；
第七条：联保甲以弭盗贼；
第八条：戒宰杀以全生灵；
第九条：戒邪淫以正风化；
第十条：禁烟赌以保身家。

这个条规，分量极重。它就像一根无形的线，一端连着家族，一端系着族人子弟。这根线不仅是岚皋杜氏族人修身齐家的精神尺度，也成为辐射带动周边百姓向德向善的行为准则。

岚皋杜氏的先祖们认为，伴随着家族的发展壮大，人口也越来越多，人的秉性不一，若不谨慎做人，哪怕一件微小之事，也可能会产生大的祸患。因此，在家规的前言里面写道：

我等族姓浩大，户口繁衍，诚恐性情不静，不无圣世之顽民；气质多殊，未尽熙朝之君子。倘有反道败德、越礼犯分者，理合预施条规，早为惩治，庶不至萤火燎原，蚁穴溃堤也乎。

岚皋杜氏家规的亮点，就是它的实用性和可操作性特别强。它会明明白白告诉你，必须遵循的准则是什么，如果犯规后会受到什么样的处罚。

中医治病提倡三种境界，就是上医、中医、下医。两千多年前，《黄帝内经》中提出："上医治未病，中医治欲病，下医治已病。"也就是说，医术最高明的大夫不是擅长治病，而是能够预防疾病。中医历来是防重于治。

智者见于未萌。岚皋杜氏家规就好似一位上医，能够治未病，防患于未萌。我们从中可以看出，岚皋杜氏先辈们从微小处着眼、从微小处抓起管理家族的智慧。

这样的一种家规，不仅仅是教育子女成家立业，还可以成为全族一以贯之的终极理念，亦是谋求家族昌盛、持久发展的家庭志书典范。

大脚才女育才子

翻开岚皋地方史，杜继燕和她的进士丈夫王隆道是不可或缺的。两夫妻所冠的杜、王二姓，人文厚重，英才辈出。

春风化雨，夏阳耀目。更迭的景致，不变的时节，在历史的年轮上刻下一圈圈的印记。当历史的光辉照耀在清道光三年（1823）的一个夏日，举人杜官廉的孙女——杜继燕出生了。她从小多才多艺，极有主见，终成长为一代奇女子。

缠足是中国古代的一种陋习，一般女性从四五岁起便开始缠足。到了清代，缠足之风已蔓延至社会各阶层。

杜继燕长到五岁时，也不可避免要面对这一酷刑。母亲给她缠足时，杜继燕疼痛难忍，又哭又闹，死活不缠。父亲本身对缠足这件事情就没有好感，又看到女儿受罪很心疼，便帮女儿说情，在杜继燕泪中带笑的如愿以偿中，她拥有了一双天足。

可是，好景不长。杜继燕十五岁时，经常女扮男装去读书。她不只小楷写得好，而且文墨雅众，聪明才智胜过秀才，只可惜她有一双大脚。母亲非常担心她将来难找夫婿，于是再次要给女儿缠足，最终以杜继燕的坚决反对而完败。

当杜继燕刚满二十岁时，本县秀才王隆道钦羡杜氏家风，仰慕杜继燕文笔，丝毫不嫌弃她是大脚，前来求婚。父母问女儿的意思。杜继燕说，看了王隆道府考文章后再决定。当杜继燕读到文章中所写的"先有浩然之身，才有浩然之气，身体发肤受之父母不敢毁伤，才能清白健全之身"时，不禁脱口而出"好文章"。后来，他们夫妇二人因互慕文采联姻成婚，在当地传为一段佳话。

杜继燕嫁入王家后，不仅孝敬公婆、相夫教子，且持家有成。在她的辅佐下，丈夫王隆道考中进士，出任知县。杜继燕共生育五个儿子，全都好学上进，四个考取秀才，一个考中举人。

她的小儿子王樾曾任甘肃成县、徽县知县，后牵头地方乡贤上奏民国政府国务总理伍廷芳，依据《水经注》对岚河的记载，改县名砖坪为岚皋。杜继燕的孙子王子绍曾任国民政府陕西省教育厅督学。

教书育人是杜氏家族的昌盛之基。杜氏家规第五条"隆学校以端士习"中写道："夫庠序学校之设皆以明伦，我皇上寿考，作人尊师重儒，其待士可谓至矣！凡我同姓，待先生其忠且敬，束脩为之加厚，体酒不可或怠，而养正之蒙师更应优礼焉。恭必小子有造，而后成人有德，教以人伦，修其天爵，圣功也。倘有轻慢名师，挟

侮大儒，得罪于师儒无异得罪于君父。"

在《阖族公议齐家条规十则》议定十多年后的光绪五年（1879），杜继燕已经五十七岁了，但她不服老，依然心怀大志，要为乡里百姓做一些实事。就是在这一年，她在花里杜氏老宅开办私立学校，亲自执教，除了教授自家子弟，还大量招收外姓子女，尤其是当地大量贫苦学子，培养出众多人才，且开创了岚皋私塾教育之先河。

就这样，二十五年的教子育人时光一晃而逝，杜继燕桃李盈门，教授学生数百人，有十四人中秀才。

1920年，九十七岁的杜继燕病逝。在她的灵堂中悬挂了这样一副挽联：

精通诗书善育英才桃李门满多科第，
敢破习俗坚反缠足孙曾绕膝尽孝思。

这就是人们心中的"大脚才女"杜继燕。是她，在践行杜氏家规中，办学育人，惠泽乡邻；是她，将家风融入教育中，一点一滴、细细密密地滋养着一众学子；是她，用自己的言传身教，教化百姓，影响了当地的学风、家风乃至民风。

立在心头的"禁赌碑"

山间两溪潺潺而下，二桥水石相搏分流。在距离岚河边杜氏老宅不远的山谷里，两座道光年间建造的石桥并立其中。因当地民康物阜，这两座桥取名为"双丰桥"。双丰桥边的四郎庙里，静立着至今保存完好的六通禁赌碑石。

这些碑石中有一通名为"双丰桥建桥碑记"的碑刻，详细地记叙了建桥的原因、过程和周边景致。

这里的百姓，自古以来就对赌博习气异常反感，深知聚赌之害。这与那矗立在四郎庙里，更是永立心头的禁赌碑不无关系。

相传，在清朝道光年间，岚皋经常发生洪涝灾害。每遇大雨，岚皋县内的大毛家沟和小毛家沟就会河水暴涨，涌满河道，导致当地群众无法通行，几乎阻断了民众与外界的联系，而且连河对岸的田地也无法耕种。一时间，人们无所事事，便三五成群赌博成风，时而还会发生打架偷窃的事件。

此时，一位叫王玉峰的巧匠想出了一个好办法。他号召乡亲们捐款，于道光三十年（1850）在两条河上各建一座石桥，并于两桥之间的小石梁上建一座庙，刻石碑六块，楷书连载戒赌文一篇，戒赌条款十款，禁止种种不法行径十三条，建桥记一篇，后附建桥执事人等名目，正文一百五十行。

当然，这些只是传说，那真实的情况又是怎样的？

穿越时光，回到一百多年前。那是清道光三十年（1850）五月的一天，杜文央、杜家其和本地乡士①宋德隆，以及二百多名乡亲齐聚一堂，商量关于禁赌的事情。经过反复讨论、修改完善，最后决定将赌博和因赌博引起打官司的钱款，全部"注册捐资"。也就是说，把集资的钱全部用来建桥修庙，方便周边乡亲来往大毛家沟、小毛家沟；同时，再制定禁赌的条规，用来教化百姓屏除恶习，并将此规刻于石碑之上。

《双丰桥禁赌碑规制》开宗明义写道："夫尝观天下之丧德危身者，莫过甚于赌博，天下之倾家荡产者，尤莫速于赌博。一入其中，如沉迷海，将不知所以然。"明明白白地告诫人们，赌博是万恶之首，一旦沾染上，就会倾家荡产。

碑文中尤其强调了严禁赌博的规定，赌博乃朝廷首禁，无论士农工商、庵观寺庙、饭铺宿店，各有本业，不许游手好闲，引诱良家子弟赌博。同时还指出："境内无论冠婚丧祭、汤饼寿旦、新年旧节，以及因守夜者，俱不准抹牌押宝，或瞒人偷赌。""子弟犯赌，无论开宝、押宝、抹牌、掷骰及输钱多少，俱要送公处理。"而在这方面尤其强调师长的表率作用，第三条说："为父兄者，欲禁子弟之赌博，必先正己，痛改前非。如父兄犯赌，照子弟犯赌更加一等，凭公处罚。"

在严禁偷盗方面，条规中写道："每岁秋收，五谷瓜菜成熟之际，有无耻之辈偷窃被获者，拟其轻重，置酒罚戏，赔赃出境，捉贼之人赏钱百文，若知情徇隐者，与贼同罪。"还规定不准淫乱，条规要求："淫乱为众恶之首，尤为朝廷之大禁，凡我境男女人等，不许游手好闲，朝暮淫乱为事。"

碑文用楷书刻录了禁赌条规十条，禁止生活中各种不法行径的规约十三条。从不同角度反映了当时当地存在的一些社会问题，以及解决问题的办法。这些禁赌条规和乡规民约的制定，充分反映出岚皋百姓对赌风的厌恶，对淳朴民风的向往，对鸡鸣狗盗之事的不齿，对社会稳定、对乡风文明的全心期盼。

禁烟戒赌，是杜氏家族兴旺之保证。家规第十条"禁烟赌以保身家"中

① 乡士：官名；犹乡绅；古代赐给耆老的爵号名。

写道:"夫鸦片淫赌败名丧节、亡身倾家,为有心者所深痛悲,夫盖一入迷阵,如投罗网,不得犹以豪杰自命,英雄自负,富贵自恃,修养自冀。甚者东奔西荡为墦间之乞人①,窃钩偷针作梁上之君子。父母不子、妻妾不夫、乡里不齿,悔之晚矣!凡我同姓,务宜各习正业,以赌场为陷阱,以烟馆为囹圄。惜钱财以裕家用,远燕朋以全性命。不干国纪,不犯家规,是则先人之所厚望也夫!"

禁赌碑是由岚皋杜氏族人所提倡的,经过乡邻们踊跃捐资而筑成,至今仍向我们展示了他们对健康民俗、文明乡风的坚定选择和孜孜追求。而这种选择和追求,也契合杜氏家规中"禁烟赌以保身家"的条款,痛斥烟赌危害、严律族人的初衷。

立碑定规在心间。双丰桥禁赌碑,不仅体现了杜氏祖传的道德风尚,而且向我们展示了岚皋古代的精神文明,不仅是岚皋古代民间对赌博的禁伐之声,更是乡村自我教育、自我管理,彰显乡风文明的一种破而后立之法。

化育传心教导后辈成才

著名文化学者肖云儒曾说:"对于一个家庭、家族来讲,化育就是以文化教育来传递薪火,传递精神文明的脉络。杜氏家规里重点强调了尊师重德、发展教育的作用,并特别讲到了要尊敬老师、善待师长,凸显了中华民族尊崇教育、尊崇道德文明的一贯追求。所以说,杜氏家规既强调规则规矩,又强调化育传心,用规范和教育同时进行的方式把家族精神传递下去。"

家风是融化在血液中的、沉淀在骨髓里的家族精神。杜氏族人在岚皋二百多年的时间里,谨守先辈风范,因深受巴文化的浸润,家规家风中也留下了"忠勇刚烈、通达求变"的印迹。杜氏族人忠义担当、包容互助,在巴山岚水之间,兴家立业,传承家风,培养后代。

岚皋杜氏第九代孙、村医杜承兴说:"在我小的时候,我的印象当中,家里就珍藏了两件宝贝,第一件宝贝就是我手上拿的杜氏家规,第二件宝贝就是祖辈给我留下的医书。我现在当了一名乡村医生,就是受了这两件宝贝的影响。在我行医的过程中,我觉得要做一名合格的医生,首先是要把人做好。"

清末岚皋杜氏后裔、名医杜志和,医术精湛,医德高尚,可谓是德艺双馨之人。他不畏艰险,常年攀登悬崖采挖珍贵草药,为乡亲治病疗伤。不论白天黑夜,距离

---

① 墦间之乞人:语出"墦间乞食",即指在墓地里向人讨要食物。

远近,从不要求对方接送。肩背药箱,手持棍杖,跋山涉水,从无怨言,遇到贫穷人家,还时常免费接诊。在杜志和后人的家里,有一个古老的木箱,里面保存着清末民初时的中医经典论著,还有杜志和亲笔撰写的疑难杂症验方。其后的杜氏子孙杜大田、杜大均、杜承华、杜承林、杜承鑫等人传承先祖医术,治病救人,成为岚皋地方知名医生。还有一大批杜氏后裔,他们辛勤工作,钻研业务,成了各行各业的业务骨干和技术带头人。

家庭是国家的细胞。在以家庭为主要单位的中国传统社会里,一个名门望族想要长盛不衰,关键不在于经济基础是否雄厚,官运是否亨通,关键在于家风家训,关键在于用家风家训教导子女,使其身心健康成长,在践行、传承家风中成就人生,从而在历史上留下可贵的精神财富。

岚皋杜氏家规能够传承到现在,并世代培育子弟成才。这绝不是偶然的。它在一家一户的琐碎生活中凝结而成,是父母源源不断传递给子女爱家、爱乡、爱国、爱民的理念,在子孙心中厚植传统文化土壤上,开出的一朵绚丽的花朵。

可以说,岚皋杜氏《阖族公议齐家条规十则》是一部感人至深的家庭志书。

它不是祭祀祖先的摆设,也不是空洞的说教,更不是一味地训斥。它在春风化雨中,为家族后代树立了不断前行的航标,给予了他们不断前行的力量。

哲人鉴语

肖云儒 / 岚皋杜氏家规最突出的亮点在于它既囊括了族人必须遵循的准则,又指明了对违犯者教育惩处的方式方法。

韩城党家村

西河学派与青砖家训之渊源

韩城，居于中国版图中心部位，位于陕西省东部黄河西岸，是西部与中部、陕西与山西、关中与陕西的交会点，是秦晋豫"黄河金三角"的重要组成部分，亦是中华文明重要发祥地之一。

这里有一座被誉为"东方人类古代传统居住村寨的活化石""民居瑰宝"，国内保存最好的明清建筑村寨，它就是党家村。

元至顺二年（1331），党家先祖党恕轩由朝邑县（今属陕西大荔）逃荒至党家村定居。后经多年苦心经营，终于站稳脚跟。

元末明初，贾家先祖贾伯通由山西洪洞迁居韩城，先栖居县城及贾村等处。第五世贾连，娶党姓女子，生子贾璋。明嘉靖四年(1525)，贾璋以甥舅之亲定居党家村，兴业传家。

党家村建村距今六百八十多年。走进党家村，入眼所见，皆是错落有致、精美绝伦的明清古民居，青砖灰瓦，鳞次栉比。而其中，每家院落墙壁、门楣的青砖上，都雕刻着世代传承的家训，让人印象极为深刻：

读圣贤书，立修齐志。

古今来多少世家，无非积福。天地间第一人品，还是读书。

言有教，动有法，昼有为，宵有得，息有养，瞬有存；心欲小，志欲大，智欲圆，行欲方，能欲多，事欲鲜。

贫穷宜固守,富贵莫兴狂;勤俭立身本,谦和处世方。

在少壮之时,要知老年人的心酸;当旁观之境,要知局内人的景况;处富贵之地,要知贫贱人的苦恼;居安乐之场,要知患难人的痛痒。

……

政治考量催生西河学派

古韩城地处西河学派范围,因受其影响,党家村的家训家规之中,有明显的法、儒融合的痕迹。

孔子去世后,其弟子子夏到魏国西河(今陕西关中东部黄河沿岸地区)讲学,传播儒家经典、文化和学术思想,而形成的儒家学派之一。该学派为弘扬和发展儒家思想,以及前期法家思想的成长发挥了很大作用。

魏文侯三十三年(前413),李悝(kuī)率领魏军在西河战场战胜秦军,冲破秦军西河防线。

魏文侯把魏国的便民政策带到了西河,对秦国百姓产生了巨大的吸引力,于是得到了西河百姓的拥护,魏国也在西河建立了稳固的统治。魏国在对秦攻略中,除了军事打击、政策攻心外,还有文化渗透,西河学派就是在这一战略下产生的。

《孙子》中说:"知彼知己者,百战不殆。"魏文侯就很了解他的对手,深知秦人秉性,知道他们不易为武力所屈服,因此只能智取。老天也实在是偏向魏文侯,给了他一双可以媲美孙悟空的火眼金睛,于两千多年前,就看到了文化在"软实力"中举足轻重的作用和重大意义。

于是,魏文侯便重用当时著名的大儒子夏,请他在西河讲学。对于魏文侯的邀请,子夏是犹豫的。他已是期颐之年,身体也不太好,而且还因为晚年丧子哭瞎了双眼,行动不便,所以开始不太想去。后来,魏文侯尊其为师,子夏遂同意到西河坐镇,由其弟子公羊高、谷梁赤、段干木和子贡的弟子田子方去讲学。

子夏在西河虽然很少亲自讲学,但其坐镇西河的象征意义极其重大,不仅有助于西河学派为魏国吸引、培养大批的官员,而且使魏国成为中原各国的文化中心。

在当时，处于西河地区的魏国经济文化发展最早，转而促使魏文侯登上历史舞台，成为新兴地主阶级的代言人，充当了实行封建制的开路人。在这样一种历史大趋势下，子夏及其弟子已不能完全照搬孔子学说，需要他关注的问题已转变为与时俱进的当世之政。因此，子夏在西河教授其弟子时，就已不再是纯儒学、纯理论的讲授，而是在弘扬儒家思想的基础上将其发展，并向着法家过渡，为前期法家思想的成长起了很大的促进作用。所以，西河学派的政治思想具有法家倾向，其志在变革。

皮之不存 毛将焉附

　　有一天，魏文侯出门游历，在路上看见一个人将裘皮衣服反过来穿，其后背背着柴火。魏文侯就问："为什么将裘皮衣服反过来穿？"那人回答："我爱惜衣服上的毛。"魏文侯反问："你不知道它的里子没了，毛就没地方附着了吗？"

　　正是因西河学派将中国传统文化中的儒、法相融合，才得以发展。在其发展中，对西河地区及其周边产生了广泛而深远的影响。

　　在西河学派的影响下，儒家思想化而为党家村家训，法家思想成为党家村家训的助手，在党家村人躬身践行家训的过程中起到了制度化和规范化的作用，使家训融入了党家村人的日常言行之中。

耳濡目染中的家风传承

　　六百七十年前，党家先祖党恕轩在泌水之畔落脚开荒，繁衍生息。清初，党、贾两姓一起经商，生意日渐兴隆，从其商号往韩城运送银两的镖驮络绎于道，号称"日进白银千两"，成为名扬四方的巨贾富商。

　　古语有云："富不过三代。"富裕之家的子弟，往往在物质享受中容易迷失自我，从而意志颓废，道德沦丧，即便有再殷实的家底也会坐吃山空。党家先祖深深地明白这个道理，知道唯有"耕读传家"，才能经世致用，才能保家族长久兴旺。因此，他们在建造房屋时，便将一条条的家训、家规嵌进了高大的建筑，刻进了家人的脑海，融入了子孙的血脉。

　　党家村的家训，一般刻在正房两侧山墙的延伸部位。而这个位置，可以说，是全天候无死角的位置，不管是主，是宾，是老人，还是小孩，进去出来，转身扭头都能看到，而这正是家训所追求的无处无时不在。

党家村党氏族人党建民说："我们党家村的家训就是让我们做一个诚实的人。"

党家村党氏族人党康琪说："一个宅院，一个家庭，把'树德''积善'镌刻在门额墙壁上，作为立家的训条，对内强调，对外宣示，便会为子孙树立精神标识。"

党家村的家训设置有两种：一是镌刻在门楣上的，内容带有箴铭性质，用意便是向外人展示这个家族是什么样子，同时也成为家族和家里人追求的目标；二是雕刻在庭院里的青砖上，一般是名言警句。无论是哪一类，这些家训都凝结着祖先的智慧。

文脉风流之地的家训传延

古韩城，先有子夏"教衍西河"，播撒"仁""礼"，开风气之先；后有司马迁写尽半部中华史，遗风浸润，文脉久远。

虽然党家村是党氏先祖外迁来此兴建的，但其六百多年来受韩城文风熏染、受西河学派影响，早已成为远近闻名的文化之地。尤其是一座座老四合院中矗立的壁刻家训，已成为一种独特的家风文化，流传至今。

在党家村的那些宅院中，正对大门的照壁或者厅房两侧的山墙上，都雕刻有先人传下的格言警句，内容包罗万象，从修身、处世、兴教、诚信、清廉、治家、报国等方面教育后代，包括教子课读、劝人为善、修身养德、勤俭持家、慈爱孝悌、交友择邻，等等。

党氏十七世祖党蒙，生于韩城党家村，因为家里经济条件非常不好，他在十二岁以前都没有穿过袜子。小时候跟随父亲远赴甘肃古浪县学官署读书。他于清光绪二年（1876）考中进士，进入翰林院。后通过考试进入刑部，相继担任主事、外郎、郎中等职务。曾任钦差赴山东查办反腐案件，秉公执法，拒绝收受贿赂，依律查处贪官污吏数十人。其刚正清廉的名声传遍朝野，震动京师，朝廷御赐"清廉正直"牌匾。据说，前些年山东有一部叫《党蒙办案》的传统戏曲，戏中讲述了党蒙被任命为钦差大臣，赴山东惩治贪官的故事。虽然这是一部戏曲，但依然可以从中看出人们对党蒙的褒扬和赞美。

党蒙为官一生，始终牢记家训家规，勤政爱民，两袖清风，是一位深受百姓爱戴的清官。他勤勉正直的高尚品质，永远都是党家村的骄傲，直到现在，党家村的

人们依然会时常提起这位先贤。

在"善待人""处富贵之地,要知贫贱人的苦恼"这样的家训的教导下,党家村人多乐善好施,扶危济困。

明嘉靖十八年(1539),村民欠赋较多,无力缴纳。大家都非常惧怕官府会将他们拘捕起来,于是就打算逃往外乡躲避。党孟辀知道这件事情后,赶紧劝阻村民不要逃往外乡,同时从自家拿出三百两白银替乡亲们补齐了欠缴的田赋。村民对其十分感激。知县得知后,也十分赞赏他的做法,并贴出布告宣传党孟辀的事迹。

嘉靖三十四年(1555),韩城这一带收成不好,到了冬季又发生了地震,村民们从党孟辀家里借的二百多石粮食,没有办法如期偿还。党孟辀便当着村民们的面,将所有的借据全部烧毁。他说:"遭此荒年,我怎能忍心向大家逼债。"此后,众乡亲感念其恩义,称党孟辀为"党义翁"。

相传,一天晚上,家人捉住了一个进来偷东西的人。党孟辀见这人面黄肌瘦,知道他是因为饥寒所迫才偷东西的,于是告诫其以后万不可再做贼,又给他了一些衣物和吃食,便放他走了。

又有一天晚上,党孟辀从外边回来,在鸦儿坡村外面碰到了几个拦路抢劫的人,他知道这次是无法逃脱了。结果,他一张口说话,这些人听出是党孟辀的声音,便惊呼一声:"原来是党义翁。"随后立即散去,而党孟辀也得以平安归家。

党孟辀之所以能被人们称为"党义翁",而其又能因"党义翁"免遭抢劫之祸。隐匿在这一切背后的原因,则是党孟辀的身上有一种社会责任感,这种社会责任感又以乐善好施、扶危济困的形式表现出来,所以,才能威名震劫匪。

七十岁的党家村人党鉴泉说:"读书成家之本,循礼保家之根。""党家村几百年来一直重视对子弟的教育,读书以明理,明理能做人,这是给子孙最好的传家宝。"

> **中国历史文化名镇名村**
>
> 由建设部和国家文物局从2003年起共同组织评选,保存文物特别丰富且具有重大历史价值或纪念意义,能较完整地反映一些历史时期传统风貌和地方民族特色的镇和村。2003年,党家村被列入第一批中国历史文化名村。

自古以来,党家村人始终牢记并践行着"重教兴学"的家训,在村里兴办私塾七所。在党家村的东南角，还专门修建了一座六层高的文星阁，寓意"文星高照"，期望党家村多出人才，激励党家村后人好学上进。从道光至光绪的六十年间，村里中了五名举人，一名拔贡，一名进士。仅光绪一朝就出了四十四名秀才。当时的党家村，人口还不足百户，而半数家庭都有人取得了功名。如此高的比例，足以慰藉祖先。

党家村人贾乐天，在清朝光绪年间考中举人。他在民国时期，勇于改革，兴利除弊，创办《龙门报》，主编《韩城乡土志》，传播新思想。他还曾创建了韩城第一所女子小学并担任校长，对韩城的教育事业贡献颇大，亦为韩城培养了一批可用之才。

党家村还有这样一条家训："国则思忠，家则思存，民则思信，为人之根本也。"党家村人深知，家是最小国，有国才有家，天下兴亡，匹夫有责，党家村人亦有责。

在那段烽火连天的抗战岁月，党家村人前赴后继，仅有一百多户人家的党家村，先后有六十多人从军，父子兄弟齐上阵，不顾生死，奋勇杀敌，报效国家。在血染刀锋的战场，就出了一位勇杀日寇的"大刀队"名将贾自温，他就是党家村人。

平型关大捷、淞沪会战、血战台儿庄等著名战役的战场上，从来都不缺党家村男儿的身影，其中十六名党家村将士血洒疆场，用生命践行着党家村的家训。

那些雕刻在石壁和青砖上的一条条的家训，就像那一粒粒挂在枝头，红艳似火的"大红袍"，在明媚的阳光下散发着沁人心脾的味道，唤醒党家村人隐于血脉的传承；又似那一盏盏悬于古老宅院之间的红灯笼，在暗夜里发出明亮的光芒，照亮党家村人前行的道路……

哲人鉴语

肖云儒／族规和家训是家族化亲情化的道德教育，它能把道德的社会传承渗透为家族传承，把民族文化的基因转化为家族文化的密码。社会主义核心价值观的二十四字，有很多都和传统家训精神一致甚至文字都一样，这就是民族道德文化的传承发扬。因此，我们要把家庭道德教育变成为社会道德教育的一种有效方式，一个基层授课点，变成整个社会的精神道德细胞。

主要参考文献

[1] 班固. 汉书 [M]. 北京：中华书局，2007.

[2] 范晔. 后汉书全鉴 [M]. 道纪居士，解译. 北京：中国纺织出版社，2016.

[3] 刘昫，等. 旧唐书 [M]. 北京：中华书局，1975.

[4] 欧阳修，宋祁. 新唐书 [M]. 北京：中华书局，1975.

[5] 司马光. 资治通鉴 [M]. 刘丹，译注. 北京：现代出版社，2018.

[6] 洪迈. 容斋随笔：五集 [M]. 北京：商务印书馆，1935.

[7] 王称. 二十五别史：东都事略（二）[M]. 孙言诚，崔国光，点校. 济南：齐鲁书社，2000.

[8] 脱脱，等. 宋史 [M]. 台湾：台湾商务印书馆，2010.

[9] 辛文房. 唐才子传 [M]. 王大安，校订. 哈尔滨：黑龙江人民出版社，1986.

[10] 陶宗仪. 书史会要 [M]. 上海：上海书店，1984.

[11] 张廷玉，等. 明史 [M]. 台湾：台湾商务印书馆，2010.

[12] 毕沅. 续资治通鉴 [M]. 北京：中华书局，1979.

[13] 赵尔巽，等. 简体字本二十六史：清史稿 [M]. 许凯，等，标点. 长春：吉林人民出版社，1998.

后　记

　　还记得，去年得知要编写《三秦家风》这样的一本书时，我脑海中几乎是反射性地浮现出了一句诗："随风潜入夜，润物细无声。"这句诗出自唐代杜甫的《春夜喜雨》。家风就像春雨一样滋润万物，涵养千家万户。正可谓：家风如春雨，润物细无声。

　　那么，如何实现"润物细无声"，就成了一个亟待解决的问题。

　　刚开始，我是以"心得体会式"的样子来写的。样稿出来后，我和陕西省社科院的王晓勇老师、世图社的两位编辑一起"会诊"。大家都觉得，这种写作形式较为偏重作者个人的感受，很难让读者产生共鸣，而且还带了些说教的意味儿。我随即推翻重来，前后写了三次，改了不下五六回，才有了今天的模样。

　　当然，一千个读者，就有一千个哈姆雷特。哪怕是完全相同的一条家训，在身处不同人生阶段，拥有各异经历的不同阅读个体看来，自然会有这样那样的不同。基于此，我在写作时，尽量减少事理性的叙述，着力去讲故事，期望读者在阅读中收获快乐，触摸家风家训在名人身上沾染的印记。

　　本书围绕曾经在三秦大地上生活过、工作过、战斗过的古代历史名人展开，选取能表现其家风传承的历史事件和民间传说，用讲故事的方式将家风这一无形之物鲜活地呈现在读者面前。在增强了可读性的同时，更容易让读者从心里认可并接受它。这样，就顺利地把阅读的主动权交付给了读者，使读者自己在阅读的过程中不自觉地去探寻，进而去学习，自动结合自身经历而有所感，有所悟，有所得。而这也正是这本书想要实现的。

　　在本书编写过程中，得到了很多人的帮助和支持。特别要感谢张涛老师于百忙之中为本书作序，感谢解永强老师和王晓勇老师的悉心指点，感谢陕西省家风馆的鼎力支持，感谢世图社同志们的大力帮助，在此一并致谢！由于时间紧促，加之水平有限，不足和错漏之处在所难免，恳请广大读者批评指正。

黄　娜
2019 年 3 月